U0117381

普通高等教育"十二五"规划教材

计算机系列规划教材

Access 数据库程序设计

孙　艳　主编

范银平　王　颖　宋小芹　副主编

李　敏　曲静野　徐彬斌　张滴石　参编

科学出版社

北　京

内 容 简 介

Access 是 Microsoft 公司推出的功能强大的开放式数据库系统,是目前应用广泛的数据库管理软件之一。

本书共分 10 章,其中第 1 章介绍了数据库系统的基础理论;第 2 章介绍了如何使用 Access 环境设计及创建数据库;第 3~7 章主要介绍 Access 数据库的基本组件的设计,包括数据表、查询、窗体、报表和数据访问页,这部分是全书的重点;第 8~10 章主要介绍 Access 的高级应用,包括数据库的安全管理、宏和 VBA 设计。本书通过一些实例分析,深入浅出地向读者全面介绍了 Access 的使用方法。本书配有《Access 数据库程序设计习题与上机指导》(林明杰主编,科学出版社出版)。

本书可作为高等院校相关专业的教学用书,也可作为相关领域培训班的教材。

图书在版编目(CIP)数据

Access 数据库程序设计/孙艳主编. —北京:科学出版社,2011
(普通高等教育"十二五"规划教材·计算机系列规划教材)
ISBN 978-7-03-032904-2

Ⅰ. ①A… Ⅱ. ①孙… Ⅲ. ①关系数据库:数据库管理系统,Access-程序设计-高等学校-教材 Ⅳ. ①TP311.138

中国版本图书馆 CIP 数据核字(2011)第 246287 号

责任编辑:戴 薇 李太铢 / 责任校对:王万红
责任印制:吕春珉 / 封面设计:东方人华平面设计部

科学出版社 出版
北京东黄城根北街 16 号
邮政编码:100717
http://www.sciencep.com

铭浩彩色印装有限公司 印刷
科学出版社发行 各地新华书店经销
*

2012 年 2 月第 一 版 开本:787×1092 1/16
2012 年 2 月第一次印刷 印张:16 3/4
字数:379 000

定价:31.00 元
(如有印装质量问题,我社负责调换〈铭浩〉)

销售部电话 010-62140850 编辑部电话 010-62135763-8220(HP)

前　言

Access 是 Microsoft Office 应用软件的一个重要组成部分，是基于 Windows 平台的关系数据库管理系统。它界面友好、操作简单、功能全面、使用方便，不仅具有一般数据库管理软件所具有的功能，同时还进一步增强了网络功能，用户可以通过 Internet 共享 Access 数据库中的数据。Access 自发布以来，已逐步成为桌面数据库领域的佼佼者，深受广大用户的欢迎。

本书共 10 章，主要内容如下：第 1 章主要介绍数据库基础理论方面的知识；第 2 章主要介绍 Access 环境及 Access 数据库的创建、使用及数据库压缩与修复；第 3 章主要介绍数据表的创建、使用和操作及表间的关系和创建等；第 4 章主要介绍查询的概念、查询的类型、不同类型查询的创建以及查询的使用和操作等；第 5 章主要介绍窗体的组成、窗体的创建、窗体属性、窗体中控件的使用和属性以及窗体的使用等；第 6 章主要介绍报表的组成、报表的创建、各类格式不同的报表属性、报表中常用控件的使用和属性以及如何使用报表等；第 7 章主要介绍数据访问页的创建、数据访问页的属性、数据访问页常用控件的使用和属性等；第 8 章主要介绍数据库的安全管理方面常用的措施；第 9 章主要介绍宏的概念、宏的创建及宏的运行等；第 10 章主要介绍 VBA 语言的语法特点及 VBA 的数据库编程。

本书由孙艳组织编写并统稿。第 1 章、第 2 章由张滴石编写，第 3 章由范银平编写，第 4 章由李敏编写，第 7 章由曲静野编写，第 8 章由徐彬斌编写，其余章节由孙艳编写。

本书难免有不足之处，请各位专家、老师和广大读者批评指正。

目 录

第1章

数据库基础理论

Microsoft Office Access 是由 Microsoft 发布的关系数据库管理系统。它结合了 Microsoft Jet Database Engine 和图形用户界面两项特点,是 Microsoft Office 的成员之一。Access 在 2000 年成为全国计算机等级考试的计算机二级考试的一种数据库语言,并且因其具有易学易用的特点,逐步取代了传统的 Visual FoxPro,成为计算机二级中最受欢迎的数据库语言。

计算机具有了存储功能之后,人们开始研究如何较好地将现实世界中的事物用数据的形式表示出来,并存储在计算机中,利用计算机较高的运算速度帮助人们解决需要经过复杂的运算及逻辑推理的问题。通过对原始数据(未经评价的各种信息)的处理产生新的数据,这一处理过程包括对数据的采集、记录、分类、排序、存储、计算、加工、传输、制表和递交等,称为数据处理。

数据库系统将数据以一定的结构组织起来,以便于用户在最短的时间内对数据进行取用。学习和使用 Access 数据库系统,需首先了解和掌握数据库工程的基础理论。数据库工程是设计和实现数据库系统、数据库应用系统的理论、方法和技术,是研究结构化数据表示、数据管理和数据应用的一门学科,涉及操作系统、数据结构、算法设计和程序设计等知识。本章将对数据库系统中常用的知识进行简要介绍,以便读者能够掌握构建数据库系统的基础理论。

1.1　数据与信息

要想明确数据的概念,首先应了解什么是信息。信息对每个人来讲都不陌生,而理解起来似乎又各不相同。《辞海》的解释是“信息是收信人事先不知道的报道”;控制论创始人 Norbert Wiener 给信息的定义是“信息就是信息,既不是物质,也不是能量”;现代通信理论——信息论的创始人 C.E.Shannon 认为“信息是用来减少随机不定性的东西”;耗散论者 Ilya Prigogine 则认为“信息是熵”。

信息(information)具有二重性:首先它是客观的,是客观事物状态及变化的一种表示;其次它是主观的,是主体的一种感受,是能够引起主体认识发生变化的客体表现形式。

数据(data)是反映客观事物属性的记录,是信息的载体。对客观事物属性的记录是用一定的符号来表达的。因此,数据是信息的具体表现形式。

数据与信息在概念上是有区别的。从信息处理角度看,任何事物的属性都是通过数据表示的，数据经过加工处理后，便具有了知识性，并对人类活动产生决策作用，从而形成信息。而从计算机的角度看，数据泛指那些可以被计算机接受并能够被计算机识别处理的符号。

总之，信息是数据的内涵，数据是信息的载体。同一条信息可以有不同的数据表示形式，而同一个数据也可以有不同的解释。对于计算机而言，信息处理就是数据处理。信息的采集、存储、加工和传播就是数据的采集、存储、加工和传播。数据处理的基本目的在于提取信息，提高人们的判断和决策能力。

1.2　数 据 处 理

1.2.1　数据处理概念

将现实世界中纷繁、庞大的信息转化成数据是数据处理过程，而应用计算机进行事务处理也是数据处理过程。数据处理的对象是大规模的数据。

数据处理也称为信息处理，实际上就是利用计算机技术对各种类型的数据进行处理。它包括对数据的采集、整理、存储、分类、排序、检索、维护、加工、统计和传输等一系列操作过程。

数据处理的目的是从大量原始的数据中获得人们所需要的资料并提取有用的数据成分，作为行为和决策的依据。数据处理的核心是数据管理。

现实世界中的数据往往是原始的、非规范化的，但它是数据的原始集合，是用来描述世界中一些事物的某些方面的特征及相互的联系，是数据与知识工程的入口。

1.2.2　数据处理发展过程

人类社会数据处理经历了手工处理、机械处理和电子数据处理三个发展阶段。应用计算机辅助管理数据经历了人工管理、文件系统管理和数据库系统管理三个发展阶段。

1. 人工管理阶段

20 世纪 50 年代中期以前，计算机主要用于科学计算。由于没有必要的软件、硬件环境的支持，只能直接在裸机上操作。在这个阶段中，应用程序中不仅要设计数据的逻辑结构，还要阐明数据在存储器上的存储地址，数据不能保存。在这一管理方式下，应用程序与数据之间相互结合不可分割，当数据有所变动时程序必须随之改变，独立性差。另外，各程序之间的数据不能相互传递，缺少共享性，因而这种管理方式既不灵活，也不安全，效率较低。

2. 文件系统管理阶段

20 世纪 50 年代后期到 60 年代中期，硬件和软件技术都有了进一步发展，出现磁盘等存储设备和专门的数据管理软件及文件系统，把有关的数据组织成文件长期保存，这种数据文件可以脱离程序而独立存在，由专门的文件系统实施统一管理，如图 1-1 所示。

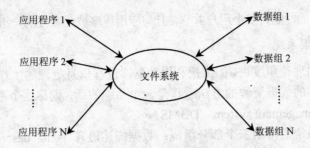

图 1-1　文件系统管理阶段应用程序与数据之间的关系

在这一管理方式下，应用程序通过文件管理系统对数据文件中的数据进行加工处理。应用程序与数据文件之间具有一定的独立性，比手工管理方式前进了一步。但是，数据文件仍高度依赖于其对应的程序，不能被多个程序所共享。由于数据文件之间不能建立任何联系，因而数据的通用性仍然较差，冗余量大。

3. 数据库系统管理阶段

20 世纪 60 年代后期以来，计算机应用与管理系统出现，而且规模越来越大，应用越来越广泛，数据量急剧增长，对共享功能的要求越来越强烈。文件系统管理已经不能满足数据管理需求，于是出现了数据库系统对所有的数据实行统一规划管理，形成一个数据中心，构成一个数据"仓库"，如图 1-2 所示。

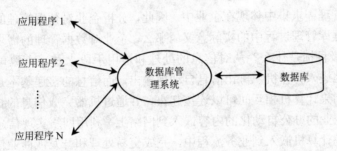

图 1-2　应用程序与数据库的关系

在这一管理方式下，应用程序不再只与一个孤立的数据文件相对应，可以取整体数据集的某个子集作为逻辑文件与其对应，通过数据库管理系统实现逻辑文件与物理数据之间的映射。在数据库系统管理的系统环境下，应用程序对数据的管理和访问灵活方便，而且数据与应用程序之间完全独立，从而使程序的编制质量和效率都有所提高。由于数据文件间可以建立关联关系，所以数据的冗余大大减少，数据共享性显著增强。

1.2.3　数据库系统的组成

数据库系统（database system，DBS）是采用数据库技术的计算机系统，主要由数据库、数据库管理系统和数据库应用系统三部分构成的运行实体。其中，数据库管理系统是数据库系统设计的核心部分。

1. 数据库

数据库（database）是以一定的组织方式将相关的数据组织在一起，存放在计算机外部存储器上形成的，能为多个用户共享，且与应用程序彼此独立的一组相关数据的集合。

2. 数据库管理系统

从信息处理的理论角度讲，如果把利用数据库进行信息处理的工作过程，或把掌握、管理和操纵数据库的数据资源的方法看作是一个系统的话，则称这个系统为数据库管理系统（database management system，DBMS）。

数据库管理系统通常由三个部分组成：数据描述语言（data description language，DDL）及其编译程序、数据操纵语言（data manipulation language，DML）或查询语言及其编译或解释程序、数据库管理例行程序。

3. 数据库应用系统

数据库应用系统（database application systems）是指在数据库管理系统的基础上由用户根据自己的实际需要自行开发的应用程序。开发中要使用某种高级语言及其编译系统以及应用开发工具等软件。

不同的人员涉及不同的数据抽象级别。数据库管理员负责管理和控制数据库系统；应用程序开发人员负责设计应用系统的程序模块、编写应用程序；最终用户通过应用系统提供的用户界面使用数据库。

1.2.4　现代数据管理的需求

当前数据管理需求集中体现在企业中。因此，分析企业对数据管理的需求可以更加全面地了解数据库管理过程中的实际意义。那么，企业对数据管理的需求是什么？数据管理追求的终极目标是什么？从对信息的处理和运用手段上看，大致可划分为四个层次。信息手工地进入计算机，再让信息自动地输出，而信息的传递基本是人工的，这是第一个层次；如果计算机相互间可以连接起来，并通过机器完成信息的传递，则为第二个层次；把本企业的办公自动化的内容嵌入到网络上，利用网络实现信息的交换是第三个层次；真正把计算机嵌入到业务流程中，完成交易处理和开发或商业信息处理，这是第四个层次，这个层次才是对企业最起作用的。

从当今计算技术的发展来看，数据库已经是企业系统中举足轻重的部分，而且当今和未来的企业信息系统对数据库的要求已不仅仅是存储和管理数据，而是如联机事务处理（OLTP）、联机分析处理（OLAP）、数据挖掘、数据仓库、决策支持系统等多方面的应用。

1.3　元　数　据

元数据指的是伴随数据或者超越数据之上的某种东西，没有高质量的元数据，就不能进行有用的分析。以表为例，元数据指的是对数据进行的各种说明、约束规则、数据的结构特点等内容，即字段属性、数据库字典以及表结构。

元数据超出了单个数据项，提供数据所存在的上下文环境。这种上下文环境可以从数据的静态或结构特征扩展到动态的或者运行的特征。

对数据交换起决定性作用的是静态的或者结构的数据元素。当数据从一个进程转移到另一个进程时，收到数据的进程必须完全理解数据的格式、可能的值域，以及数据之间的关系。

1.4　数据库的体系结构

数据工程是设计和实现数据库系统以及数据库应用系统的理论、方法和技术，是研究结构化数据表示、数据管理和数据应用的一门学科。数据工程设计分为三个基本环节：概念数据模型的分析与设计、逻辑数据模型的分析与设计和物理数据模型的分析与设计。数据库领域公认的标准结构三级模式也是在此基础上建立的，是数据库具有严谨的体系结构的根本保证，以此有效地组织、管理数据，提高数据库的逻辑独立性和物理独立性。

1.4.1　数据库的三级模式结构

数据库的三级模式结构是指模式、外模式和内模式。

（1）模式

模式也称为逻辑模式或概念模式，是数据库中全体数据的逻辑结构和特征的描述，是所有用户的公共数据视图。一个数据库只有一个模式，处于三级结构中的中间层。

定义模式时不仅要定义数据的逻辑结构，而且要定义数据之间的联系，定义与数据有关的安全性、完整性要求。

（2）外模式

外模式也称用户模式，是数据库用户（包括应用程序员和最终用户）能够看见和使用的局部数据的逻辑结构和特征的描述，是数据库用户的数据视图，是与某一应用有关的数据的逻辑表示。外模式是模式的子集。一个数据库可以有多个外模式。外模式是保证数据安全性的一项有力措施。

（3）内模式

内模式也称存储模式，一个数据库只有一个内模式。它是数据物理结构和存储方式的描述，是数据在数据库内部的表示方法。

1.4.2　三级模式之间的映射

为了能够在内部实现数据库的三个抽象层次的联系和转换，数据库管理系统在三级模式之间提供了两层映射。

（1）外模式/模式映射

同一个模式可以有任意多个外模式。对于每一个外模式，数据库系统都有一个外模式/模式映射。当模式改变时，由数据库管理员对各个外模式/模式映射做相应地改变，可以使外模式保持不变。这样依据数据外模式编写的应用程序就不用修改，保证了数据与程序的逻辑独立性。

（2）模式/内模式映射

数据库中只有一个模式和内模式，所以模式/内模式映射是唯一的，它定义了数据库的全局逻辑结构与存储结构之间的对应关系。当数据库的存储结构改变时，由数据库管理员对模式/内模式映射进行相应地改变，可以使模式保持不变，应用程序也相应地不变动。这样可以保证数据与程序的物理独立性。

1.5　数　据　模　型

在实际工作中，为了更好地表达现实世界中的数据特征，往往针对不同的场合或不同的目的，采用不同的方法来描述数据的特征。这些描述数据的手段和方法称为数据模型。数据模型一般有概念数据模型、逻辑数据模型、物理数据模型。在现实工作中，常常要涉及的是概念数据模型和逻辑数据模型，而物理数据模型一般由 DBMS 确定。

1.5.1　概念数据模型

概念数据模型是面向数据库用户的现实世界的数据模型，与具体的 DBMS 无关。概念数据模型主要用来描述现实世界的概念结构，它使数据库的设计人员在设计的初始阶段，摆脱计算机系统及 DBMS 的具体技术问题，集中精力分析数据及数据之间的联系等。概念数据模型必须转化成逻辑数据模型才能在 DBMS 中实现。

最常用的概念模型是实体-联系模型（entity-relationship 模型，E-R 模型）。在 E-R模型中主要的设计概念有以下几种。

1）实体（entity）：客观存在并可以区分的事物。实体可以是具体的人、事、物，也可以是抽象的概念或联系。例如，一个企业、一个部门、一个产品、一个客户关系都是实体。

2）属性（attribute）：实体某一方面的特征。例如，每个人都有姓名、性别、年龄等属性，这些属性组合起来表征了一个人。

3）码（key）：唯一标识实体的属性集称为码。例如，身份证号码是成年人实体的码。

4）域（domain）：属性的取值范围称为该属性的域。例如，身份证号码为 18 位整数，性别的域为（男，女）。

5）实体型（entity type）：具有相同属性的实体必然有共同的特征和性质。用实体名及其属性名集合来抽象和描述同类实体，称为实体型。例如，成年人（身份证号、姓名、性别、出生日期、住址）就是一个实体型。

6）实体集（entity set）：同型实体的集合成为实体集。例如，学校的全体教师就是一个实体集。

7）联系（relationship）：在现实世界中，事务内部以及事务之间是有联系的，这些联系在信息世界中的反映为实体内部的联系和实体之间的联系。实体内部的联系通常是指组成实体的各属性之间的联系。两个实体之间的联系可分为三类：

① 一对一联系（1∶1）：若对于实体集 A 中的每一个实体，实体集 B 中至多有一个实体与之联系，反之亦然，则称实体集 A 与实体集 B 具有一对一联系，记为 1∶1；

② 一对多联系（1∶n）：若对于实体集 A 中的每一个实体，实体集 B 中有 n 个实体（n>0）与之联系，反之对于实体集 B 中的每一个实体，实体集 A 中至多有一个实体与之联系，则称实体集 A 与实体集 B 具有一对多联系，记为 1∶n；

③ 多对多联系（m∶n）：若对于实体集 A 中的每一个实体，实体集 B 中有 n 个实体(n>0)与之联系，反之对于实体集 B 中的每一个实体，实体集 A 中也有 m 个实体(m>0)与之联系，则称实体集 A 与实体集 B 具有多对多联系，记为 m∶n。

实际上，一对一联系是一对多联系的特例，而一对多联系又是多对多联系的特例。实体集之间的这种一对一、一对多、多对多联系不仅存在于两个实体集之间，也存在于两个以上的实体集之间。

E-R 数据模型常用 E-R 图描述。E-R 图提供了表示实体型、属性和联系的方法。

- 实体型：用矩形表示，矩形框内写明实体名。
- 属性：用椭圆形表示，并用无向边将其与相应的实体连接起来。
- 联系：用菱形表示，菱形框内写明联系名，并用无向边分别与有关实体连接起来，同时在无向边上标上联系的类型（1∶1、1∶n 或 m∶n）。

图 1-3 表示了一个企业销售中的几个实体型与其之间的关系。

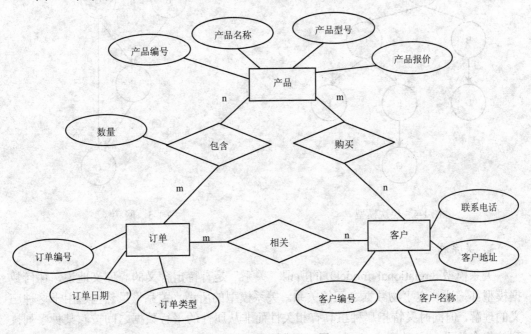

图 1-3　企业销售 E-R 图

1.5.2　逻辑数据模型

常用的逻辑数据模型有层次模型、网状模型、关系模型和面向对象模型。其中，层次模型和网状模型为非关系模型。目前，非关系模型的数据库系统已逐渐被关系模型的数据库系统所取代。关系模型对数据及其联系表示方法简单，数据以及数据之间的联系都用关系来表示，而且关系模型还支持用高度非过程化语言表示数据的操作。此外，关系模型具有严格的理论基础——关系代数。

1.　**层次模型**

层次模型（hierarchical model）利用树形结构来表示实体以及实体之间的联系，如图 1-4 所示。层次模型中的结点为记录型，表示某种类型的实体，结点之间的连线则表示了两个实体之间的关系。其主要特征如下。

1）有且只有一个结点没有双亲结点，该结点称为根结点。

2）根以外的其他结点有且只有一个双亲结点。

2.　**网状模型**

网状模型（network model）是层次模型的扩展，它表示多个从属关系的层次结构，呈现一种交叉关系的网络结构，如图 1-5 所示。网状模型是以记录为结点的网络结构。其主要特征如下。

1）允许一个以上的结点无双亲结点。

2）一个结点可以有多于一个的双亲结点。

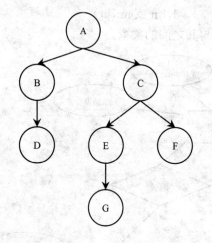

图 1-4　层次模型

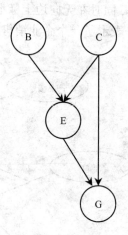

图 1-5　网状模型

3.　**关系模型**

关系模型（relational model）的所谓"关系"是有特定含义的。广义地说，任何数据模型都描述一定事物数据之间的关系。关系模型的所谓"关系"虽然也适用于这种广义的理解，但同时又特指那种虽具有相关性而非从属性的平行数据之间按照某种序列排列的集合关系。

关系模型中的主要术语有以下几种。

1）关系：一个关系对应于平常讲的一个二维表，是具有相同性质的元组（或记录）的集合。

2）元组：表中的一行称为一个元组，相当于一个记录。

3）属性：表中的一列称为属性，给每一列命名即属性名，属性相当于字段。

4）码：唯一地标识一个元组的一个或若干个属性集合。

5）主码：当一个关系有多个关键字时，选定其中一个作为主关键字。

6）外码：若在诸属性名中，某属性名不是该关系的主关键字，却是另一个关系的主关键字，则称该属性名为外部关键字。

7）域：属性的取值范围。

8）分量：元组中的一个属性值。

关系模型的主要特点有以下几个。

1）关系中每一分量不可再分，是最基本的数据单位。

2）每一列的分量是同属性的，列数根据需要而设，且各列的顺序是任意的。

3）每一行由一个个体事物的诸多属性构成，且各行的顺序可以是任意的。

4）一个关系是一个二维表，不允许有相同的属性名，也不允许有相同的元组。

基于关系模型的数据库为关系数据库。关系数据库管理系统是最为常见的产品，较为著名的有 SQL Server、Oracle、Sybase、Visual FoxPro、Access 等。关系数据库管理系统通常支持数据独立性，因而可维护性、可扩展性、可重用性都比较好。

由 E-R 图到关系数据模型的转换需依循以下规则。

1）将 E-R 图中的实体转换成关系模式。一个实体型转换成一个关系模式，实体型的名称作为关系模式的名称，实体型的属性作为关系模式的属性，实体型的码作为关系模式的码。

2）将 E-R 图中的联系转换成关系模式。一个联系转换成一个关系模式，联系的名称作为关系模式的名称，联系的属性作为关系模式的属性，所有参加联系的实体型也作为关系模式的属性，关系模式的码由联系的类型决定：①若是 m∶n 联系，则所有参加联系的实体型的码作为关系模式的码；②若是 1∶1 联系，则任选一个参加联系的实体型的码作为关系模式的码；③若是 1∶n 联系，则选择"n"一方的实体型码作为关系模式的码。

4. 面向对象模型

20 世纪 90 年代中期以来，人们发现关系模型存在查询效率不及非关系模型等缺陷，所以提出了面向对象模型。面向对象模型一方面对数据结构方面的关系结构进行了改良，另一方面为数据操作引入了对象操作的概念和手段。今天的数据库管理系统基本上都提供了这方面的功能。然而关系模型仍是现在数据库设计中的主流。

1.6 关系数据库及其设计

在关系数据库应用系统的开发过程中，数据库设计是核心和基础。数据库设计是指对于一个给定的应用环境，构造最优的数据模式，建立数据库及其应用系统，有效存储数据，满足用户信息要求和处理要求。下面讨论关系数据库的概念以及针对一个具体问题应该如何构造一个符合实际的恰当的数据模式，即应该构造几个关系、每个关系应该包括哪些属性、各个元组的属性值应符合的条件等，这些都是应当全面考虑的问题。

▌1.6.1 关系数据库

关系数据库（relational database）是若干个关系的集合。也可以说，关系数据库是由若干个二维表组成的。

在关系数据库中，将一个关系视为一个二维表，又称其为数据表，如"商品"数据表（表1-1）。

表1-1 "商品"数据表

商品号	商品名称
21000001	电冰箱
31000001	洗衣机
41000001	空调

一个关系数据库由若干个数据表组成，每个数据表又由若干条记录组成，而每一条记录是由若干个根据字段属性分类的数据项组成的。

在数据表中，若某一个字段或某几个字段的组合值能够标识一条记录，则称其为关键字（或键），当一个数据表有多个关键字时，可从中选出一个作为主关键字（或主键）。如在"商品"数据表中可以选择"商品号"字段作为该数据表的主键。

在关系数据库中，数据表之间是具有相关性的。数据表之间的这种相关性是依靠每一个独立的数据表内部具有相同属性的字段建立的。一般地，两个数据表之间建立关联关系，是将一个数据表视为父表，另外一个数据表视为子表，其中子表中与父表主关键字段相对应的字段作为外键，数据表之间的关联就是通过主键与外键作为纽带实现关联的。

在关系数据库中，数据表为基本文件，每个数据表之间具有独立性，而且若干个数据表间又具有相关性，使得数据操作方式简单。这一特点使关系数据库具有极大的优越性，并能得以迅速普及。

有了数据库基础理论的支持，就可以把复杂的客观事物的整体，依照关系数据库的数据结构及存储方式，将各个方面信息存放到数据库中，也就是使多个不可再分的表，通过关联关系连接起来，形成一个丰富的数据库基础数据源。

在 Access 中，设计一个合理的数据库，最主要的是设计合理的表以及表间关系。作为数据库基础数据源，它是能够有效、准确、快捷地创建数据库并实现其所有功能的基础。

▌1.6.2 关系数据库的设计原则

数据库设计是指对于一个给定的应用环境，根据用户的需求，利用数据模型和应用程序模拟现实世界中该应用环境的数据结构和处理活动的过程。

数据库设计原则如下。

1）数据库内数据文件的数据组织应获得最大限度的共享、最小的冗余度，消除数据及数据依赖关系中的冗余部分，使依赖于同一个数据模型的数据达到有效的分离。

2）保证输入、修改数据时数据的一致性与正确性。

3）保证数据与使用数据的应用程序之间的高度独立性。

1.6.3 关系数据库的总体规划

数据存入数据库中，是数据库设计的首要环节，是应用程序开发的关键。特别是在进行应用程序设计时，创建的数据库如不理想，轻者会大大增加编程和维护程序的难度，重者会使应用程序无法使用。

在实际应用中，数据库是由许多相关表组成的，而表又是围绕一个特定主题的、受关系模型约束的数据集合体。要把收集来的反映一个特定主题的数据直接存入表中，常常因表中的字段个数多，表中的数据数量大，有大量的重复数据出现，从而给数据库设计带来困难。

设计一个组织良好的数据库，不仅应能方便地解决应用问题，而且还可解决一些不可预测的问题，同时还要加快应用系统的开发速度，这就要求数据库中的数据一定要通过相应的约束条件来实现数据规范化。

1.6.4 关系模型的规范化

关系数据规范化（data normalization）理论认为，关系数据库中的每一个关系都要满足一定的规范。根据满足规范的条件不同，可以化分为五个等级，分别称为第一范式（1NF），第二范式（2NF），……，第五范式（5NF），其中，NF 是 "normal form" 的缩写。

在解决一般性问题时，通常只要把数据规范到第三范式就可基本满足需要。

需要特别指出的是，在实际操作中，不是数据规范的等级越高就越好，具体问题还要具体分析。

关系模型数据规范化的原则如下所示。

1）第一范式：在一个关系中，要满足关系模型的基本性质，消除重复字段，且各字段都是不可分的基本数据项。

2）第二范式：若关系模型属于第一范式，且关系中每一个字段都完全依赖于主关键字段。

3）第三范式：若关系模型属于第二范式，且关系中所有非主关键字段都直接依赖于主关键字段。

数据规范化的基本思想是逐步消除数据依赖关系中不合适的部分，并使依赖于同一个数学模型的数据达到有效的分离。某家电批发商场信息情况如表 1-2 所示，不难看出，它没有具有关系模型的性质，而且是不符合数据规范化原则的。为了方便、有效地使用这些信息资源，使其具有关系模型的性质，可根据数据规范化原则，规范这些数据资源，并使数据库中的各个表的结构更加合理。

表1-2 某家电批发商场信息情况

商品情况			订单情况				
商品号	商品名	型 号	订单号	订货数量	订货时间	客户名	联系方式
21000004	电冰箱	海尔 BCD-196F	120001	30	2006.1.5	张磊	0431-66838293
31000002	洗衣机	西门子 WM1065	120002	15	2006.2.16	王洪飞	0431-43275500
21000003	电冰箱	西门子 KK28F88TI	120003	50	2006.4.2	李晶晶	0451-58937466
21000004	电冰箱	海尔 BCD-196F	120004	15	2006.6.8	崔景义	0434-83385739
31000001	洗衣机	三星 WF-C863	120005	10	2006.7.12	王洪飞	0431-43275500
31000002	洗衣机	西门子 WM1065	120006	10	2006.10.5	李晶晶	0451-58937466
21000004	电冰箱	海尔 BCD-196F	120007	20	2006.12.2	崔景义	0434-83385739
41000001	空调	格力 KFR-26GW/K	120008	50	2007.2.20	张磊	0431-66838293
21000003	电冰箱	西门子 KK28F88TI	120009	10	2007.3.11	王洪飞	0431-43275500
41000001	空调	格力 KFR-26GW/K	120010	30	2007.5.16	李晶晶	0451-58937466

可以将表1-2分解成表1-3～表1-5三个独立的表。其形式如下所示。

表1-3 商品表

商品号	商品名	型 号	生产厂家
21000004	电冰箱	BCD-196F	青岛海尔集团
21000003	电冰箱	KK28F88TI	博世和西门子家电集团
31000001	洗衣机	WF-C863	苏州三星电子有限公司
31000002	洗衣机	WM1065	博世和西门子家电集团
41000001	空调	KFR-26GW/K	珠海格力电器股份有限公司

表1-4 订单表

订单号	商品号	订货数量	订货时间	客户号
120001	21000004	30	2006.1.5	001
120002	31000002	15	2006.2.16	003
120003	21000003	50	2006.4.2	002
120004	21000004	15	2006.6.8	004
120005	31000001	10	2006.7.12	003
120006	31000002	10	2006.10.5	002
120007	21000004	20	2006.12.2	004
120008	41000001	50	2007.2.20	001
120009	21000003	10	2007.3.11	003
120010	41000001	30	2007.5.16	002

表1-5 客户表

客户号	客户名	联系方式
0001	张磊	0431-66838293
0002	李晶晶	0451-58937466
0003	王洪飞	0431-43275500
0004	崔景义	0434-83385739

若想保证表1-3～表1-5都具有独立性，又能够体现表1-2中的全部信息所反映的内

容,那就需要在表 1-3 和表 1-4 之间通过共同的关键字段"商品号",建立表间的关联关系;在表 1-4 和表 1-5 之间通过共同的关键字段"客户号",建立表间的关联关系,使三个表通过关联关系完全能够体现表 1-2 中的主题。

通过上例可以看出,若将这些数据集中在一个表中(表 1-2),则表中数据的结构十分复杂,有许多数据重复出现,造成数据的冗余,这必然导致数据存储空间的浪费,使数据的输入、查找和修改更加麻烦。相反,如果遵循数据规范化的准则,建立多个相互关联的数据表,并让这些分开的数据表依靠关键字段保持一定的关联关系,就可以有效地弥补上述缺陷。

1.6.5 关系的完整性

关系的完整性,即关系中的数据及具有关联关系的数据间必须遵循的制约和依存关系。关系的完整性用于保证数据的正确性、有效性和相容性。

关系的完整性主要包括域完整性、实体完整性和参照完整性 3 种。

1. 域完整性

域完整性是对数据表中字段属性的约束,它包括字段的值域、字段的类型及字段的有效规则等约束,它是由确定关系结构时所定义的字段属性决定的。

2. 实体完整性

实体完整性是对关系中的记录唯一性,也就是主键的约束。准确地说,实体完整性就是指关系中的主属性值不能为空且不能有相同值。如果主键为空,则意味着存在不可识别的实体;如果主键不唯一,主键则失去了唯一标识元组的作用。

3. 参照完整性

参照完整性(referential integrity)是对关系数据库中建立关联关系的数据表间数据参照引用的约束,也就是对外键的约束。准确地说,参照完整性就是指关系中的外键必须是另一个关系的主键值之一或者为空。也就是说外键可以没有值,但不允许为无效值。

依照关系模型数据规范化原则,可以使复杂的表转化为若干简单的表,但为保证原有数据信息的真实性,被分解出的各表间要建立一定的关联关系。在关联表之间,必然存在表与表之间数据的引用。参照完整性就是保证具有关联关系的"关系"之间引用的完整性。或者说,保证有关联关系的表的引用完整性。

1.7 数据库系统开发的步骤

数据库系统的开发主要是通过数据库系统分析、数据库系统设计、数据库系统实现和数据库系统测试与维护等几个步骤。

1.7.1　数据库系统分析

数据库系统分析是对系统提出清晰、准确和具体的目标要求。主要包括以下几点。

1）确定系统的功能、性能和运行要求，提供系统功能说明，描述系统的概貌。

2）对数据进行分析，描绘出实体间的联系和数据模型的建立，提供数据结构的层次方框图。

3）提供用户系统描述，给出系统功能和性能的简要描述、使用方法与步骤等内容。

1.7.2　数据库系统设计

数据库系统设计包括数据库系统的数据库设计、数据库系统的功能设计和输入与输出的设计三部分。

数据库系统的数据库设计主要是根据数据库系统分析形成相关的电子文档，描述出本系统的数据库结构及其内容组成。在数据库设计过程中，应该遵循数据库的规范化设计要求。

数据库系统的功能设计结合数据库设计的初步模型，设计出数据库系统中的各功能模块，以及各功能模块的调用关系、功能组成等内容。

数据库系统的输入与输出考虑的是各功能模块的界面设计。对于输入模块考虑提供用户的操作界面及在界面上完成的各种操作；输出模块应考虑输出的内容、格式和方式。

通过上面对数据规范化和表间关系建立的观点的阐述，可以得知，在数据规范化的原则指导下，既可以把复杂的问题简单化，综合的问题个体化，同样也可以把个体的问题综合化、整体化。有了这样的数据库理论作指导，在对数据库进行设计时，就可以更充分地考虑数据库中数据存取的合理性和规范化问题。

设计一个数据库，一般要遵循如下步骤。

（1）分析需求

分析需求就是根据实际应用问题的需要，确定创建数据库的目的以及使用方法，确定数据库要完成哪些操作，数据库要建立哪些对象。分析需求是数据库设计的第一步，也是最重要的步骤，如果需求分析做得不充分、不到位、不准确，就会使整个数据库设计的质量大打折扣，以至无功而返。

（2）建立数据库中的表

数据库中的表是数据库的基础数据来源，确定需要建立的表是设计数据库的关键，表设计的好坏直接影响数据库其他对象的设计及使用。

设计能够满足需求的表要考虑以下内容。

1）每一个表只能包含一个主题信息。

2）表中不要包含重复信息。

3）确定表中字段个数和数据类型。

4）字段要具有唯一性和基础性，不要包含推导数据或计算数据。

5）所有的字段集合要包含描述表主题的全部信息。

6）字段要有不可再分性，每一个字段对应的数据项是最小的单位。

（3）确定表的主关键字段

在表的多个字段中，用于唯一确定每个记录的一个字段或一组字段，称为表的主关键字段。

（4）确定表间的关联关系

在多个主题的表间建立表间的关联关系，使数据库中的数据得到充分的利用。同时对复杂的问题，可先化解为简单的问题后再组合，即会使解决问题的过程变得容易。

（5）创建其他数据库对象

设计其他数据库对象，是在表设计完成的基础上进行的。有了表就可以设计查询、报表、窗体等数据库对象。

综上所述，设计数据库就是设计数据库中各表的独立结构及各独立表间的关联关系。

1.7.3 数据库系统实现

数据库系统的实现应完成开发工具的选择、数据库的实现、系统中各对象对于相关事件的处理并进行编程。

数据库的实现通过数据库开发工具，建立数据库文件及其所包含的数据表，建立数据关联，创建数据库系统中各个数据与功能的对象实例，并设定所有对象的相关属性值。

数据库系统功能的实现是完成系统中各对象对于相关事件的处理，并进行编程。

1.7.4 数据库系统测试与维护

一个数据库应用系统的各项功能实现后，必须经过严格的系统测试工作才可以将开发完成的应用系统投入运行使用。系统测试工作是应用系统成败的关键，在测试工作中应尽可能地查出并改正数据库系统中存在的错误。

第 2 章

Access 数据库的创建

随着信息社会的飞速发展，在社会生活的各个领域中，每天都要进行大量的数据处理工作，人们使用各种大型的数据库管理软件来处理巨量的数据。但是，对于数据量处理相对较少的普通用户，这些大型的数据库管理软件既过于复杂又难于掌握，而且将其用于处理数据量小、数据关系简单的场合是大材小用。

Access 是一种适合普通用户的、简单方便、易学易用的数据库系统工具。Access 2003 是 Office 2003 办公系统软件的一个重要组成部分，主要用于数据库管理。使用它可以高效地完成各种类型中小型数据库管理工作。Access 是迄今为止市场上开发中小型数据库首选的数据库软件之一。

2.1 Access 简 介

Access 是一个功能强大、方便灵活的关系型数据库管理系统。它具有完整的数据库应用程序开发工具，可用于开发适合特定数据库管理的 Windows 应用程序。

2.1.1 Access 发展

自从 1992 年首次发布以来，Microsoft Access 已逐步成为桌面数据库领域的领导者，并拥有广泛的用户。在 20 世纪 90 年代早期，作为用于 Microsoft Windows 操作系统的第一个桌面关系型数据库管理系统（relational database management system，RDBMS）初次面市的是 Access 1.0，给有经验的数据库用户留下的深刻印象是，使用一个功能强大的桌面数据库竟然如此简单。Access 2.0 继续改变终端用户理解和使用数据库的方式。当 Access 第一次加入 Microsoft Office 套件时，Office 用户开始产生对关系数据库的强烈需求。

早期 Access 是独立发行的，从 1992 年 Microsoft 推出的第一个供个人使用的 Access 1.0 版本开始，Access 历经多次升级改版，从 1995 年起，Access 成为 Microsoft Office 95 的一部分，从 Access 97、Access 2000、Access 2002，逐步升级到 Access 2003、Access 2007、Access 2010，但 Access 2003 仍是广泛应用的一个版本。本书主要以 Access 2003 为主进行介绍。

2.1.2 Access 2003 的系统特性

使用 Access，用户可以方便地设计、修改、浏览一个记录数据的基本表，可以在基本表记录的数据中进行各种查询，根据基本表记录的数据设计各种报表，设计和使用各种窗体，通过设计和使用宏对基本表进行一系列的操作，甚至还可以用 Visual Basic 进行更高级的程序开发。

Access 内建了功能强大的操作向导，为用户提供了丰富的数据库基本表的模板。用户只需进行简单的鼠标操作就可以建立一个数据库中使用的各种基本表、报表和窗体，而不必编写任何程序代码。

在 Access 中，用户可以设置、修改基本表之间的关联，从而实现在多个相关基本表之间的关系查询。宏的使用还可以实现操作的自动化，使操作更加简单、快捷。

Access 不仅可以处理 Access 建立的数据库文件，还完全兼容 Access 以前版本的数据库文件，还可以处理其他一些数据库管理系统建立的数据库文件，如 dBase、Paradox、Btrieve 和 FoxBase 等数据库管理系统的数据库文件，并支持开放式数据库互联性标准（open database connectivity，ODBC）的结构化查询语言（structured query language，SQL）。

Access 不仅可用于小型数据库管理，供单机使用，还能与工作站、数据库服务器或主机上的各种数据库互相链接，并可用于建立客户/服务器应用程序的工作站部分。

Access 2003 较以前的版本增加的新功能如下所述。

1. 语音功能

Access 2003 具有语音输入和语音命令的功能，用户可以对其语音输入数据或者下达语音命令。

2. Data Access Page 设计器

Data Access Pages HTML 设计器为用户提供了一系列的增强功能，利用 Data Access Pages HTML 设计器，用户能够更高效率地设计 Data Access Page。Data Access Page 设计器的一些增强功能如下。

1）从 Microsoft Jet 和 Microsoft SQL Server 2000 数据库引入一些扩展属性。

2）改进了处理超级链接技术的能力，使链接多个页的工作变得更简单。

3）增加了多选择支持。用户可以通过鼠标和键盘来进行多选择，使操作更方便。例如，更改尺寸、调整水平和垂直间隔、对齐等。

4）自动累加使汇总更加容易。

5）用户可以浏览和设置数据库属性。

6）新的链接属性使建立使用相同的连接字符的应用程序更加容易。

7）Access 2010 文件格式。Access 2010 使用新的文件格式，该格式使用户处理大的数据库的速度更加快。当以后 Access 推出新版本的时候，该格式仍然可以无缝处理 Access 的改变。例如，新的属性和事件。

8）多重撤销和恢复功能。用户可以在设计的时候，对 MDB（message driven bean）表格、MDB 查询、ADP（automatic data processing）函数、报告、Data Access Page、模块等对象撤销和恢复多个步骤。

9）快捷键功能。Access 2003 为用户提供了系列新的快捷键，使用户完成数据库任务的时候更加方便，效率更高。这些新的快捷键包括以下几种。

• F7 键，在表单或者报告的设计窗口中，无论当前活动的是设计窗口还是属性表，用户只需要按 F7 键，就可以跳到代码窗口。

- F4 键，在设计窗口中，用户按 F4 可以转换到属性表。
- Shift+F7 组合键，在设计窗口中，用户按 Shift+F7 组合键可以回到设计界面。
- Ctrl+>组合键或 Ctrl+<组合键，不管用户是在表单、报表、页面、还是程序中，只要按 Ctrl+>组合键或者 Ctrl+<组合键就可以互相转换。

3. 转换错误日志

当用户在把 Access 97、Access 2000、Access 2002 的数据库转换成 Access 2003 数据库时，如果出现转换错误，Access 2003 就会自动生成一份表格，里面列出每一个错误及其相关信息。这有助于用户解决数据库转换时出现的问题。

Access 一直希望能够帮助用户更加方便地获取和分析重要的数据和信息。Access 2010 在这一方面有了很大的提高。Microsoft 还在 Access 2010 中增加了一些工具来帮助用户分析数据。例如，Pivot Tabel 和 Pivot Chart（这两个工具在以前只是 Excel 才有）。

4. Access Pivot Table 和 Access Pivot Chart

用户可以使用 Access Pivot Table 和 Access Pivot Chart 来浏览 MDB 文件、ADP 表格程序、函数等。借助 Access Pivot Table 和 Access Pivot Chart，用户可以准确地分析数据并获得解决方案。

5. XML 输出

有了 Access 2003，可以使用 Internet XML/XSL 标准迅速地在网上发布数据。用户可以把 Access 报表、表单输出为 XML（extensible markup language）文档，并包含有相关 XSL（extensible stylesheet language）文件。这样，用户就能够使用支持 HTML 4.0 的浏览器来浏览用 Access 生成的报表和表单。

把表单和报告保存为 Data Access Pages。如果要把 Access 的解决方案移植到网上，只需要把现有的表单或报告保存为 Data Access Pages。用户并不需要另外生成 Data Access Pages，而只需要选择"另存为"，就可以把表单和报表生成网页版了。

6. 储存程序设计器

用户可以通过储存程序设计器来生成或修改简单的 SQL Server 存储程序。这样，用户不需要学习 Transact SQL 就可以储存程序了。

7. Access 工程批量更新

当用户在 Access Data Project 中使用 Access 表单的时候，Access 2003 允许用户选择已经更新的记录，批量保存并发送到服务器来更新数据（在以前的版本中，如果 Access 的用户要实现该功能，就必须自己编写代码）。除此之外，Access 2003 还提供新的属性、方法和事件来管理对已发送的批量数据的提交和返回。Access 2003 的另一个开发目标是为 Access 程序开发者提供充足的工具，方便开方者建立功能强大的数据库程序，并确保这些数据库程序与已有的和将来新的数据库程序前后兼容，而且能够和企业内部的数据无缝集成。Access 2003 还为用户提供了不少工具，用于建立集成 Internet 标准（如 XML、XSL 和动态网页）的解决方案，使在 Internet 和 Intranet 上共享和发布数据更容易。

8. XML 支持

Microsoft Office 在整个 Access 2003 中支持 XML。用户可以从 Jet 或 SQL Server 数据库导入或者导出 XML 数据。其他有关 XML 的支持包括以下几种。

1）用户可以通过在网上导入 XSD 来生成部分或者整个关系数据库。

2）用户可以生成 XSLT 文档。

3）用户可以利用 Access 报表书写器（Access report writer）来生成可用于网上的报表。

4）用户可以生成既能在服务器端（active server page，ASP）运行，又能在客户端（hyper text markup，HTM）运行的网页报表。如果要生成数据固定不变的报表（如季度报表），用户可以使用 XML 数据文档。

9. XML 格式转换和演示

当用户要把数据输出为 XML 文档时，用户可以自己设置 XSL 数据格式进行转换。例如，从 Access 导出的数据可以转换为 SAP 能够使用的格式。

10. 把 Data Access Pages 绑定到嵌入的或者连接的 XML 文件

Access 2003 允许开发者在 Web 服务器上发布 Data Access Pages，而且不需要使用 RDO（remote data objects）来访问数据，可以越过防火墙在 Internet 上发布数据，这个功能很有用。

11. 支持 Data Access Pages 相对路径

用户可以为 Data Access Pages 设置基于数据库的相对路径，简化了数据库操作。

2.1.3 Access 的工作界面

Access 作为 Office 的一部分，具有与 Word、Excel 和 PowerPoint 等相同的操作界面和使用环境，深受广大用户的喜爱。下面介绍 Access 系统的安装、启动和退出，Access 系统界面及系统菜单等。

1. 安装 Access

Microsoft Access 作为 Microsoft Office 的一个重要组成部分，在安装 Office 时已作为常用组件默认装入，但是只安装 Access 常用组件，这种安装对于只是运行 Access 数据库应用系统已足够，但如果为了应用 Access 开发设计数据库应用系统，则必须完全地安装 Access。对于已安装 Office 的用户无须卸载原有的 Office，只要在此基础上选择自定义安装 Access 即可。

组件添加过程如下。

1）将 Microsoft Office 安装光盘放入光驱，将自动执行安装程序，打开 "Microsoft Office 2003 安装" 窗口，进入 Office 维护界面，如图 2-1 所示。

2）在打开的窗口中，选择第一项中的 "添加或删除功能"，单击 "下一步" 按钮，打开如图 2-2 所示的窗口，选择 Access 相应组件，如图 2-3 所示，并单击 "更新"。

3）安装完成后，系统给出提示，如图 2-4 所示。单击 "确定" 按钮关闭窗口。

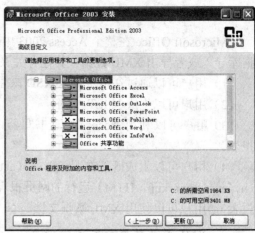

图 2-1　Office 维护界面　　　　　　　　图 2-2　选择安装组件界面

图 2-3　选择 Access 组件界面　　　　　　图 2-4　Office 完成安装界面

2. 启动与退出 Access

Access 启动与退出的常用方法如下。

（1）启动 Access

- 在"开始"菜单中选择"所有程序 | Microsoft Office | Microsoft Office Access 2003"。
- 双击 Access 数据库文件，即可启动 Access 并打开该文件。

（2）退出 Access

- 选择菜单栏中"文件 | 退出"命令。
- 单击标题栏最右边的关闭按钮。

3. Access 界面

Access 的界面包括两部分：一部分是 Access 窗口，另外一部分是数据库窗口。

（1）Access 窗口

Access 窗口是由标题栏、菜单栏、工具栏、工作区和状态栏组成的，如图 2-5 所示。每一部分的功能介绍如表 2-1 所示。

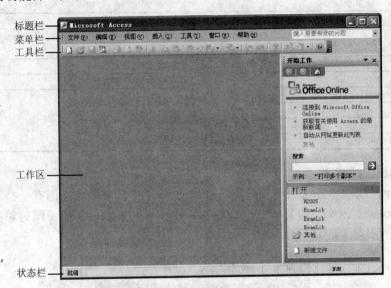

图 2-5　Access 窗口

表 2-1　Access 窗口功能介绍

名称	说　明
标题栏	显示当前软件的名称和正在编辑的文档名称
菜单栏	列出 Access 中的菜单，菜单是操作命令的列表
工具栏	包含 Access 中的常用工具，可以在不调用菜单中命令的情况下，直接单击相应的命令图标来引用命令
状态栏	显示当前编辑状态，操作步骤、页码、节码和光标位置等

（2）数据库窗口

数据库窗口位于 Access 窗口的中心，是工作的主要界面，包括标题栏、工具栏、对象栏、组栏和对象列表五个部分，如图 2-6 所示。

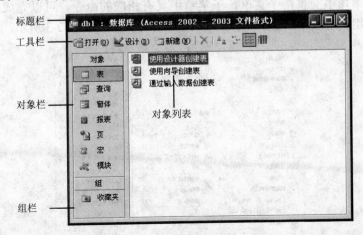

图 2-6　数据库窗口

工具栏中各按钮的功能如表 2-2 所示。

表 2-2 命令按钮

按钮图标	名 称	说 明
	打开	运行在当前对象成员集合中选中的对象实例
	设计	打开一个在当前对象成员集合中选中的对象实例的设计窗口,以允许对该对象进行设计或修改
	新建	对当前选定对象类别新建一个对象实例
	删除	删除一个在当前对象成员集合中选中的对象实例
	大图标	
	小图标	对象成员集合显示方式
	列表	
	详细信息	

（3）Access 数据库菜单栏

Access 的菜单中各可用功能选项随着 Access 的不同视图状态而有一些不同,在此只介绍 Access 数据库中的菜单栏,如图 2-7 所示。针对 Access 的不同对象在不同视图中的工具将在以后章节中介绍。

图 2-7 Access 数据库菜单栏

Access 数据库设计窗口中的菜单栏包括文件、编辑、视图、插入、工具、窗口、帮助。每个菜单项中又包括子菜单,子菜单中又有相应的命令,可以完成相应的功能。Access 的常用菜单项如图 2-8 所示,对菜单中命令的说明如表 2-3 所示。

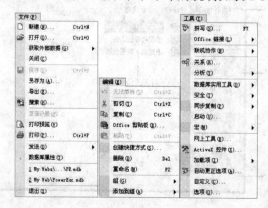

图 2-8 菜单栏

表 2-3　菜单中的命令项及相关说明

命令项	说　明
暗淡的	当前命令不可选用
带省略号（...）	选择此命令时可打开一个对话框
前有符号（√）	"√"是选择标记，表示当前命令有效。再次选择后消失，命令无效
带符号（●）	在分组菜单中，有且只有一个选项带此符号。在分组菜单中带有此符号的命令选项表示被选中
带组合键	按组合键直接执行相应的命令，而不必通过菜单操作
带符号（▶）	鼠标指针指向它时，弹出一个子菜单
带符号（⨆）	如果需要，指向菜单底部的双箭头，将显示此菜单中的所有命令

打开菜单的方法如下。

- 单击菜单名。
- 按 Alt+字母组合键，这个字母是菜单名称后面用括号括起来的带下划线的字母。
- 按 Alt 键或 F10 键，此时可以见到突出显示标记出现在菜单上，使用左右方向键选择，然后按 Enter 键即可。

（4）Access 常用工具栏介绍

Access 中的工具栏同它的菜单栏一样，随着 Access 不同的视图状态而有一些不同，Access 数据库的工具栏如图 2-9 所示。在此只介绍 Access 数据库中的常用工具按钮及功能，如表 2-4 所示。在需要时，可将鼠标指针指向相应按钮，在按钮的下方会显示一个小标签简述其功能。

图 2-9　Access 数据库的工具栏

表 2-4　Access 常用工具按钮

图标	按钮名称	说　明
	新建	新建一个数据库对象（Ctrl+N）
	打开	打开已有的数据库对象（Ctrl+O）
	保存	保存数据库对象（Ctrl+S）
	打印	打印当前选定对象（Ctrl+P）
	打印预览	在打印预览窗口中打开当前对象
	拼写	检查当前文档中的所有文本和备注字段的拼写
	剪切	剪切选定的对象并将其保存到"剪贴板"（Ctrl+X）
	复制	将选定的对象复制到"剪贴板"（Ctrl+C）
	粘贴	将"剪贴板"的内容粘贴到选定的位置（Ctrl+V）
	格式刷	格式复制工具
	撤销	撤销先前的编辑动作
	Office 链接	包括 3 种方式：用 MS Word 合并，用 MS Word 发布，用 MS Excel 分析
	分析	包括 3 种方式：分析表，分析性能，文档管理器
	代码	打开"Visual Basic 编辑器"窗口，显示所选对象的代码
	属性	为所选对象打开"常规"属性对话框
	关系	打开"关系"窗口
	新对象：自动窗体	创建"自动窗体"或基于所选表或查询的其他对象
	帮助	启动 Microsoft Office 帮助

注意：在工具栏上，很多按钮的右侧都有一个向下箭头，表示在该项中还有其他的功能项供选择。例如， [?] ，单击向下按钮在弹出的下拉菜单中可根据需要选择所需要的常用工具按钮。

如果在 Access 窗口中没有工具栏，可以有两种方法打开工具栏。

- 在菜单栏的空白位置，单击鼠标右键，在弹出的快捷菜单中选择"数据库"命令，如图 2-10 所示。

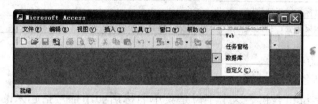

图 2-10   右键弹出菜单

- 在菜单栏中选择"视图 | 工具栏 | 数据库"命令。

2.1.4   Access 帮助

Access 的帮助功能使用 HTML 形式，使得用户在 Access 中使用的帮助形式与通过 Microsoft Web 站点获取的帮助形式相同。获取有关 Access 的帮助的方法分别是："目录/索引"、"Office 助手"、"这是什么？"和"网上 Office"。

1. "目录/索引"帮助

用户可根据需要选择浏览 Access 中全部的帮助信息。一般来说，如果想了解某一具体问题，可直接通过"目录"浏览问题的答案；但如果不是很清楚问题所在时，可选择"索引"通过输入"关键词"的方法，搜索相应的帮助主题，然后查看具体帮助信息来获得帮助。

启动"Microsoft Access 帮助"有以下几种方式。

- 按 F1 键。
- 单击工具栏中的"Microsoft Access 帮助" [?] 按钮。
- 在菜单栏中选择"帮助 | Microsoft Access 帮助"。

2. 利用"Office 助手"获取帮助和提示信息

用户明确问题所在时，或是在编辑程序时提示如何在程序中更有效地使用各种功能或快捷键时，也可不用"目录"方式，而直接启动"Office 助手"，在文本框中直接输入关键词，快速、方便地获得帮助。

启动方法：在菜单栏中选择"帮助 | Office 助手"，在文本框中输入关键词，然后单击"搜索"按钮。

3. "这是什么？"问题框

"目录/索引"帮助提供的是全面的帮助信息，若只是为了了解在操作界面上的某一个对象的具体含义，则无须打开"目录/索引"帮助，只要选择"这是什么？"问题框，即可方便地获得帮助。

启动方式：在菜单栏中选择"帮助 | 这是什么？"命令，当鼠标指针变成 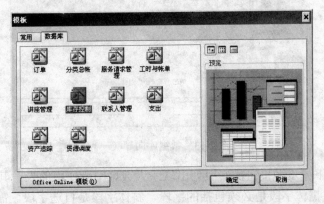时，单击对象，就可获得关于此对象的提示信息。

4. "网上 Office"帮助

对于 Access 应用程序中的技术问题，可以通过 Office 中提供的连接方式，到网上查找相关信息。

启动方式：在菜单栏中选择"帮助 | 网上 Office"命令，查找相关信息。

2.2 Access 数据库的创建

Access 提供了多种建立数据库的方法，本节将介绍常用的创建数据库的三种方法，即使用向导创建、直接建立一个空数据库和根据现有文件新建。

2.2.1 使用向导创建数据库

使用"数据库向导"创建数据库是利用 Access 提供的本地计算机上的模板，在向导的帮助下，一步一步地按照向导的提示，进行一些简单的操作创建一个新的数据库。这种方法很简单，并具有一定的灵活性，适合初学者使用。

为了方便用户的使用，Access 提供了许多数据库模板。例如，"订单"、"分类总账"、"库存控制"等。通过这些模板可以方便快速地创建出基于该模板的数据库。一般情况下，在使用模板之前，首先从模板库中找出与所建数据库相似的模板，然后在向导的帮助下，对这些模板进行修改或者在数据库创建之后，在原来的基础上进行修改。

【例 2-1】创建库存控制管理数据库，操作步骤如下。

1）打开 Access 窗口。在"新建文件"窗格中，单击"通用模板"按钮，弹出"模板"对话框。在该对话框中，选择"数据库"选项卡，这时可以看到本地计算机上所有的数据库模板，如图 2-11 所示。

图 2-11 "模板"对话框

2）选择与所建数据库相似的模板，这里选择"库存控制"模板，然后单击"确定"按钮，弹出"文件新建数据库"对话框，如图 2-12 所示。

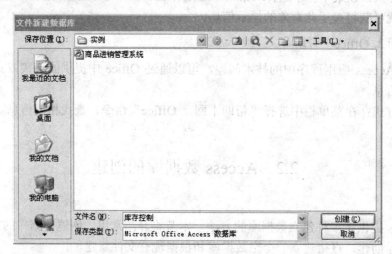

图 2-12 "文件新建数据库"对话框

3）在该对话框中的"文件名"下拉列表框中，输入数据库文件名"库存控制"，在"保存类型"下拉列表框中，默认类型即"Microsoft Access 数据库"，在"保存位置"下拉列表框中选择文件的保存位置，单击"创建"按钮，弹出"文件新建数据库"对话框，如图 2-12 所示。关闭"文件新建数据库"对话框，打开"数据库向导"窗口，该窗口列出了"库存控制"数据模板中将要包含的信息，如图 2-13 所示。

注意：为了便于以后管理和使用，在创建数据库之前，最好先建立用于保存该数据库的文件夹。

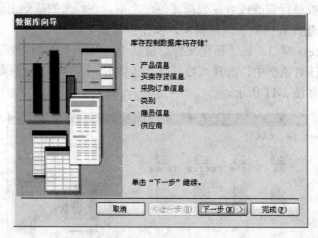

图 2-13 数据库向导（一）

4）单击"下一步"按钮，其中列出联系人数据库所使用的表及其字段结构。其中字段分成两类，黑体字段是必须包括的字段，斜体字段是自选字段。需要哪些字段，就勾选该字段前的复选框，如图 2-14 所示。

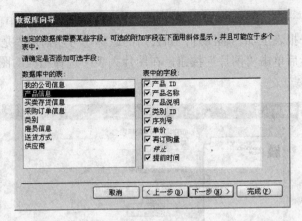

图 2-14　数据库向导（二）

5）单击"下一步"按钮，其中列出了 10 种屏幕显示样式，选择其中一种，如图 2-15 所示。

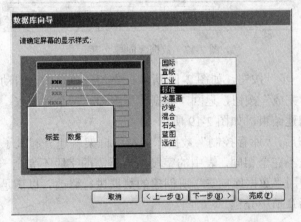

图 2-15　数据库向导（三）

6）单击"下一步"按钮，其中列出了六种报表样式，如"大胆"、"正式"等，从中选择需要的样式，如图 2-16 所示。

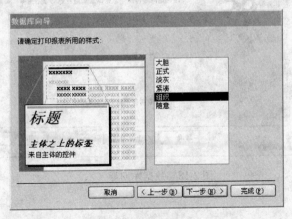

图 2-16　数据库向导（四）

7）单击"下一步"按钮，在"请指定数据库的标题"文本框中输入"库存控制"。如果想要在每一个报表上加一幅图片，如公司的徽标，可以勾选"是的，我要包含一幅图片"复选框，然后单击"图片"按钮，在图片列表中选择相应的图片添加到报表中，如图 2-17 所示。

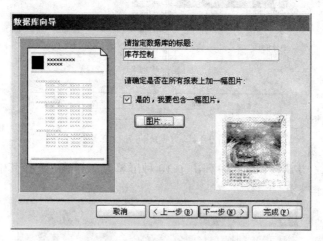

图 2-17   数据库向导（五）

8）单击"下一步"按钮，如图 2-18 所示，先勾选"是的，启动该数据库"复选框（默认），再单击"完成"按钮，返回"数据库"窗口，一个包含表、窗体、报表等数据库对象的数据库创建结束，如图 2-19 所示。

完成上述操作后，"库存控制"数据库的结构框架就建立起来了。使用向导创建的表往往与需要的表不完全相同，表中的字段也与所需的字段不完全一致。因此，一般情况下，都需要对使用"数据库向导"所创建的数据进行修改，以满足自己的需要。具体修改方法将在以后章节中介绍。

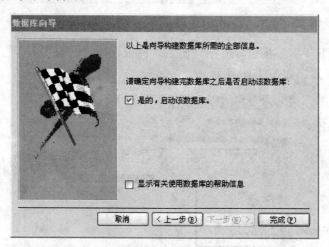

图 2-18   数据库向导（六）

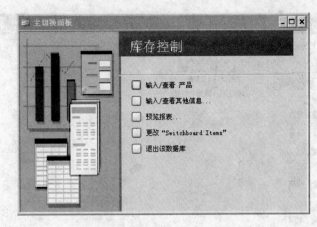

图 2-19　自动生成的数据库系统

2.2.2　创建一个空数据库

在 Access 中创建一个空数据库，就是建立包含数据库对象但是没有数据的数据库。因此，称其为空数据库。先创建一个空数据库，然后根据实际需要，添加所需要的表、窗体、查询、报表等对象。这种方法最灵活，可以创建出所需要的各种数据库，但是操作较为复杂。

【例 2-2】创建一个空的数据库，操作步骤如下。

1）在 Access 2003 窗口的"新建文件"窗格中，单击"空数据库"选项，弹出"文件新建数据库"对话框。

2）在该对话框中的"保存位置"列表框中，指定文件的保存位置；在"文件名"列表框中，输入数据库文件名"商品进销管理系统"，保存类型默认，单击"创建"按钮，如图 2-20 所示。

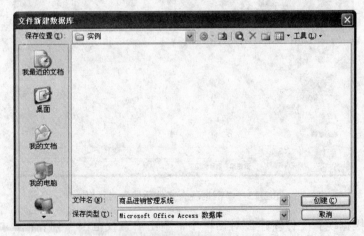

图 2-20　创建空数据库对话框

3）创建完成后，打开新建的空数据库窗口，如图 2-21 所示。

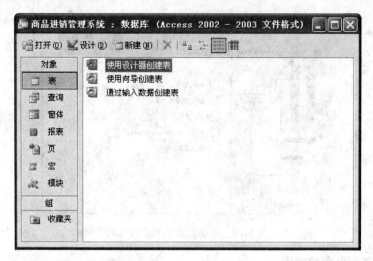

图 2-21 新建空数据库窗口

2.2.3 根据现有文件新建数据库

为了能够利用以前开发完成的数据库系统资源，Access 还提供了"根据现有文件新建数据库"的方法。使用现有文件创建数据库是以用户以前所创建的数据库文件为模板创建数据库。

【例 2-3】根据现有文件新建一个数据库，操作步骤如下。

1）在 Access 2003 窗口中的"新建文件"任务窗格中，选择"根据现有文件"命令，弹出"根据现有文件新建"对话框，如图 2-22 所示。

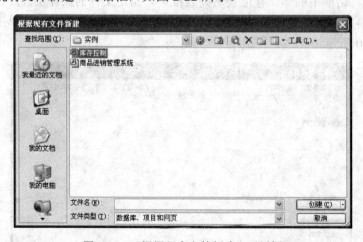

图 2-22 "根据现有文件新建"对话框

2）在"根据现有文件新建"对话框中，单击"查找范围"列表框，找到所需要的数据库文件存放位置的文件夹，在该文件夹中，选中需要的数据库文件，如"库存控制"，然后单击"创建"按钮，打开数据库窗口，如图 2-23 所示。

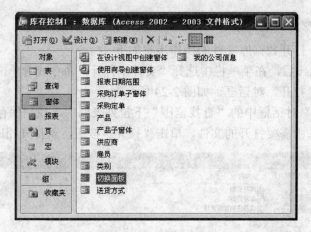

图 2-23 根据现有文件创建的数据库

使用这种方法新建的数据库文件与选中的原有数据库文件存放在相同的文件夹中，新的数据库文件名是原有文件名的后端加上"1"。新建的数据库文件的数据库对象与原有的数据库文件的对象相同，并且包括数据，如同是原有数据库文件的一个副本。设计人员可以在该文件的基础上，根据新的数据库系统的开发要求，对数据库进行修改。这样利用以前的资源可以较快地开发新的数据库系统。

2.3 打开与关闭数据库

打开与关闭数据库是对数据库的基本操作。

2.3.1 打开数据库

数据库创建后，就可以对其进行各种操作。在对数据库进行操作之前，首先要打开数据库。Access 2003 提供了三种打开数据库的方法：找到存放数据库文件的文件夹，双击数据文件，与 Windows 中打开文件的方法相同；通过"开始工作"任务窗格打开；在 Access 2003 窗口中单击"打开"命令打开数据库文件。这里主要介绍后两种方法。

1. 通过"开始工作"任务窗格打开

如果数据库文件名出现在任务窗格中，则通过直接单击数据库文件名就可以打开该数据库。

如果数据库文件名没有出现在任务窗格中，则按照下面的操作步骤打开数据库文件。

1）启动 Access，在菜单栏中选择"视图 | 任务窗格"命令，打开"开始工作"任务窗格，在"开始工作"任务窗格中，单击"其他"按钮，弹出"打开"对话框，如图 2-24 所示。

2）在"打开"对话框中的"查找范围"下拉列表框中，找到保存要查找的数据库文件的文件夹。

3）在打开的窗格中，选择所需要的数据库文件，如"商品进销管理系统"。然后单击"打开"按钮，就打开相应的数据库文件。

2. 使用打开命令打开

使用打开命令打开数据库文件的操作步骤如下。

1）启动 Access 后，在菜单栏中选择"文件 | 打开"命令或者单击工具栏上的"打开"按钮，弹出"打开"对话框，如图 2-24 所示。

2）在"打开"对话框中的"查找范围"下拉列表框中，找到保存要查找的数据库文件的文件夹，选中需要打开的文件，单击"打开"按钮，就打开相应的数据库文件。

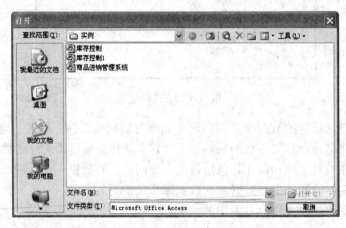

图 2-24 "打开"对话框

2.3.2 关闭数据库

在完成数据库操作后，需要将它关闭。

关闭数据库文件，先要将数据库窗口确定为当前工作窗口，然后可以使用如下方法。

- 在 Access 主菜单下，选择"文件 | 关闭"命令。
- 单击"数据库窗口"右上角的"关闭"按钮"☒"。
- 按 Ctrl+F4 组合键。

2.4 使用数据库对象

Access 中包括 7 种数据库对象，分别是数据表、查询、窗体、报表、数据访问页、宏和模块。Access 通过对各种数据库对象来管理数据库。因此，Access 中的对象是数据库管理的核心。

2.4.1 数据库对象简介

1. 数据表

数据表是关于特定实体的数据集合，是数据库设计的基础，可以作为其他数据库对象的数据源。一个数据库所包含的信息内容可以有多个数据表。例如，在"商品进销管理系统"数据库中包括商品表、客户表、进货表、库存表、订单表。

数据表由字段和记录组成。一个字段就是表中的一列。用户可以为这些字段属性设定不同的取值，来实现应用中的不同需要。字段的基本属性有字段名称、数据类型、字段大小等。一个记录就是数据表中的一行，记录用来收集某指定对象的所有信息。一条记录包含表中的每个字段。"库存控制"示例数据库中的"产品"数据表如图 2-25 所示，它有 8 个字段，10 条记录。

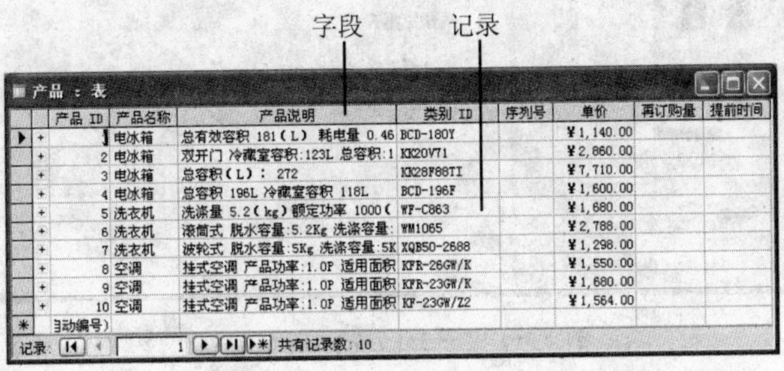

图 2-25　"产品表"中的字段与记录

2. 查询

查询是数据库的核心操作。数据库创建完之后，只有被使用者查询才实现它的价值。用户可以利用查询操作按照不同的方式查看、更改和分析数据，形成所谓的动态的数据集。可以修改这个动态集的数据，也可以看到查询到的数据集合，即查询结果。可以将该查询结果保存，作为其他数据对象的数据源。可以通过特定的查询来设计数据库中的数据表，如操作查询中的数据定义查询。

Access 中的查询包括选择查询、计算查询、参数查询、交叉表查询、操作查询、SQL 查询。"库存控制"示例数据库中的"产品"查询如图 2-26 所示。

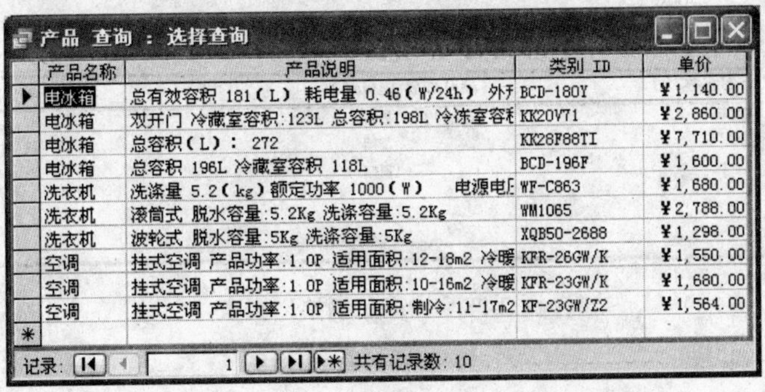

图 2-26　选择查询的结果

3. 窗体

窗体是数据信息的主要表现形式，用于创建表的用户界面，是数据库与用户之间的主要接口。在窗体中可以直接查看、输入和更改数据。通过在窗体中插入相应的控件来设计窗体建立一个友好的用户界面，会给使用者带来极大方便。"库存控制"数据库中的"主切换面板"窗体如图 2-27 所示。

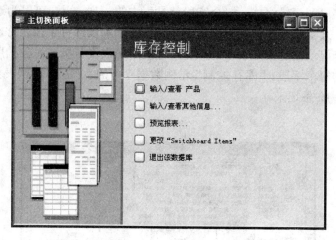

图 2-27 "主切换面板" 窗体

4. 报表

报表是以打印的形式表现用户数据。如果想要从数据库中打印某些信息时就可以使用报表。通常情况下，需要的是打印到纸张上的报表。利用报表将数据库中需要的数据提取出来进行分析、整理和计算，并将数据以格式化的方法输出。在 Access 中，报表中的数据源主要来自基础的表、查询或 SQL 语句。用户可以控制报表上每个对象（也称为报表控件）的大小和外观，并可以按照所需的方式选择所需显示的信息以便查看或打印输出。"库存控制" 数据库中的 "产品摘要" 报表如图 2-28 所示。

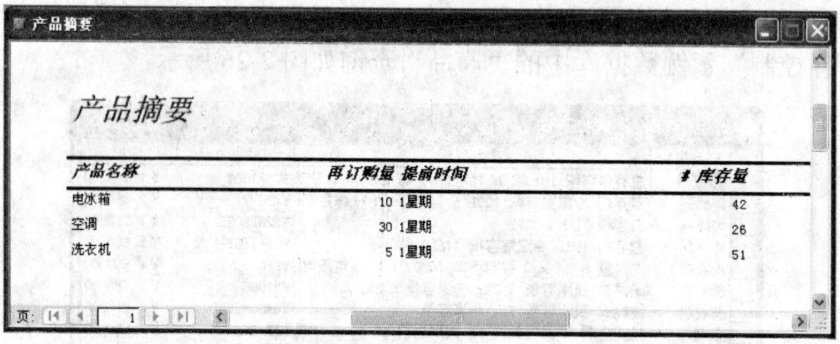

图 2-28 "产品摘要" 报表

5. 数据访问页

Access 中的数据访问页实际一种特殊的 Web 页，并且独立存储在存储设备上，在数据库中只是一个快捷方式。用户通过数据访问页能够查看、编辑和操作来自 Internet 或 Intranet 的数据，而这些数据是保存在 Access 数据库中的。这种页也可能包含来自其他数据源（如 Excel 工作表）的数据。

在 Access 中，用户可以根据需要设计不同类型的数据访问页。如设计数据输入用的数据访问页，用于查看、添加和编辑记录，或创建交互式的报表访问页，用于数据的及时传递与更新。

数据访问页是直接与数据库连接的。当用户在 Microsoft Internet Explorer 中显示数据访问页时，实际上正在查看的是该页的副本。对所显示数据进行的任何筛选、排序和其他相关数据格式的改动，只影响该数据访问页的副本。但是，通过数据访问页对数据本身的改动，例如修改值、添加或删除数据，都会被保存在基本数据库中。"库存控制"数据库中的"产品浏览"页如图 2-29 所示。

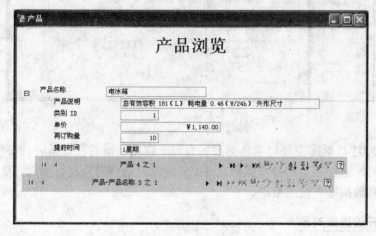

图 2-29　"产品浏览"页

6. 宏

宏是指一个或多个操作的集合，也可以是若干个宏的集合所组成的宏组。其中每个操作实现特定的功能，如打开某个窗体或打印某个报表。宏可以使某些普通的、需要多个指令连续执行的任务能够通过一条指令自动完成。宏是重复性工作最理想的解决办法。例如，可设置某个宏，在用户单击某个命令按钮时运行该宏，可以打印某个报表。"库存控制"数据库中的"打开面板"宏如图 2-30 所示。

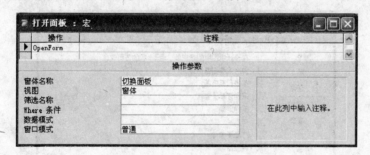

图 2-30　"打开面板"宏

7. 模块

模块是将 VBA（Visual Basic for applications）的声明和过程作为一个单元进行保存的集合，即程序的集合。模块对象是用 VBA 代码写成的，模块中的每一个过程都可以是一个函数（function）过程或者是一个子程序（sub）过程。模块的主要作用是建立复杂的 VBA 程序以完成宏等不能完成的任务。"库存控制"数据库中的"全局代码"VBA 代码如图 2-31 所示。

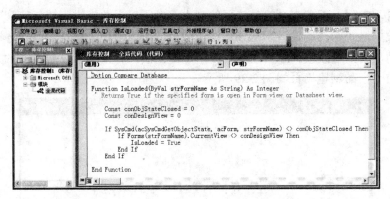

图 2-31 "全局代码"VBA 代码

Access 2003 数据库主要对象包括表、查询、窗体、报表、数据页、宏和模块 7 种。除了对这些对象进行基本的打开操作之外，还经常对这些对象进行插入、复制和删除等操作，以提高数据库开发的效率。

2.4.2 打开数据库对象

如果需要打开某个数据库对象，可以在"数据库"窗口中，单击"对象"栏下面的对象类别，然后选择需要打开的对象，再单击工具栏上的"打开"按钮，将打开所选中的对象。另一种更为简单的方法是双击需要打开的对象，则直接把选中的对象打开。

【例 2-4】打开"库存控制"数据库中的窗体，窗体名为"切换面板"。操作步骤如下。

1）打开"库存控制"数据库，在"数据库"窗口的"对象"栏中单击"窗体"对象，如图 2-32 所示。

图 2-32 选择"窗体"对象

2）在右侧的列表中，双击"切换面板"窗体，打开"切换面板"窗体，如图 2-33 所示。

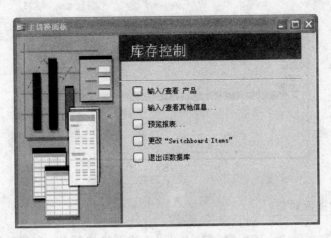

图 2-33　"切换面板"窗体

2.4.3　插入数据库对象

如果要向一个数据库插入对象，先打开需要插入对象的数据库，然后单击"插入"菜单中的某个选项（如表）命令，则会打开"新建表"对话框，如图 2-34 所示。

在"新建表"对话框右侧的列表框中，选择"导入表"和"链接表"选项，然后单击"确定"按钮，则会弹出"导入"和"链接"对话框，选择需要的文件后，单击"导入"和"链接"按钮即可。

【例 2-5】从"商品进销系统"中导入商品表。操作步骤如下。

1）打开成绩管理系统，选择"插入 | 表"命令，弹出"新建表"对话框，选择"导入表"，然后单击"确定"按钮，弹出"导入"对话框，如图 2-35 所示。

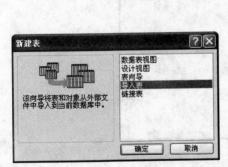

图 2-34　"新建表"对话框　　　　　　　　图 2-35　"导入"对话框

2）在"导入"对话框中，选中需要导入的数据库文件，单击"导入"按钮，弹出"导入对象"对话框，如图 2-36 所示。

3）在"导入对象"对话框中列出可以导入的七种 Access 对象，在"表"选项卡中，选中导入的对象"商品"，然后单击"确定"按钮，如图 2-36 所示，则商品表导入到"库存控制"之中。

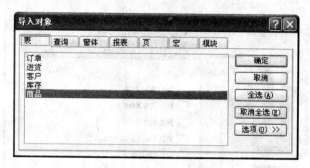

图 2-36 "导入对象"对话框

2.4.4 复制数据库对象

在 Access 数据库中，使用复制方法可以创建对象的副本。在修改某个对象的设计之前，创建对象的副本可以避免因修改操作错误造成的损失，一旦发生失误可以用对象副本还原对象。

1. 复制 Access 文件内的数据库对象

【例 2-6】复制"库存控制"中的"产品摘要"报表。操作步骤如下。

1）在"数据库"窗口的"对象"栏中单击"报表"。

2）在"数据库"窗口右侧的对象列表中，单击"产品摘要"，在 Access 系统工具栏上，单击"复制"按钮，如图 2-37 所示。

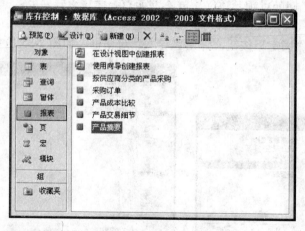

图 2-37 选中要复制的对象

3）如果要将对象复制到当前数据库中，在工具栏上单击"粘贴"按钮；如果要将对象复制到其他 Microsoft Access 数据库，应先关闭当前的 Access 数据库，然后打开要粘贴到的另一个 Access 数据库，在工具栏上单击"粘贴"按钮。

图 2-38 "粘贴为"对话框

4）在"粘贴为"对话框中的"报表名称"文本框中输入报表副本的名称，如图 2-38 所示。例如"产品摘要副本"，然后单击"确定"。

2. 复制表结构或将数据追加到已有的表

在 Access 数据库中，可以复制表结构和将数据追加到已有的表中，其操作步骤如下。

1）在"数据库"窗口的"对象"栏下单击"表"。

2）在"数据库"窗口右侧的对象列表中，单击要复制其结构或数据的表，再单击工具栏上的"复制"、"粘贴"按钮，弹出"粘贴表方式"对话框，如图 2-39 所示。

3）若要粘贴表的结构，在对话框中点选"粘贴"选项下的"只粘贴结构"单选按钮；若要追加数据，请在"表名称"框中输入为其追加数据的表的名称，然后选中"将数据追加到已有的表"单选按钮，然后单击"确定"按钮。

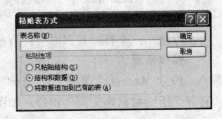

图 2-39 "粘贴表方式"对话框

2.4.5 删除数据库对象

如果要删除数据库对象，需要先关闭要删除的数据库对象。在多用户环境下，确保所有用户都已关闭了该数据库对象。

删除数据库对象的操作步骤如下。

1）在"数据库"窗口的"对象"下，单击要删除的数据库对象的类型。

2）单击"对象"列表中的对象，然后按 Delete 键。

2.5 数据库压缩与修复

在使用数据库文件时，压缩和修复数据库可以重新整理、安排数据库对磁盘空间的占有，可以恢复因操作失误或意外情况丢失的数据信息，从而提高数据库的使用效率，保障数据库的安全性。

2.5.1 数据库压缩

在对数据库进行操作时，因为需要经常不断对数据库中的对象进行维护，这时数据库文件中可能包含相应的"碎片"。为有效使用磁盘空间，可以使用数据库压缩技术以减少磁盘存储空间的占用。

压缩数据库文件，其操作步骤如下。

1）在 Access 主菜单下，选择"工具 | 数据库实用工具 | 压缩和修复数据库"命令。

2）在"压缩数据库来源"窗口，选择要压缩的数据库文件。

3）在"将数据库压缩为"窗口，输入压缩后的数据库文件名。

【例 2-7】对数据库文件（商品进销管理系统）进行压缩操作。

方法一：打开数据库文件再压缩。

操作步骤如下。

1）在 Access 主菜单下，选择"文件 | 打开"命令，打开"打开"窗口。

2）在"打开"窗口，选定要打开的数据库文件（商品进销管理系统），按"打开"按钮，数据库文件将被打开。

3）在 Access 主菜单下，选择"工具 | 数据库实用工具 | 压缩和修复数据库"命令，结束数据库文件的压缩。

方法二：不打开数据库文件直接压缩。

操作步骤如下。

1）在 Access 主菜单下，选择"工具 | 数据库实用工具 | 压缩和修复数据库"命令，打开"压缩数据库来源"窗口，如图 2-40 所示。

图 2-40　"压缩数据库来源"对话框

2）在"压缩数据库来源"窗口，选择要压缩的数据库文件（商品进销管理系统），再单击"压缩"按钮，打开"将数据库压缩为"窗口，如图 2-41 所示。

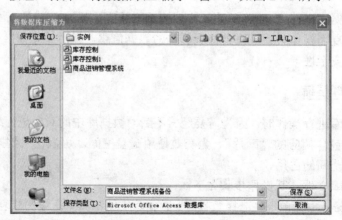

图 2-41　"将数据库压缩为"对话框

3）在"将数据库压缩为"窗口，输入压缩后的数据库文件名（商品进销管理系统备份），单击"保存"按钮，结束对数据库文件压缩的操作。

在压缩数据库文件时，要注意以下两点。

1）保证磁盘有足够的存储空间，用以存放数据库压缩时产生的数据库文件。

2）当压缩后的数据库文件与源数据库文件同名，而且同在一个文件夹时，压缩后的文件将替换原始文件。

2.5.2 数据库修复

在意外情况下，数据库中的数据遭到一定破坏，可试图利用数据库修复功能减少损失。修复数据库文件，其操作步骤如下。

1）在 Access 主菜单下，选择"工具｜数据库实用工具｜压缩和修复数据库"命令。

2）在"修复数据库"窗口，选择要修复的数据库文件，再单击"修复"按钮，对数据库文件进行修复。

3）当数据库修复完成后，系统将显示数据库文件是否修复成功。

2.6 数据库的转换

在高版本的 Access 中，不能够直接使用低版本的 Access 数据库，只有通过数据库转换才可以使用。另外，在高版本的 Access 中创建的数据库也不能在低版本 Access 环境下直接使用，也必须完成数据库转换方能使用。

对不同版本的数据库文件进行转换，其操作步骤如下。

1）在 Access 主菜单下，选择"工具｜数据库实用工具｜转换数据库｜到当前 Access 数据库版本"命令。

2）在"转换数据库来源"窗口，选择要转换的数据库文件。

3）在"将数据库转换为"窗口，输入转换后的数据库文件名且保存。

需要注意的是，如果在 Access 2000 以上的版本中打开 Access 早期版本数据库文件，将直接打开"转换/打开数据库"窗口，用户可根据系统的提示，完成转换数据库的操作，如图 2-42 所示。

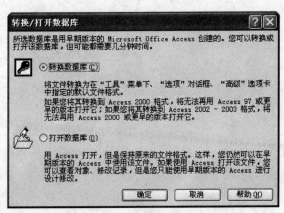

图 2-42　"转换/打开数据库"对话框

如果在 Access 2003 中，已有 Access 2003 数据库文件被打开，也可将其转换成早期版本的数据库文件，如图 2-43 所示。

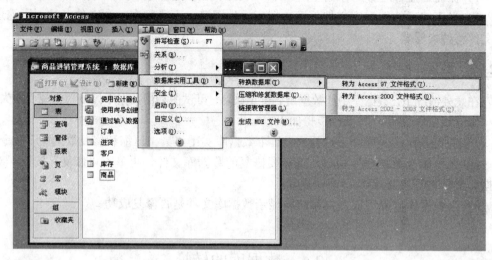

图 2-43　转换数据库命令

通过数据库的转换技术，可以实现 Access 高、低版本的数据库共享，这就大大提高了 Access 数据库的使用率。

第 3 章

数据表的创建与使用

表是 Access 数据库中用来存储数据的对象，是整个数据库的基础，它不仅是数据库中最基本的操作对象，还是整个数据库系统的数据来源。

在 Access 中，表是数据库的其他对象的操作依据，也制约着其他数据库对象的设计及使用，表的合理性和完整性是一个数据库系统设计好坏的关键。

本章将介绍表的设计、创建及相关的操作。

3.1 表 的 构 成

在 Access 中，表是一个满足关系模型的二维表。它是由表名、字段、主键以及表中的具体数据项构成的。通常把表名、字段的属性、主键的定义视为对表结构的定义，把对表中数据的定义视为对表中记录的定义。

如表 3-1 所示，就是反映某家电批发商场商品信息的一个二维表。

表 3-1　某家电批发商场商品信息

商品号	商品名称	型　号	生产厂家	出厂价格	简　　介
21000001	电冰箱	BCD-180Y	青岛海尔集团	￥1,140.00	总有效容积：181L；耗电量/（W/24h）：0.46；外形尺寸：1430mm×495mm×520mm
21000002	电冰箱	KK20V71	博世和西门子家电集团	￥2,860.00	双开门冷藏室容积：123L；总容积：198L，冷冻室容积：75L；制冷方式：直冷，冷冻能力：4；额定耗电量：0.48
21000003	电冰箱	KK28F88TI	博世和西门子家电集团	￥7,710.00	总容积：272L；0℃生物保鲜室：60L；冷冻容积：84L；冷冻能力：20kg；耗电量：0.57kWh/24h
21000004	电冰箱	BCD-196F	青岛海尔集团	￥1,600.00	总容积：196L；冷藏室容积：118L；冷冻室容积：78L；制冷方式：直冷；冷冻能力：3kg/24h；额定电压/频率：220V/Hz
31000001	洗衣机	WF-C863	苏州三星电子有限公司	￥1,680.00	洗涤量：5.2kg；额定功率：1000W；电源电压：220V；净重：75kg
31000002	洗衣机	WM1065	博世和西门子家电集团	￥2,788.00	滚筒式 脱水容量：5.2kg；洗涤容量：5.2kg
31000003	洗衣机	XQB50-2688	江苏小天鹅集团有限公司	￥1,298.00	波轮式 脱水容量：5kg；洗涤容量：5kg
41000001	空调	KFR-26GW/K	珠海格力电器股份有限公司	￥1,550.00	挂式空调 产品功率：1.0P；适用面积：12～18m²；冷暖类型：冷暖型
41000002	空调	KFR-23GW/K	珠海格力电器股份有限公司	￥1,680.00	挂式空调 产品功率：1.0P；适用面积：10～16m²；冷暖类型：冷暖型
41000003	空调	KF-23GW/Z2	青岛海尔集团	￥1,564.00	挂式空调 产品功率：1.0P；适用面积：制冷：11～17m²；冷暖类型：单冷型

若想将表 3-1 的全部信息输入到计算机中,便要定义表名、表结构并给表输入数据。

3.1.1　表的命名

表名是将表存储在磁盘上的唯一标识。也可以理解为它是访问表中数据的唯一标识,用户只有依靠表名才能使用指定的表。

在定义表名时,一是要使表名能够体现表中所含数据的内容,二是要考虑使用时的方便,表名要简略、直观。

从表 3-1 的内容可知,它反映的是某家电批发商场商品的信息,对它的命名可以定义成商品。

3.1.2　表结构的定义

表结构的定义就是定义表的字段属性即表的组织形式,具体地说也就是定义表中的字段个数,每个字段的名称、类型、宽度,以及是否建立索引等。

根据 Access 中的字段类型,以及表 3-1 所含的数据内容,可以将表 3-1 的字段属性进行定义。

某家电批发商场商品表的结构如表 3-2 所示。

表 3-2　商品表中字段属性: sph 为主键

字段名称	字段类型	字段大小	格　式	输入掩码	标题	必填字段	允许空字符串	索　引	输入法模式
sph	文本	8		00000000	商品号	是	否	有（无重复）	关闭
spmc	文本	20	@		商品名称	是	是	无	开启
xh	文本	2	@		型号	否	是	无	关闭
sccj	文本	30	@		生产厂家	否	是	无	关闭
ccjg	货币				出厂价格	否		无	
gnjj	备注				功能简介	否	是	无	开启

表的名字及表中每个字段的名称、类型、长度构成表的结构。事实上,表结构一旦设计完成,表就已经设计完成。然后就可以向这个空表添加具体的数据,这些数据是表的内容,也称表的记录。

要注意,在对表进行操作时,是把表结构与表的内容分开进行操作的,或者说,是把字段的定义与记录的操作分开进行的。

3.1.3　命名字段

字段名称是用来标识字段的,字段名称可以是大写、小写、大小写混合的英文名称,也可以是中文名称。字段命名应符合 Access 数据库的对象命名的规则。字段命名应遵循如下的规则。

1）字段名称可以是 1~64 个字符。

2）字段名称可以采用字母、数字、空格,以及其他字符（除点号"·"、叹号"!"或方括号"[ ]"外）。

3）不能使用 ASCII 码值为 0~32 的 ASCII 字符。

4）不能以空格开头。

3.1.4 表的字段类型

字段类型决定了这一字段名下的数据类型，也决定了数据的存储和使用方式。Access 数据库中字段类型分为以下几种，如表 3-3 所示。

表 3-3 字段数据类型

数据类型	用　　法	大　　小
文本	用来存储由文字字符、ASCII 字符集中可打印字符，以及不具有计算能力的数字字符组成的数据字段类型，是最常用的字段类型之一，是 Access 系统的默认字段类型	最多 255 个字符。Microsoft Access 只保存输入到字段中的字符，而不保存文本字段中未用位置上的空字符
备注	长文本及数字，如备注或说明	最多 64 000 个字符
数字	用来存储由数字（0~9）、小数点和正负号组成的、可进行算术计算的数据字段类型 由于数字类型数据表现形式和存储形式的不同，数字型字段又分为整型、长整型、单精度型、双精度型等类型，其长度由系统分别设置为 1，2，4，8 个字符，Access 系统默认数值类型字段长度为长整型	1、2、4 或 8 个字节。16 个字节仅用于"同步复制 ID"（GUID）
日期/时间	用来存储表示日期/时间的数据的字段类型，根据日期/时间类型字段存储的数据显示格式的不同，日期/时间类型字段又分为常规日期、长日期、中日期、短日期、长时间、中时间、短时间等类型	8 个字节
货币	用来存储货币值的字段类型 输入货币类型数据，不用输入货币符号及千位分隔符	8 个字节
自动编号	用来存储递增数据和随机数据的字段类型 数据无需输入，每增加一个新记录，Access 系统将自动编号型字段的数据自动加 1 或随机编号。用户不用给自动编号型字段输入数据，也不能够更新自动编号型字段的数据	4 个字节。16 个字节仅用于"同步复制 ID"（GUID）
是/否	用来存储只包含两个值的数据的字段类型（如 Yes/No，或 True/False，或 On/Off） 常用来表示逻辑判断结果	1 位
OLE 对象	在其他程序中使用 OLE 协议创建的对象（如 Microsoft Word 文档、Microsoft Excel 电子表格、图像、声音或其他二进制数据），可以将这些对象链接或嵌入到 Microsoft Access 表中。必须在窗体或报表中使用绑定对象框来显示 OLE 对象。OLE 类型数据不能排序、索引和分组	最大可为 1 GB（受磁盘空间限制）
超级链接	存储超级链接的字段 超级链接地址包含显示文本、地址、子地址等	最多 64 000 个字符
查阅向导	创建允许用户使用组合框选择来自其他表或来自列表中的值的字段。在数据类型列表中选择此选项，将启动向导进行定义	与主键字段的长度相同，且该字段也是"查阅"字段，通常为 4 个字节

字段类型的选择是由数据决定的，定义一个字段类型，我们需要先来分析输入的数据。从两个方面来考虑，一是数据类型，字段类型要和数据类型一致，数据的有效范围决定数据所需存储空间的大小；二是对数据的操作，例如可以对数值型字段进行相加操作，但不能对"是/否"类型进行加法操作。通过这两方面的分析决定所选择的字段类型。

3.2　创　建　表

创建一个新表有多种方法，除上一章讲过的用"数据库向导"创建表外，还可以通过"表设计器"、"表向导"、"输入数据"、"导入表"、"链接表"等方法创建表。

本节将介绍以下几种常用的创建表的方法。

3.2.1　通过输入数据创建表

可以通过输入数据创建表，其操作步骤如下。

1）打开数据库。

2）在"数据库"窗口选择"表"为操作对象，再单击"新建"按钮，弹出"新建表"对话框。

3）在"新建表"对话框中选择"数据表视图"，单击"确定"按钮。

4）在"表"窗口直接输入数据，系统将根据输入的数据内容，定义新表的结构。

5）在"另存为"对话框保存表，结束创建表的操作。

【例 3-1】在商品进销管理系统中，通过输入数据方法创建"客户"表。具体操作步骤如下。

1）打开"商品进销管理系统"数据库，如图 3-1 所示。

2）在"数据库"窗口中选择"表"为操作对象，再单击"新建"按钮，弹出"新建表"对话框，如图 3-2 所示。

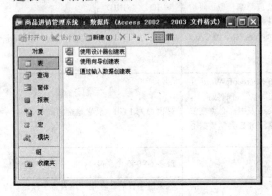
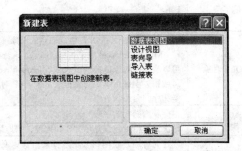

图 3-1　"商品进销管理系统"数据库窗口　　　　　图 3-2　"新建表"对话框

3）在"新建表"对话框选择"数据表视图"，再单击"确定"按钮，打开数据表视图窗口，如图 3-3 所示。

4）在数据表视图窗口中，双击"字段 1"，输入"khh"（客户号），双击"字段 2"输入"khxm"（客户姓名），使用其他方法输入"客户"表中的其他字段。完成表结构字段的输入后，可以在表的字段下面直接输入数据，如图 3-4 所示。

图 3-3 数据表视图

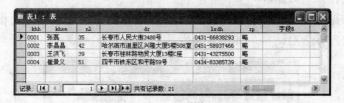

图 3-4 输入数据后的"数据表视图"

5）数据输入完成后，单击"保存"按钮，弹出"另存为"对话框，如图 3-5 所示。在"表名称"文本框内输入表名"客户"，然后单击"确定"按钮，系统弹出需要指定主键的提示框，如图 3-6 所示。

图 3-5 "另存为"对话框　　　　　　　图 3-6 指定主键提示框

6）单击"否"按钮，不建立"自动编号"主关键字。此时表的创建结束，同时"客户"表被加入到数据库"商品进销管理系统"中，如图 3-7 所示。

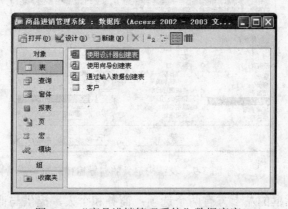

图 3-7 "商品进销管理系统"数据库窗口

需要注意的是，使用"通过输入数据创建表"方法创建的表，只输入了字段的名称，没有设置字段的数据类型和字段的属性值，系统将根据输入的数据内容定义表结构。因此，很难体现对应数据的内容，通常还需要使用表设计器对表的结构再做进一步的修改。

3.2.2　使用表向导创建表

Access 提供强大的向导功能，帮助用户快速有效地建立 Access 的各种对象。在创建数据库时，我们已经初步体会到向导的功效。表向导利用示例表帮助用户建立常用类型的数据表。

【例 3-2】利用"表向导"创建一个"订单"表。

具体操作步骤如下。

1）建立或打开"数据库"。

2）在"数据库"窗口，单击"新建"按钮，弹出"新建表"对话框中选择"表向导"，弹出"表向导"对话框，如图 3-8 所示。

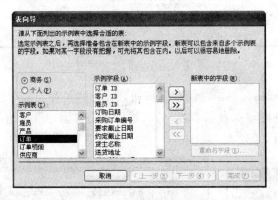

图 3-8　"表向导"对话框

3）在"表向导"对话框中，通过 Access 提供的示例表，选择"订单"样表，在"示例字段"列表框中，再选择可用的字段，完成新表结构的定义，如图 3-9 所示。

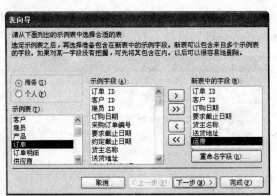

图 3-9　表结构定义的向导窗口

"表向导"对话框的左上方有两个选项：商务和个人，提供与商务或与个人事务有关的示例表，以供选择。

在"示例字段"列表框列出所选示例表包含的相关字段，通过"表向导"对话框中选择按钮（用途如表 3-4 所示），用户可以选择全部或部分字段作为新表的字段。单击

"重命名字段"按钮,可以修改所选中的字段名称。

表 3-4　字段选择按钮

按钮图标	用　途
>	从"示例字段"列表框中选取一个字段到新表
>>	从"示例字段"列表框中选取所有字段到新表
<	从新表中移去一个字段
<<	从新表中移去所有字段

4)单击"下一步"按钮,弹出如图 3-10 所示的对话框,要求指定表的名称和设置主键。Access 提供示例表的名称作为新表的默认表名,然后选择是否由向导设置主键。

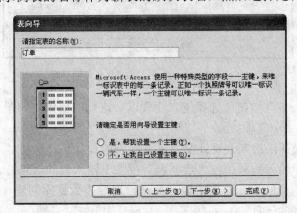

图 3-10　指定表的名称和设置主键

主键用来唯一标识表的每一条记录,即不同记录中的主键内容各不相同。同时主键作为对表进行排序和查找时使用的字段,通过主键 Access 可以迅速地找到并显示某一条记录。当数据库中增加更多记录时,主键的重要性将变得更加突出。包含重复内容的字段不适合作为主键,如"姓名"等。指定了表的主键后,Access 将阻止在主键字段中输入重复值或 Null 值。

设置主键的方法有两种:一种是由 Access 自动生成,另一种是由用户自己指定。由 Access 自动生成的主键,将会在表中生成一个新字段,类型为自动编号,这是创建主键的最简单的方法;由用户自己指定的主键从表的现有字段中选择,如图 3-11 所示。

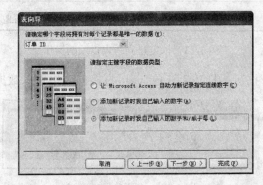

图 3-11　用户自己指定主键及主键字段的数据类型

5）单击"下一步"按钮，如果数据库中存在其他表，则弹出如图 3-12 所示的对话框，询问新表与其他已知表的关系，有关内容将在 3.6 节介绍。

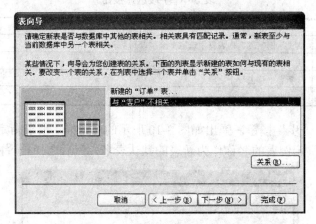

图 3-12　设定新表与其他表关系对话框

6）单击"下一步"按钮，选择建立新表以后进行的操作，如图 3-13 所示。在这个对话框中，有以下三个选项。

- 修改表的设计：进入表设计窗口，继续表的设计。
- 直接向表中输入数据：在"数据表"视图下输入表的信息。
- 利用向导创建的窗体向表中输入数据：向导为数据库创建一个数据输入窗体，然后输入表的信息。

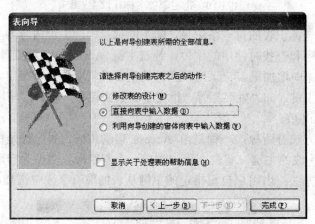

图 3-13　指定建立新表以后的操作

7）单击"完成"按钮，打开"订单"，可直接向表中输入数据，如图 3-14 所示。

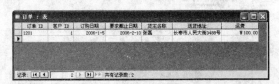

图 3-14　"订单"表窗口

应当说明,用这种方法创建的表受限于"样本"表。在 Access 中,"样本"表是系统提供的,不是由用户决定的。由此可以看出,用"表向导"来创建表,有时要限制表的设计思路,影响表的总体设计。

3.2.3 使用表设计器创建表

以上介绍的创建表的方法,操作上虽然很简单,尤其是初学者很容易接受,但是在某种程度上或多或少地制约了设计者的创作思想。大家知道,表的结构决定了表中每一个字段用于数据存储、处理或显示的属性。因此,为了在创建表时,更能体现设计者的思路、风格和需求,更灵活地赋予表以更多的信息,可以利用"表设计器"来创建表。

利用"表设计器"创建表,其操作步骤如下。

1)打开数据库。

2)在"数据库"窗口,单击"新建"按钮,弹出"新建表"对话框,如图 3-15 所示,选择"设计视图"。

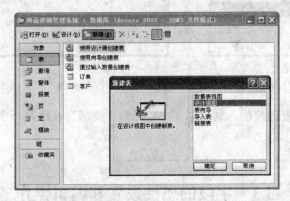

图 3-15   "新建表"对话框

3)单击"确定"按钮,打开数据表设计视图窗口,按照表 1-1 的设计内容,定义表结构(逐一定义每个字段的名字、类型及长度等参数),如图 3-16 所示。

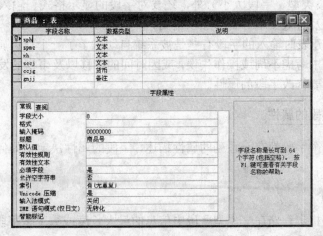

图 3-16   表的设计视图窗口

图 3-16 所示的数据表设计视图窗口包括两个区域：字段输入区和字段属性区。在字段输入区中输入每个字段的名称、数据类型和说明。在字段属性中输入或选择字段的其他属性值，属性包括字段的大小、格式和标题等。

4）完成后，单击工具栏的"保存"按钮，弹出"另存为"对话框，如图 3-17 所示，输入表的名称保存表。

5）单击"确定"按钮，返回"数据库"窗口，如图 3-18 所示。

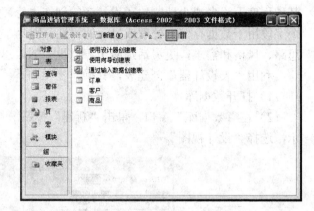

图 3-17　"另存为"对话框　　　　　　　　图 3-18　"数据库"窗口

此时新创建的表已被加入到数据库中，当然"商品"表还是一个只有结构无内容的空表。

3.3　字段的属性设置和编辑操作

表的创建过程实际就是定义字段的过程，除了要定义表中每一个字段的基本属性（如字段名、字段类型、字段大小）外，还要对字段的显示格式、输入掩码、标题、默认值、有效规则及有效文本等属性加以定义。

另外，在创建表时输入的字段有些是被系统自动赋予了一个默认属性，有些是因为当时对问题的需求考虑不周或操作失误，或因时间的推移以及事物的发展不适应解决问题需要，所以需要修改字段的属性。

3.3.1　设置字段的属性

表中的每一个字段都有一系列的属性描述，字段的属性决定了如何存储、处理和显示该字段的数据。

1．字段大小

字段大小是指定存储在文本型字段中信息的最大长度或数字型字段的取值范围，只有文本型和数字型字段具有该属性。

打开表设计视图，如图 3-19 所示，在"数据类型"列表框选择所需要的类型，在窗口下方"常规"选项卡中对字段属性进行设置，单击"字段大小"属性框。

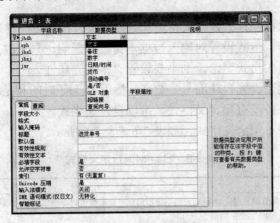

图 3-19 字段类型选择框

对于文本字段，该属性表示允许输入数据的最大字符数，可设置的值为 1～255。

对于数字字段，将字段设置为数字型，单击"字段大小"属性框，单击 ∨ 按钮会弹出如图 3-20 所示的下拉菜单，选择不同数字类型其操作范围也不同。关于不同数字类型的操作范围如表 3-5 所示。

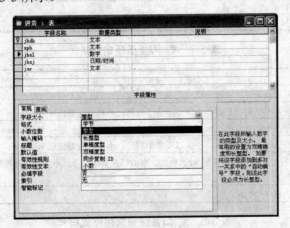

图 3-20 数字类型选择框

表 3-5 "数字型"数据相关指标

设置	说明	小数位数	存储量大小
字节	保存 0～225 的数字	无	1 个字节
小数	存储-10^38 –1～10^38 –1（.adp）范围的数字 存储-10^28 –1～10^28 –1（.mdb）范围的数字	28	12 个字节
整型	保存-32，768～32，767（无小数位）的数字	无	2 个字节
长整型	（默认值）保存-2，147，483，648～2，147，483，647 的数字	无	4 个字节
单精度型	保存 –3.402823E38 ～ –1.401298E–45 的负值，1.401298E–45 ～ 3.402823E38 的正值	7	4 个字节
双精度型	保存 –1.79769313486231E308 ～ –4.94065645841247E–324 的负值，1.79769313486231E308～4.94065645841247E–324 的正值	15	8 个字节
同步复制 ID	全球唯一标示符（GUID）	N/A	16 个字节

2. 格式

可以统一输出数据的样式，如果在输入数据时没有按规定的样式输入，在保存时系统会自动按要求转换。格式设置对输入数据本身没有影响，只是改变数据输出的样式。若要让数据按输入时的格式显示，则不要设置"格式"属性。

预定义格式可用于设置自动编号、数字、货币、日期/时间和是/否等字段，对文本、备注、超级链接等字段没有预定义格式，可以自定义格式。

下面具体介绍一下预定义格式，如表 3-6～表 3-8 所示。

表 3-6　日期/时间预定义格式

设置	说　明
常规日期	（默认值）如果数值只是一个日期，则不显示时间；如果数值只是一个时间，则不显示日期。该设置是"短日期"与"长日期"设置的组合 示例：94/6/19 17：34：23，以及 94/8/2 05：34：00
长日期	与 Windows "控制面板"中"区域和语言选项"对话框中的"长日期"设置相同 示例：1994 年 6 月 19 日
中日期	示例：94-06-19
短日期	注意：短日期设置假设 00-1-1 和 29-12-31 之间的日期是 21 世纪的日期（假定年从 2000 到 2029 年）。而 30-1-I 到 99-12-31 之间的日期假定为 20 世纪的日期（假定年从 1930 到 1999 年）
长时间	与 Windows "控制面板"中"区域和语言选项"对话框中的"时间"选项卡的设置相同示例：17：34：23
中时间	示例：5：34
短时间	示例：17：34

表 3-7　数字/货币预定义格式

设置	说　明
常规数字	（默认值）以输入的方式显示数字
货币	使用千位分隔符；对于负数、小数以及货币符号，小数点位置按照 Windows "控制面板"中的设置
固定	至少显示一位数字，对于负数、小数以及货币符号，小数点位置按照 Windows "控制面板"中的设置
标准	使用千位分隔符；对于负数、小数以及货币符号，小数点位置按照 Windows "控制面板"中的设置
百分比	乘以 100 再加上百分号（%）；对于负数、小数以及货币符号，小数点位置按照 Windows "控制面板"中的设置
科学记数法	使用标准的科学记数法

表 3-8　文本/备注型常用格式符号

符号	说　明
@	要求文本字符（字符或空格）
&	不要求文本字符
<	使所有字符变为小写
>	使所有字符变为大写

"是/否"类型提供了 Yes/No、True/False，以及 On/Off 预定义格式。Yes、True 以及 On 是等效的，No、False 以及 Off 也是等效的。如果指定了某个预定义的格式并输入了一个等效值，则将显示等效值的预定义格式。例如，如果在一个是/否属性被设置为 Yes/No 的文本框控件中输入了 True 或 On，数值将自动转换为 Yes。

3. 输入法模式

输入法模式用来设置是否自动打开输入法，常用的有三种模式："随意"、"输入法开启"和"输入法关闭"。"随意"为保持原来的输入状态。

4. 输入掩码

输入掩码用来设置字段中的数据输入格式,可以控制用户按指定格式在文本框中输入数据,输入掩码主要用于文本型和时间/日期型字段,也可以用于数字型和货币型字段。

前面讲过"格式"的定义,"格式"用来限制数据输出的样式,如果同时定义了字段的显示格式和输入掩码,则在添加或编辑数据时,Microsoft Access 将使用输入掩码,而"格式"设置则在保存记录时决定数据如何显示。同时使用"格式"和"输入掩码"属性时,要注意其结果不能互相冲突。

操作方法:首先选择需要设置的字段类型,然后在"常规"选项卡下部,单击"输入掩码"属性框右侧的█按钮,即启动输入掩码向导,如图 3-21 所示。对于"进货"表中的"进货时间"字段将它设置为短日期型,单击"下一步"按钮,在弹出的对话框中将占位符设置为"_"如图 3-22 所示,然后单击"下一步"按钮,再单击"完成"按钮。设置后在添加数据时,"进货时间"字段被设置,如图 3-23 所示。

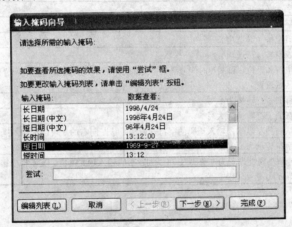

图 3-21 选择输入掩码对话框

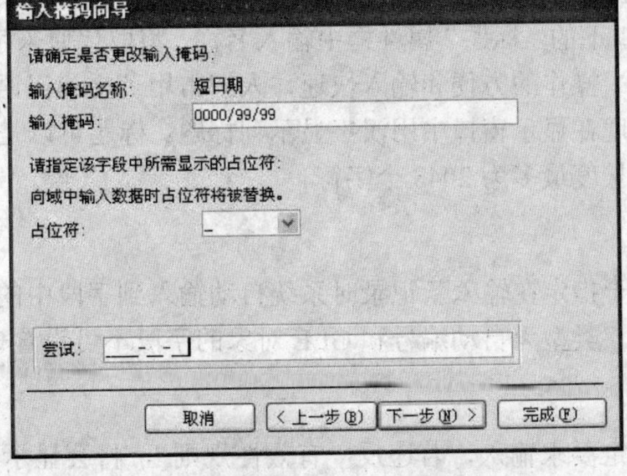

图 3-22 选择输入掩码中占位符对话框

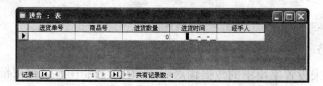

图 3-23 "进货"数据表视图

上面介绍的是利用向导来创建"输入掩码",也可以不用向导,人工输入掩码。表 3-9 列出了有效的输入掩码字符。

表 3-9 输入掩码字符

字 符	说 明
0	数字（0~9，必选项；不允许使用加号 "+" 和减号 "－"）
9	数字或空格（非必选项；不允许使用加号和减号）
#	数字或空格（非必选项；空白将转换为空格，允许使用加号和减号）
L	字母（A~Z，必选项）
?	字母（A~Z，可选项）
A	字母或数字（必选项）
a	字母或数字（可选项）
&	任一字符或空格（必选项）
C	任一字符或空格（可选项）
. , : ; - /	十进制占位符和千位、日期和时间分隔符（实际使用的字符取决于 Windows "控制面板" 的 "区域设置" 中指定的区域设置
<	使其后所有的字符转换为小写
>	使其后所有的字符转换为大写
!	输入掩码从右到左显示，输入掩码的字符一般都是从左向右的。可以在输入掩码的任意位置包含叹号
\	使其后的字符显示为原义字符。可用于将该表中的任何字符显示为原义字符（例如，\A 显示为 A）
密码	将 "输入掩码" 属性设置为 "密码"，可以创建密码输入项文本框。文本框中键入的任何字符都按原字符保存，但显示为星号（*）

5. 标题

使用"标题"属性可以指定字段名的显示名称,也就是在表、查询或报表等对象中显示时的标题文字。如果没有为字段设置标题,就显示相应的字段名称。

在"常规"窗口下的"标题"属性框中输入名称,将取代原来字段名称在表中显示。在实际应用中,为了操作的方便和输入快速,人们常用英文或汉语拼音作为字段名称,通过设置标题来实现在显示窗口中用汉字显示列标题。标题可以是字母、数字、空格和符号的任意组合,长度最多为 2048 个字符。

6. 默认值

默认值属性用于指定在输入新记录时系统自动输入到字段中的值。默认值可以是常量、函数或表达式。类型为自动编号和 OLE 对象的字段不可设置默认值。

7. 有效性规则

输入数据按指定要求输入,若违反"有效性规则",将会显示"有效性文本"设置的提示信息。例如,性别字段的有效性规则可以设置为"男"或"女"。

8. 有效性文本

当用户违反"有效性规则"时所显示的提示信息。例如，性别字段的有效性文本设置为性别只能取"男"或"女"。

9. 必填字段

此属性值为"是"或"否"项。设置"是"时，表示此字段值必须输入，设置为"否"时，可以不填写本字段数据，允许此字段值为空。

10. 允许空字符串

该属性仅用来设置文本字段，属性值也为"是"或"否"项，设置为"是"时，表示该字段可以填写任何信息。

关于空值（Null）和空字符串之间的区别如下。

1）Access 可以区分两种类型的空值。因为在某些情况下字段为空，可能是因为信息目前无法获得，或者字段不适用于某一特定的记录。在这种情况下，使字段保留为空或输入 Null 值，意味着"未知"。键入双引号输入空字符串，则意味着"已知，但没有值"。

2）如果允许字段为空，可以将"必填字段"和"允许空字符串"属性设置为"否"，作为新建的"文本"、"备注"或"超级链接"字段的默认设置。

3）如果不希望字段为空，可以将"必填字段"属性设置为"是"，将"允许空字符串"属性设置为"否"。

4）何时允许字段值为 Null 或空字符串呢？如果希望区分字段空白（信息未知以及没有信息），可以将"必填字段"属性设置为"否"，将"允许空字符串"属性设置为"是"。在这种情况下，添加记录时，如果信息未知，应该使字段保留空白（输入 Null 值），而如果没有提供给当前记录的值，则应该输入不带空格的双引号（""）来输入一个空字符串。

11. 索引

设置索引有利于对字段的查询、分组和排序，此属性用于设置单一字段索引。索引属性可以有以下三种取值。

- "无"，表示无索引。
- "有（重复）"，表示字段有索引，输入数据可以重复。
- "有（无重复）"，表示字段有索引，输入数据不可以重复。

12. Unicode 压缩

在 Unicode 中每个字符占两个字节，而不是一个字节。在一个字节中存储的每个字符的编码方案将用户限制到单一的代码页（包含最多有 256 个字符的编号集合）。但是，因为 Unicode 使用两个字节代表每个字符，所以它最多支持 65 536 个字符。可以通过将字段的"Unicode 压缩"属性设置为"是"来弥补 Unicode 字符表达方式所造成的影响，以确保得到优化的性能。Unicode 属性值有两个，分别为"是"和"否"，设置"是"，表示本字段中数据可能存储和显示多种语言的文本。

3.3.2 字段的编辑

表创建好以后，在实际操作过程难免会对表的结构做进一步地修改，对表地修改也就是对字段进行添加、修改、移动和删除等操作。对字段修改通常是在表设计图中进行的，可以通过在工具栏中单击 ⊞ 按钮进入编辑状态。

1. 添加字段

在设计图中打开要修改的表，将鼠标指针指向要插入的行，然后单击工具栏中的 ⊞ 按钮，在插入空白行进行新字段设置。也可将鼠标指针指向要插入的位置，单击鼠标右键，在属性菜单中选择插入行。另外，可以在数据图中，选择要添加新字段的位置，单击鼠标右键在属性菜单中选择插入列，但这种方式只能右插入列。

2. 更改字段

更改字段主要指的是更改字段的名称。字段名称的修改不会影响数据，字段的属性也不会发生变化。

在设计图中选择需要修改的字段双击，然后输入新的名称。或者在数据图中，选择要修改字段，单击鼠标右键在属性菜单中选择重命名。若字段设置了"标题"属性，则可能出现字段选定器中显示文本与实际字段名称不符的情况，此时应先将"标题"属性框中的名称删除，然后再进行修改。

3. 移动字段

在设计图中把鼠标指针指向要移动字段左侧的标志块上单击，然后拖动鼠标到要移动的位置上放开，字段就被移到新的位置上了。另外，可以在数据图中选择要移动的字段，然后拖动鼠标到要移动的位置上放开，也可以实现移动操作。

4. 删除字段

在设计图中把鼠标指针指向要删除字段左侧的标志块上单击，之后单击鼠标右键在属性菜单中选择删除行。或者选择要删除的字段，然后单击工具栏上的 ⊟ 按钮，也可以删除字段。另外，可以在数据图中，选择要删除字段，单击鼠标右键在属性菜单中选择删除列。

3.4 表中数据的输入与编辑

当数据库的表结构创建好以后，就需要往表中添加数据了。一个表有了数据才是一个完整的表。本节介绍数据的输入和编辑，数据的编辑主要包括添加记录、修改记录、删除记录和计算记录等基本操作。

3.4.1 数据的输入

当表结构定义完成后，就可以向表中输入数据了。向表中输入数据可以在"表"浏览窗口直接输入完成，也可以通过外部数据获取。

1. 直接输入数据

在数据库窗口中打开表，打开"数据表视图"窗口，就可以向一个新的数据库中输入数据了。

2. 获取外部数据

用户可以将符合 Access 输入/输出协议的任一类型的表导入到数据库表中，既可以简化用户的操作、节省用户创建表的时间，又可以充分利用所有数据。可以导入的表类型包括 Access 数据库中的表，Excel、Lotus 和 dBASE 或 FoxPro 等数据库应用程序所创建的表，以及文本文档、HTML 文档等。

【例 3-3】导入 Excel 表格"进货.xls"。具体操作步骤如下。

1）打开数据库，或者切换到打开数据库的"数据库"窗口。

2）在菜单栏中选择"文件 | 获取外部数据 | 导入"命令，如图 3-24 所示。

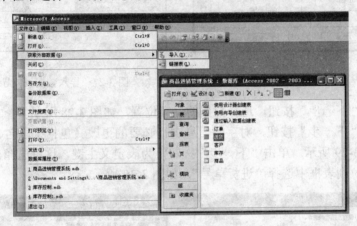

图 3-24 获取外部数据

3）在"文件类型"框中，选定 Microsoft Excel。

4）单击"查找范围"框右侧的下拉按钮，如图 3-25 所示，选定 Excel 文件的存放位置，找到"进货.xls"后单击"导入"按钮。

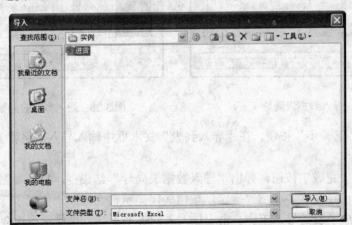

图 3-25 "导入"对话框

5）在弹出的"导入数据表向导"对话框中选择需要导入的工作表，如图 3-26 所示。

6）单击"下一步"按钮，分析示例窗口中的第一行数据是否为列标题，以确定是否选中"第一行包含列标题"复选框，如图 3-27 所示。

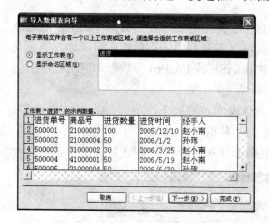

图 3-26 导入数据表向导（一）

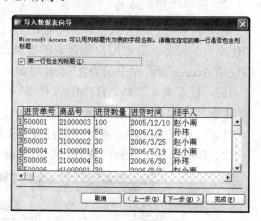

图 3-27 导入数据表向导（二）

7）单击"下一步"按钮，选择数据的保存位置，如图 3-28 所示。

8）单击"下一步"按钮，对字段信息进行必要的更改（包括字段名、数据类型、索引），如图 3-29 所示。单击"下一步"按钮，为表定义主键，这里选择"自行选择主键"，并从下拉列表框中选择"进货单号"，如图 3-30 所示。

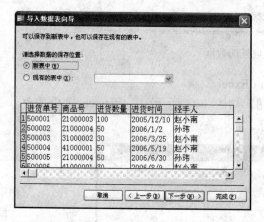

图 3-28 导入数据表向导（三）

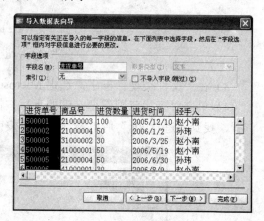

图 3-29 导入数据表向导（四）

9）单击"下一步"按钮，在"导入到表"文本框中输入导入表名称为"进货"，如图 3-31 所示。

10）单击"完成"按钮，弹出"导入数据表向导"结果提示框，如图 3-32 所示，提示数据导入已经完成。单击"确定"按钮关闭提示框。

此时，完成了表的导入工作。由于导入表的类型不同，操作步骤也会有所不同，用户应该按照向导的提示来完成导入表的操作。

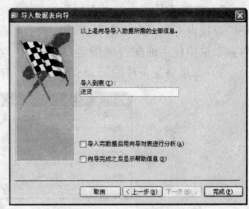

图 3-30 导入数据表向导（五）　　　　　图 3-31 导入数据表向导（六）

图 3-32 "导入数据表向导"结果提示框

3.4.2 数据的编辑

前面介绍的有关表结构的设计及维护，是在表设计器窗口完成的，下面介绍的数据的编辑，是在表浏览窗口完成的。

1. 添加记录

若需要向表中追加新记录，可以打开数据库视图，单击工具栏上的 。

2. 删除记录

打开数据表视图，把鼠标指针指向要删除的记录，单击鼠标右键，在弹出的快捷菜单中选择"删除行"命令。

3. 复制记录

打开数据表视图，把鼠标指针指向要复制的记录，单击鼠标右键，在弹出的快捷菜单中选择"复制"命令。选择要复制的行，单击鼠标右键在弹出的快捷菜单中选择"粘贴"命令。

4. 查找和替换

可以通过 Access 的"编辑"菜单的"查找"和"替换"命令完成查找和替换功能，查找的范围可以指定在一个字段内或整个数据表。

若想查找特定的记录或查找字段中的某些值，可以使用"编辑"菜单栏中的"查找"命令。具体方法如下。

1）在"窗体"视图或"数据表"视图中，选择要搜索的字段。

2）单击工具栏上的"查找"按钮 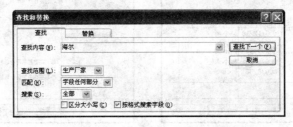，弹出"查找和替换"对话框，如图 3-33 所示。在"查找内容"框中输入要查找的内容。如果不完全知道要查找的内容，可以在"查找内容"框中使用通配符来指定要查找的内容。

3）如果满足条件的记录有多条，单击"查找下一个"按钮。

图 3-33   "查找和替换"对话框

若想修改查找到的内容，可以利用"替换"来完成，具体步骤如下。

1）在"替换"对话框中，设置要输入的新的内容。

2）如果要一次替换出现的全部指定内容，请单击"全部替换"按钮；如果要一次替换一个，请单击"查找下一个"按钮，然后单击"替换"按钮；如果要跳过下一个并继续查找出现的内容，请单击"查找下一个"按钮。

3.5   操作数据表

在表结构定义完成并且表中的数据已输入并确保准确无误后，用户便可对表进行格式化，还可以对表进行排序、筛选等操作，实现数据处理过程。

3.5.1   调整表的外观

调整表的结构和外观是为了使表更清楚、美观。调整表格外观的操作包括改变字段次序、调整字段显示宽度和高度、设置数据字体、调整表中网络线样式及背景颜色、隐藏列、冻结列等。

1. 改变字段次序

在缺省设置下，通常 Access 显示数据表中的字段次序与其在表或查询中出现的次序相同。但是在使用数据表视图时，往往需要移动某些列来满足查看数据的要求。此时，可以改变字段的显示次序。

【例 3-4】将"商品"表中的"型号"字段放到"出厂价格"字段前。具体操作步骤如下。

1）打开"商品"表。

2）将鼠标指针定位在"型号"字段列的字段名上，鼠标指针会变成一个粗体黑色向下箭头，单击选中该列，如图 3-34 所示。

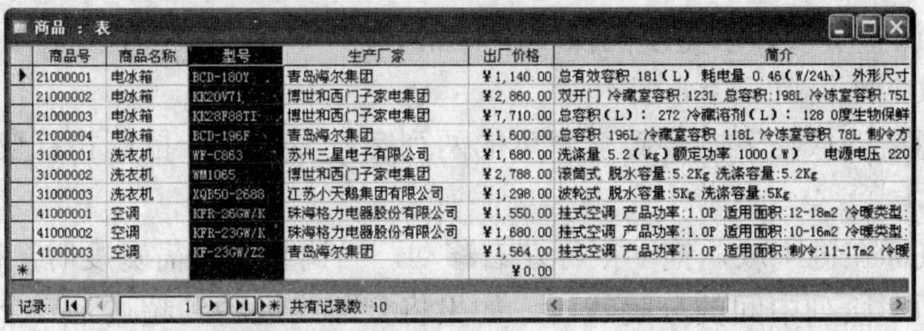

商品 : 表

商品号	商品名称	型号	生产厂家	出厂价格	简介
21000001	电冰箱	BCD-180Y	青岛海尔集团	¥1,140.00	总有效容积 181（L） 耗电量 0.46（W/24h） 外形尺寸
21000002	电冰箱	KK20V71	博世和西门子家电集团	¥2,860.00	双开门 冷藏室容积:123L 总容积:198L 冷冻室容积:75L
21000003	电冰箱	KK28F88TI	博世和西门子家电集团	¥7,710.00	总容积（L）： 272 冷藏溶剂（L）： 128 0度生物保鲜
21000004	电冰箱	BCD-196F	青岛海尔集团	¥1,600.00	总容积 196L 冷藏室容积 118L 冷冻室容积 78L 制冷方
31000001	洗衣机	WF-C863	苏州三星电子有限公司	¥1,680.00	洗涤量 5.2（kg）额定功率 1000（W） 电源电压 220
31000002	洗衣机	WM1065	博世和西门子家电集团	¥2,788.00	滚筒式 脱水容量:5.2Kg 洗涤容量:5.2Kg
31000003	洗衣机	XQB50-2688	江苏小天鹅集团有限公司	¥1,298.00	波轮式 脱水容量:5Kg 洗涤容量:5Kg
41000001	空调	KFR-26GW/K	珠海格力电器股份有限公司	¥1,550.00	挂式空调 产品功率:1.0P 适用面积:12-18m2 冷暖类型:
41000002	空调	KFR-23GW/K	珠海格力电器股份有限公司	¥1,680.00	挂式空调 产品功率:1.0P 适用面积:10-16m2 冷暖类型:
41000003	空调	KF-23GW/Z2	青岛海尔集团	¥1,564.00	挂式空调 产品功率:1.0P 适用面积:制冷:11-17m2 冷暖
*				¥0.00	

记录: 1 共有记录数: 10

图 3-34　选择列以改变字段显示次序

3）将鼠标指针放在“型号”字段列的字段名上，然后按住鼠标左键并拖动鼠标到“出厂价格”字段前，释放鼠标左键，结果如图 3-35 所示。

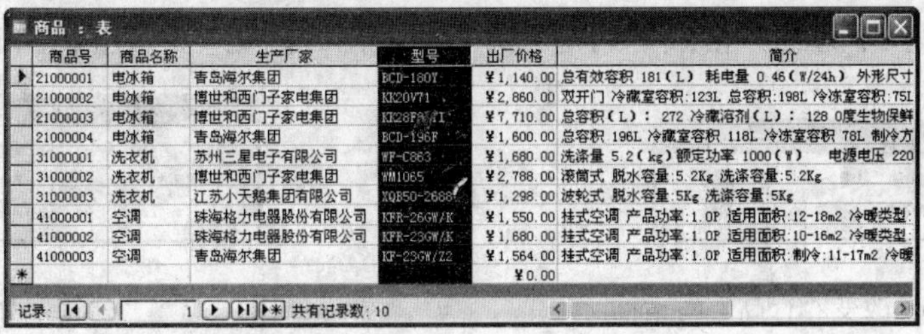

商品 : 表

商品号	商品名称	生产厂家	型号	出厂价格	简介
21000001	电冰箱	青岛海尔集团	BCD-180Y	¥1,140.00	总有效容积 181（L） 耗电量 0.46（W/24h） 外形尺寸
21000002	电冰箱	博世和西门子家电集团	KK20V71	¥2,860.00	双开门 冷藏室容积:123L 总容积:198L 冷冻室容积:75L
21000003	电冰箱	博世和西门子家电集团	KK28F[illegible]TI	¥7,710.00	总容积（L）： 272 冷藏溶剂（L）： 128 0度生物保鲜
21000004	电冰箱	青岛海尔集团	BCD-196F	¥1,600.00	总容积 196L 冷藏室容积 118L 冷冻室容积 78L 制冷方
31000001	洗衣机	苏州三星电子有限公司	WF-C863	¥1,680.00	洗涤量 5.2（kg）额定功率 1000（W） 电源电压 220
31000002	洗衣机	博世和西门子家电集团	WM1065	¥2,788.00	滚筒式 脱水容量:5.2Kg 洗涤容量:5.2Kg
31000003	洗衣机	江苏小天鹅集团有限公司	XQB50-2688	¥1,298.00	波轮式 脱水容量:5Kg 洗涤容量:5Kg
41000001	空调	珠海格力电器股份有限公司	KFR-26GW/K	¥1,550.00	挂式空调 产品功率:1.0P 适用面积:12-18m2 冷暖类型:
41000002	空调	珠海格力电器股份有限公司	KFR-23GW/K	¥1,680.00	挂式空调 产品功率:1.0P 适用面积:10-16m2 冷暖类型:
41000003	空调	青岛海尔集团	KF-23GW/Z2	¥1,564.00	挂式空调 产品功率:1.0P 适用面积:制冷:11-17m2 冷暖
*				¥0.00	

记录: 1 共有记录数: 10

图 3-35　改变字段显示次序结果

使用这种方法，可以移动单个字段或字段组。移动“数据表”视图中的字段，不会改变表设计视图中字段的排列顺序，而只是改变字段在“数据表”视图下字段的显示顺序。

2. 调整字段显示宽度和高度

在表对象的“数据表”视图中，有时由于数据过长，显示时被部分遮住；有时由于数据设置的字号过大，数据显示在一行中被截断。为了能够完整地显示字段中的全部数据，可以通过调整字段的显示宽度或高度来实现。

（1）调整字段显示高度

调整字段显示高度有两种方法：鼠标和菜单命令。

使用鼠标调整字段显示高度的操作步骤如下。

- 在“数据库窗口”下，打开表。
- 将鼠标指针放在表中任意两行选定器之间，鼠标指针变为上下双箭头形式。
- 按住鼠标左键不放，拖动鼠标上下移动，当调整到所需高度时，松开鼠标左键。

使用菜单命令调整字段显示高度的操作步骤如下。

- 打开表。
- 单击“数据表”中的任意单元格。
- 在菜单栏中选择“格式 | 行高”命令，弹出“行高”对话框，如图 3-36 所示。
- 在“行高”对话框的“行高”文本框内输入所需的行高值，并单击“确定”按钮，完成表的行高设置。
- 改变行高后，整个表的行高都得到了调整。

（2）调整字段显示宽度

与调整字段显示高度的操作一样，调整宽度也有鼠标和菜单命令两种方法。

使用鼠标调整字段显示宽度的操作步骤如下。

- 在"数据库"窗口下,打开表。
- 将鼠标指针放在表中要改变宽度的两列字段名中间,鼠标指针变为左右双箭头形式。
- 按住鼠标左键不放,拖动鼠标左右移动,当调整到所需宽度时,松开鼠标左键。
- 在拖动字段列中间的分隔线时,如果将分隔线拖动到超过下一个字段列的右边界时,将会隐藏该列。

使用菜单命令调整字段显示宽度的操作步骤如下。

- 打开表。
- 选择要改变宽度的字段列。
- 在菜单栏中选择"格式丨列宽"命令,弹出"列宽"对话框,如图 3-37 所示。

图 3-36 改变"行高"对话框   图 3-37   "列宽"对话框

- 在"列宽"对话框的"列宽"文本框内输入所需的宽度,并单击"确定"按钮,完成表的列宽设置。

📝 **注意**:如果在"列宽"文本框中输入值为"0",则该字段列将会被隐藏。

重新设定列宽不会改变表中字段的"字段大小"属性所允许的字符数,它只是简单地改变字段列所包含数据的显示宽度。

3. 隐藏列和显示列

在表对象的"数据表"视图中,为了便于查看表中的主要数据,可以将某些字段列暂时隐藏起来,需要时再将其显示出来。

(1)隐藏列

【例 3-5】将"商品"表中的"型号"字段列隐藏起来。具体的操作步骤如下。

1)在"数据库"窗口下,打"商品"表。

2)单击"书籍页码"字段选定器,如图 3-38 所示。

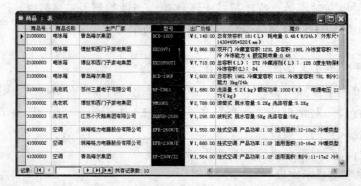

图 3-38 选定隐藏列

3）在菜单栏中选择"格式丨隐藏列"命令，结果如图 3-39 所示。

（2）显示列

如果希望将隐藏的列重新显示出来，具体操作步骤如下。

- 打开表。
- 在菜单栏中选择"格式丨消隐藏列"命令，弹出"撤销隐藏列"对话框，如图 3-40 所示。
- 在"列"列表中选中要显示列的复选框。
- 单击"关闭"按钮。

这样，就可以将被隐藏的列重新显示在数据表中。

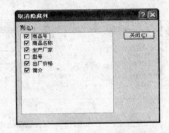

图 3-39　隐藏列后的结果　　　　图 3-40　"撤销隐藏列"对话框

4. 冻结列

在通常的操作中，常常需要建立比较大的数据库表，由于表过宽，在"数据表"视图中，有些关键的字段值因为水平滚动后无法看到，影响了数据的查看。Access 提供的"冻结列"功能可以解决这方面的问题。

在"数据表"视图中，冻结某些字段列后，无论用户怎样水平滚动窗口，这些字段总是可见的，并且总是显示在窗口的最左边。

【例 3-6】冻结"商品"表中的"商品名称"列。具体操作步骤如下。

1）在"数据库"窗口的下，打开"商品"表。

2）选定要冻结的字段，单击"商品名称"字段选定器。

3）在菜单栏中选择"格式丨冻结列"命令。

此时水平滚动窗口时，可以看到"商品名称"字段列始终显示在窗口的最左边，如图 3-41 所示。

当不再需要冻结列时，可以通过在菜单栏中选择"格式丨取消对所有列的冻结"命令来取消。

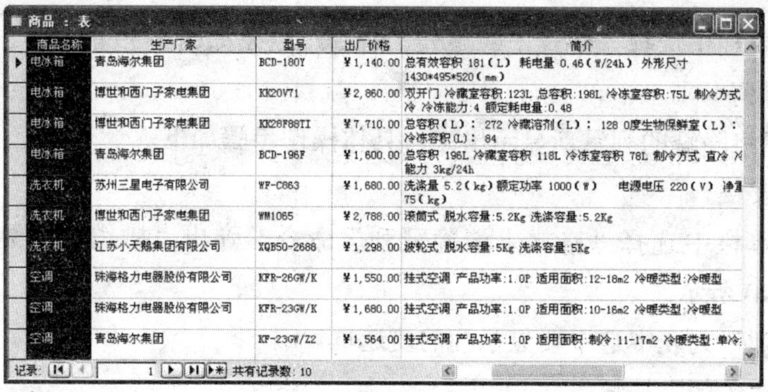

图 3-41 选择冻结列

5. 设置数据表格式

在"数据表"视图中，水平方向和垂直方向都显示有网格线，网格线采用银色，背景采用白色。用户可以改变单元格的显示效果，也可以选择网格线的显示方式和颜色，表格的背景颜色等。设置数据表格式的操作步骤如下。

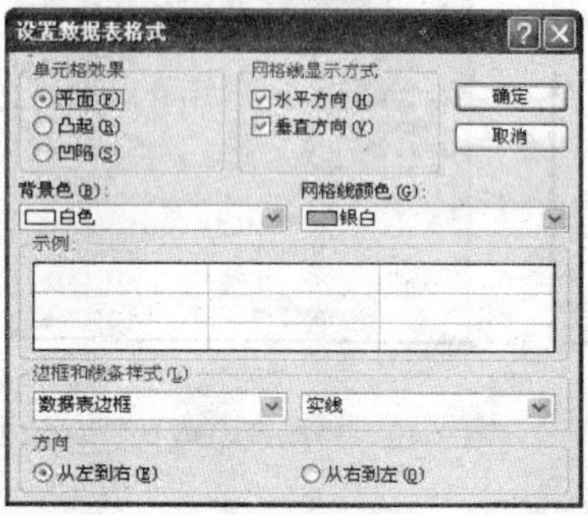

图 3-42 "设置数据表格式"对话框

- 打开表。
- 在菜单栏中选择"格式 | 数据表"命令，弹出"设置数据表格式"对话框，如图 3-42 所示。
- 在"设置数据表格式"对话框中，用户可以根据需要选择所需的项目进行设置。

注意：单元格效果如果点选"凸起"或"凹陷"单选按钮后，不能再对其他选项进行设置。

- 单击"确定"按钮，完成对数据表的格式设置。

6. 改变字体显示

为了使数据的显示美观清晰、醒目突出，用户可以改变数据表中数据的字体、字型和字号。

【例 3-7】将"商品"表设置为如图 3-43 所示的格式，其中字体为楷书、字号为四号、字型为斜体、颜色为紫色。具体操作步骤如下。

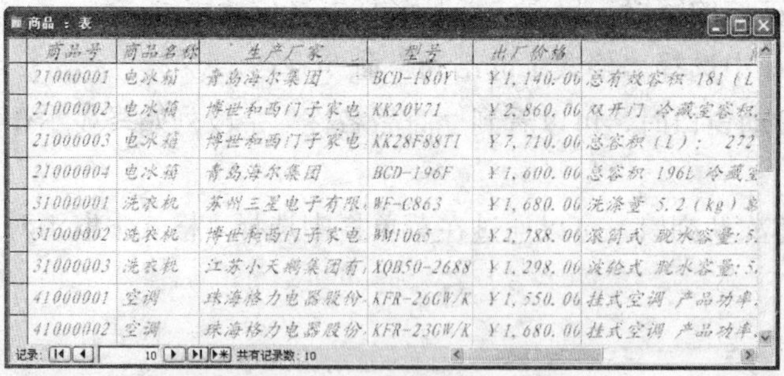

图 3-43 改变字体显示结果

1）在"数据库"窗口的"表"对象下，打开"商品"表。

2）在菜单栏中选择"格式 | 字体"命令，弹出"字体"对话框，如图3-44所示。

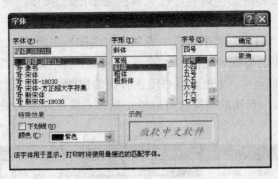

图3-44 "字体"对话框

3）在"字体"列表中选择"楷体_GB2312"，在"字型"列表中选择"斜体"，在"字号"列表中选择"四号"，在"颜色"下拉列表中选择"紫色"。

4）单击"确定"按钮，完成字体的设置。

注意：要改变字体显示需要预先安装打印机。

3.5.2 记录的排序操作

在数据表中选择要排序的字段，若要升序排序，单击工具栏上的 按钮，若要降序排序，单击工具栏上的 按钮。

【例3-8】对"商品"表中的记录按出厂价格降序排列。具体操作步骤如下。

1）在数据表视图中打开"商品"表。

2）单击"出厂价格"字段。

3）单击工具栏上的降序按钮，结果如图3-45所示。

图3-45 按"书籍价格"降序排序的结果

3.5.3 记录的筛选操作

在数据表中会显示所有记录的全部内容，根据实际需要有时仅需显示一部分字段或一部分记录内容。筛选时用户必须设定筛选条件，然后Access筛选并显示符合条件的数据。筛选的过程实际上是创建了一个数据的子集，使用筛选可以使数据更加便于管理。

Access提供了四种筛选功能：按选定内容筛选、按窗体筛选、按筛选目标筛选、高级筛选/排序。可以根据需要选择其中的某个筛选方式以显示需要的内容。

1. 按选定内容筛选

在数据表中选择要筛选的内容，在工具栏上单击 [图] 按钮。窗口仅会显示出满足要求的记录内容。

【例 3-9】显示"商品"表中所有"青岛海尔集团"生产的商品记录。

打开"商品"表的数据表视图，如图 3-46 所示用鼠标指向"生产厂家"字段值为"青岛海尔集团"的单元格，单击鼠标右键在弹出的快捷菜单中选择"按选定内容筛选"，结果如图 3-47 所示。若要取消筛选可以单击鼠标右键在弹出的快捷菜单中选择"取消筛选/排序"。

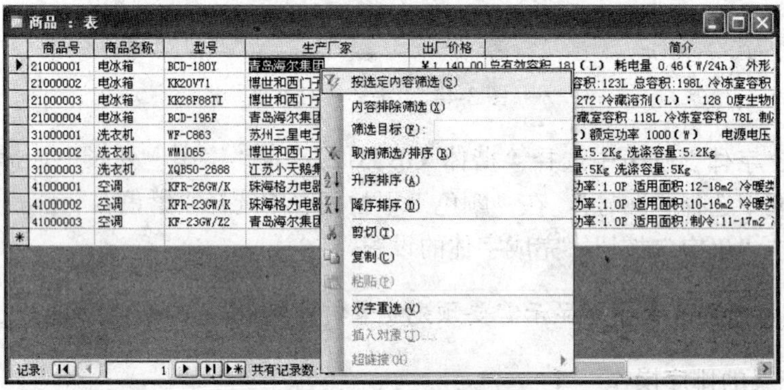

图 3-46 筛选前的"商品"表

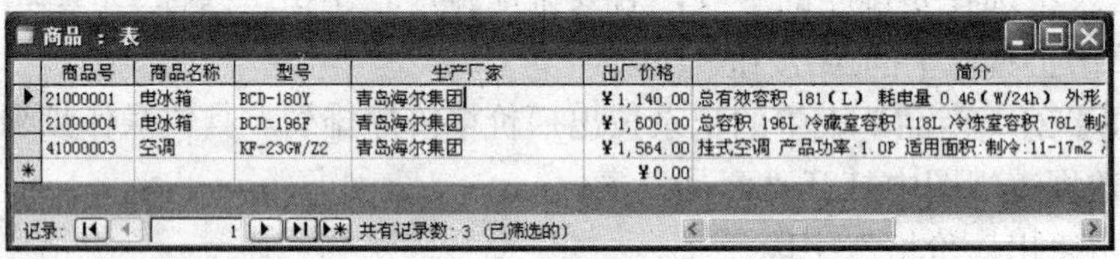

图 3-47 筛选后的"商品"表

2. 按窗体筛选

在数据表视图中打开要筛选的表，单击工具栏上的 [图] 按钮，转到窗体筛选窗口。

可以为显示数据表或任意子数据表指定准则（显示特定记录时的限制条件）。每个子数据表或子窗体都有自己的"查找"和"或"选项卡。单击要用于指定条件的字段，并要求记录筛选集合中的所有记录都必须满足该条件。

设置完筛选字段后，单击工具栏上的"应用筛选"按钮 [图]，此按钮也可作为取消筛选按钮。

【例 3-10】显示"商品"表中所有价格在 2000 元以上的"电冰箱"的商品记录。具体操作步骤如下。

1）在数据表视图中打开"商品"表，单击工具栏上的"窗体筛选"按钮。

2）在"商品名称"字段的下拉列表中选择"电冰箱"，然后在"出厂价格"字段输入条件表达式">=2000"，如图 3-48 所示。

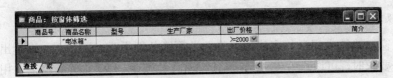

图 3-48　窗体筛选窗口

3）单击工具栏上的"应用筛选"按钮，结果如图 3-49 所示。

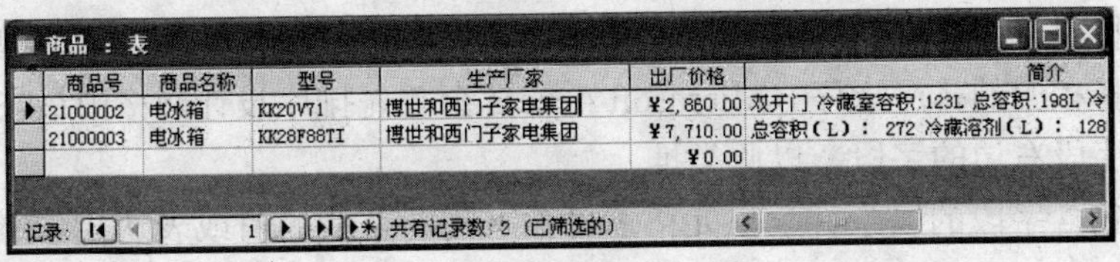

图 3-49　窗体筛选结果

3. 按筛选目标筛选

在数据表中，选择符合某个条件表达式的记录，把鼠标指针指向条件表达式所在的字段列上，单击鼠标右键在弹出的快捷菜单中"筛选目标"后的属性框中输入表达式，然后按 Enter 键执行筛选。

【例 3-11】显示"商品"表中所有"出厂价格"大于 2000 的商品记录。

具体操作步骤如下。

1）在数据表视图中打开"商品"表。

2）将鼠标指针指向"出厂价格"字段列。

3）单击鼠标右键，在弹出的快捷菜单中"筛选目标"后的属性框中输入">2000"，如图 3-50 所示。筛选结果如图 3-51 所示。

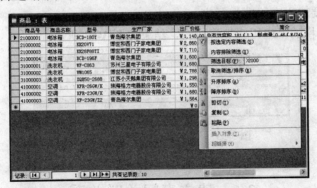

图 3-50　使用"筛选目标"快捷菜单

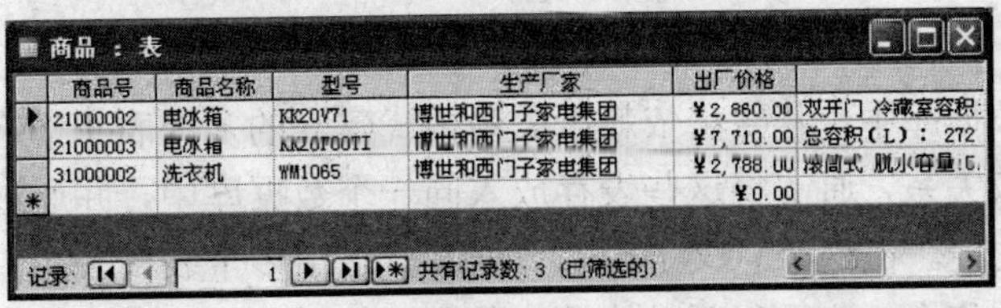

图 3-51　按"筛选目标"筛选结果

4. 高级筛选/排序

前面在窗口筛选中提过按多字段筛选，当筛选条件不唯一的时候，选择出的记录在排列次序有要求时，可以选择"记录 | 筛选 | 高级筛选/排序"命令，将需要用于筛选记录的值或准则的字段添加到设计网格中。

"高级筛选/排序"需要指定较复杂的准则，可以键入由适当的标识符、运算符、通配符和数值组成的完整表达式以获得所需的结果。

如果要指定某个字段的排序次序，可单击该字段的"排序"单元格，然后单击旁边的箭头，选择相应的排序次序。Microsoft Access 会首先排序设计网格中最左边的字段，然后排序该字段右边的字段，以此类推。

在已经包含字段的"条件"单元格，可输入需要查找的值或表达式。然后单击工具栏上的"应用筛选"按钮以执行筛选。

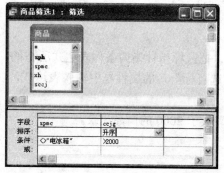

图3-52 "高级筛选/排序"窗口

【例3-12】显示"商品"表中为"商品名称"不是"电冰箱"，且"出厂价格"大于2000的商品记录。具体操作步骤如下。

1）在数据表视图中打开"商品"表。

2）在菜单栏中选择"记录 | 筛选 | 高级筛选/排序"命令，弹出的对话框如图3-52所示。

3）在字段列表中双击要筛选的"spmc"（商品名称）字段，在"条件"栏内输入筛选准则"<>"电冰箱""，双击第二筛选字段"ccjg"（出厂价格），在"条件"栏内输入筛选准则">2000"，如果要求排序，可以在"排序"栏内选择排列方式。如果两个字段是"或"的关系，那么其中一个条件要输入在"或"行内。

4）单击工具栏的"应用筛选"按钮，结果如图3-53所示。

图3-53 "高级筛选/排序"的结果

3.6 建立表间关联关系

在一个关系数据库中，若要将依赖于关系模式建立的多个表组织在一起，反映客观事物数据间的对应关系，通常将这些表存放入同一个数据库中，并通过建立表间关联关系，使之保持相关性。在这个意义上说，数据库就是由多个表（关系）根据关系模型建立关联关系的表的集合，它可以反映客观事物数据间的多种对应关系。

3.6.1 设置主关键字

Access 是一个关系型的数据库，用户建立了一个所需要的表后，还要创建表之间的关系，Access 凭借关系来链接表或查询中的数据。

1. 主键的概念

前面已介绍过主键又称主关键字，是表中唯一能标识一条记录的字段或字段的组合。指定了表的主键后，当用户输入新记录到表中时，系统将检查该字段是否有重复数据，如果有则禁止把重复数据输入到表中。同时，系统也不允许在主键字段中输入 Null 值。

2. 定义主键的方法

一般在创建表的结构时，就需要定义主键，否则在保存操作时系统将询问是否要创建主键。如果选择"是"，系统将自动创建一个"自动编号（ID）"字段作为主键。该字段输入记录时会自动输入一个具有唯一顺序的数字。

✎ 注意：一个表只能定义一个主键，主键由表中的一个字段或多个字段组成。

【例 3-13】定义"商品"表的"sph"（商品号）字段为主键。具体操作步骤如下。

1）打开"商品进销管理系统"数据库。

2）选择"商品"表对象，打开其设计视图窗口，如图 3-54 所示。

3）单击"sph"（商品号）字段左边的行选定器，选定"sph"（商品号）行。如果要选择多个字段，可以按住 Ctrl 键不放，再依次单击要选择的字段的行选定器。

4）单击主窗口工具栏的主键按钮或选择"编辑 | 主键"命令。

如果要删除主键，只需要单击主键字段的行选定器，单击主窗口工具栏"主键"按钮或"选择 | 编辑"命令即可。

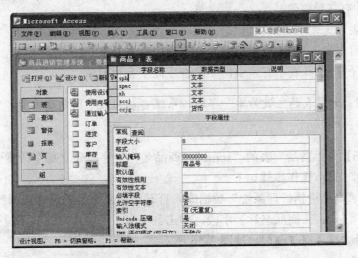

图 3-54 定义"sph"（商品号）字段为主键

【例 3-14】定义"订单"表中的"ddh"（订单号）和"sph"（商品号），两个字段为主键。具体操作步骤如下。

图 3-55　定义两个字段为主键

1）打开"商品进销管理系统"数据库。

2）选择"订单"表对象，打开其设计视图窗口。

3）单击"ddh"（订单号）字段左边的行选定器，选定"ddh"（订单号）行，再按下 Ctrl 键不放，单击"sph"（商品号）字段的行选定器，即可选定"订单号"和"商品号"两个字段，如图 3-55 所示。

4）单击主窗口工具栏的主键按钮或选择"编辑 | 主键"命令。

3.6.2　创建索引

索引是按索引字段或索引字段集的值使表中的记录有序排列的一种技术，创建索引后，有助于加快数据的检索、显示、查询和打印的速度。

1. 索引的概念

索引实际上是逻辑排序，它并不改变数据表中数据的物理顺序。建立索引的目的是加快查询数据的速度。

2. 建立索引的方法

在一个表中可根据对表中记录的处理需要创建一个或多个索引，可以用单个字段创建一个索引，也可以用多个字段（字段组合）创建一个索引。使用多个字段索引进行排序时，一般按索引中的第一个字段进行排序，当第一个字段有重复值时，再按第二个字段进行排序，依次类推。在多字段索引中最多可以包含 10 个字段。在表中更改或添加记录时，索引自动更新。

索引属性有三种取值。

- 无：表示无索引（默认值）。
- 有（有重复）：表示有索引但允许字段中有重复值。
- 有（无重复）：表示有索引但不允许字段中有重复值。

注意：如果表的主键为单一字段，系统自动为该字段创建索引，索引值为"有（无）重复"。

【例 3-15】为"商品"表的"spmc"（商品名称）字段建立单字段索引，允许有相同的商品名称。具体操作步骤如下。

1）打开"商品进销管理系统"数据库，打开"商品"表的设计视图窗口。

2）单击"spmc"（商品名称）字段，单击其"索引"属性右侧的下拉按钮，在下拉列表框中选择"有（有重复）"，如图 3-56 所示。

图 3-56 设置"商品名称"字段的索引属性

【例 3-16】用"商品"表的"spmc"(商品名称)和"sccj"(生产厂家)字段建立一个索引,当同一个种商品排在一起时,再按生产厂家排列。具体操作步骤如下。

1)打开"商品进销管理系统"数据库,打开"商品"表的设计视图窗口。

2)单击主窗口工具栏的索引按钮 或选择"视图 | 索引"命令,弹出"索引"对话框,如图 3-57 所示。在"索引名称"列的第一个空白行,输入索引名称,在此为"名称厂家"(也可用字段名称来命名)。在对应的"字段名称"列的下拉列表框中选择索引的第一个字段"商品名称",在"字段名称"列的下一行,选择索引的第二个字段"生产厂家",该行的"索引名称"列为空。在"排序次序"列的下拉列表框中选择升序或降序。

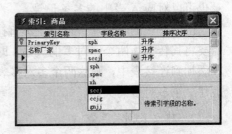

图 3-57 设置多字段索引属性

说明

升序为按字段值由低到高排序。降序为按字段值由高到低排列。当一个表设置了多个索引时,打开数据表后按主键的索引顺序排序记录。如果某个索引生效时,主键的排序会改变。

注意:对于数据类型为备注、超链接和 OLE 对象的字段不能建立索引。

3.6.3 建立表间关联关系

在 Access 中,同一个数据库中的多个表,若想建立表间的关联关系,就必须把要建立关系的表,以相关联的字段建立索引,通过索引字段的值来建立表间的关联关系。

1. 表间关系的概念

表间关系指的是两个表中都有一个数据类型、字段大小相同的同名字段,该字段(关联字段)在每个表中都要建立索引,以其中一个表(主表)的关联字段与另一个表(子表或相关表）的关联字段建立两个表之间的关系。通过这种表之间的关联性，可以将数据库多个表连接成一个有机的整体。表间关系的主要作用是使多个表之间产生关联，通过字段建立起关系，以便快速地从不同表中提取相关的信息。

数据表之间的关系有三种。

（1）一对一关系

一对一关系是指A表中的一条记录只能对应B表中的一条记录，并且B表中的一条记录也只能对应A表中的一条记录。

两个表之间要建立一对一关系，首先定义关联字段为每个表的主键或建立索引属性为"有（无重复）"，然后确定两个表具有一对一的关系。

（2）一对多关系

一对多关系是指A表中的一条记录能对应B表中的多条记录，但是B表中的一条记录对应A表中的一条记录。

两个表之间要建立一对多关系，首先定义关联字段为主表的主键或建立索引属性为"有（无重复）"，然后设置关联字段在子表中的索引属性为"有（有重复）"，最后确定两个表具有一对多的关系。

（3）多对多关系

多对多关系是指A表中的一条记录能对应B表中的多条记录，而B表中的一条记录也可以对应A表中的多条记录。

由于现在的数据库管理系统不直接支持多对多的关系，所以在处理多对多的关系时需要将其转换为两个一对多的关系，即创建一个连接表，将两个多对多表中的主关键字段添加到连接表中，则这两个多对多表与连接表之间均变成了一对多的关系，这样间接地建立了多对多的关系。

2. 建立表间关系

数据库中的多个表之间要建立关系，必须先给各个表建立主键或索引，还要关闭所有打开表，否则不能建立表间关系。可以设置管理关系记录的规则。只有建立了表间关系，才能设置参照完整性、设置在相关联的表中插入、删除和修改记录的规则。

【例3-17】建立"商品进销管理系统"数据库中，商品表和订单表之间一对多的关系，客户表与订单表之间一对多的关系。

说明：在"商品进销管理系统"数据库中，已建立商品表的主键是"sph"（商品号）字段；客户表的主键是"khh"（客户号）；订单表中"sph"（商品号）字段的索引为"有（有重复）"，"khh"（客户号）字段的索引为"有（有重复）"。

具体操作步骤如下。

1）打开"商品进销管理系统"数据库窗口。

2）单击主窗口工具栏的"关系"按钮或选择"工具|关系"命令，打开"关系"窗口。如果数据库中没有定义任何关系，还会弹出"显示表"对话框，如图3-58所示。如果没有弹出"显示表"对话框，可单击主窗口工具栏的"显示表"按钮，也可以选择"关系|显示表"命令或在"关系"窗口空白位置单击鼠标右键，在弹出的快捷菜单中选择"显示表"命令，弹出"显示表"对话框。

3）在"显示表"对话框中，分别选择商品表、订单表和客户表，通过单击"添加"按钮，将其添加到"关系"窗口中，如图3-59所示。关闭"显示表"对话框。

 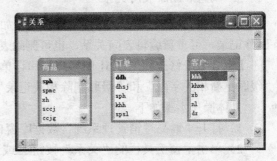

图 3-58 "关系"窗口、"显示表"对话框　　　　图 3-59 "关系"窗口

4）拖拽商品表的"sph"（商品号）字段到订单表的"sph"（商品号）字段上，释放鼠标，即可打开"编辑关系"对话框，如图 3-60 所示。从图中可看出，商品表（父表）和订单表（子表）通过"sph"（商品号）字段建立一对多的关系，即商品表中的一条记录对应订单表中的多条记录。关系也可以通过选择"关系|编辑关系"命令弹出"编辑关系"对话框来创建。

在"编辑关系"对话框中，可以根据需要勾选"实施参照完整性"、"级联更新相关字段"，以及"级联删除相关记录"复选框，在此勾选"实施参照完整性"复选框，然后单击"创建"按钮创建一对多的关系，如图 3-61 所示。

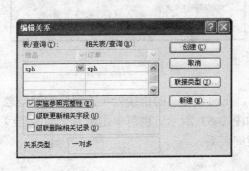

图 3-60 "编辑关系"对话框　　　　图 3-61 "关系"窗口

在关系图中，关系是通过一条折线来联系两个表，当勾选了"实施参照完整完整性"复选框后，连线上有 1、∞ 符号，说明和"1"相连表的一条记录对应和"∞"相连表的多条记录（一对多），并且确保不会意外地删除和修改相关的数据。

5）拖拽客户表的"khh"（客户号）字段到订单表的"khh"（客户号）字段上，在"编辑关系"对话框中，不勾选"实施参照完整性"复选框，单击"创建"按钮，创建客户表和订单表之间一对多的关系，如图 3-61 所示。

6）单击"关闭"按钮，关闭"关系"窗口，弹出保存提示对话框，如图 3-62 所示。无论是否保存

图 3-62 保存提示对话框

此布局，所创建的关系都已保存在数据库中。

3. 编辑和删除表间关系

表之间的关系创建后，在使用过程中，如果不符合要求，如需级联更新字段、级联删除记录，可重新编辑表间关系，也可删除表间关系。

【例 3-18】修改如图 3-61 中客户表和订单表之间的关系，勾选"实施参照完整性"、"级联更新相关字段"和"级联删除相关记录"复选框。

具体操作步骤如下。

1）打开"商品进销管理系统"数据库窗口。

2）单击主窗工具栏的"关系"按钮 或选择"工具 | 关系"命令，打开"关系"窗口，如图 3-61 所示。

3）在客户表和订单表之间的连线处单击鼠标右键使之变粗并弹出快捷菜单，选择"编辑关系"命令，如图 3-63 所示，弹出"编辑关系"对话框，勾选"实施参照完整性"、"级联更新相关字段"和"级联删除相关记录"复选框，如图 3-64 所示。

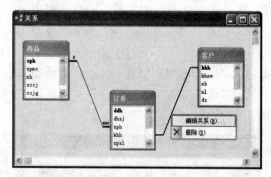
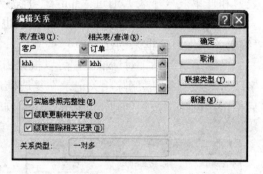

图 3-63　选择"编辑关系"命令　　　　图 3-64　勾选复选框

删除表间关系的操作：在"关系"窗口中，在两表之间的折线处单击鼠标右键使之变粗并弹出快捷菜单，选择"删除"命令，如图 3-63 所示。也可单击两表之间的折线使之变粗，再选择"编辑 | 删除"命令删除表间关系。

4. 实施参照完整性

在"编辑关系"对话框中，有"实施参照完整性"、"级联更新相关字段"和"级联删除相关记录"三个复选框。只有先勾选"实施参照完整性"复选框，才能再勾选"级联更新相关字段"和"级联删除相关记录"复选框，如图 3-64 所示。

（1）实施参照完整性

参照完整性是一个规则，用它可以确保有关系的表中的记录之间关系的完整有效性，并且不会随意地删除或更改相关数据，即不能在子表的外键字段中输入不存在于主表中的值，但可以在子表的外键字段中输入一个 Null 值来指定这些记录与主表之间并没有关系。如果在子表中存在着与主表匹配的记录，则不能从主表中删除这个记录，同时也不能更改主表的主键值。

例如，商品表和订单表建立了一对多的关系，并勾选了"实施参照完整性"复选框，则在订单表的"sph"（商品号）字段中，不能输入一个商品表中不存在的"sph"（商品号）值。如果在订单表中存在着与商品表相匹配的一个记录，则不能从商品表中删除这个记录，也不能更改商品表中这个记录的"sph"（商品号）的值。

参照完整性的操作严格基于表的关键字段。无论主键还是外键，每次在添加、修改或删除关键字段值时，系统都会检查其完整性。

（2）级联更新相关字段

勾选"级联更新相关字段"复选框，即设置在主表中更改主键值时，系统自动更新子表中所有相关记录中的外键值。例如，把客户表中的一个客户的客户号"0004"改为"0006"，则订单表中所有客户号为"0004"的记录都将被系统自动更改为"0006"。

（3）级联删除相关记录

勾选"级联删除相关记录"复选框，即设置删除主表中记录时，系统自动删除子表中所有相关的记录。例如，删除客户表中客户号为"0002"的一个记录，则订单表中所有客户号为"0002"的记录都将被系统自动删除。

5. 关系联接类型

在"编辑关系"对话框中，如图 3-64 所示，单击"联接类型"按钮，弹出"联接属性"对话框，如图 3-65 所示，有三个单选按钮，选择其中之一来定义表间关系的联接类型。

选项"1"（默认值），定义表间关系为内部联接。它只包括两个表的关联字段相等的记录。如客户表和订单表通过"khh"（客户号）定义为内部联接，则两个表中客户号值相同的记录才会被显示。

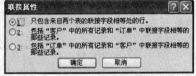

图 3-65　"联接属性"对话框

选项"2"，定义表间关系为左外部联接。它包括主表的所有记录和子表中与主表关联字段相等的那些记录，如客户表和订单表通过"khh"（客户号）定义为左外部联接，则客户表的所有记录以及订单表中与客户表的"khh"（客户号）字段值相同的记录才会被显示。

选项"3"，定义表间关系为右外部联接。它包括子表的所有记录和主表中关联字段相等的那些记录。如客户表和订单表通过"khh"（客户号）定义为右外部联接，则订单表的所有记录以及客户表中与订单表的"khh"（客户号）字段值相同记录才会被显示。

6. 在表设计中使用查阅向导

在一般情况下，表中大多数字段的数据都来自用户输入的数据，或从其他数据源导入的数据。但在有些情况下，表中某个字段的数据也可以取自于其他表中某个字段的数据，或者取自于一组固定的数据，这就是字段的查阅功能。该功能可以通过使用表设计中的"查阅向导"对话框来实现。

【例 3-19】创建一个查阅列表，使输入订单表的"sph"（商品号）字段的数据时不必直接输入，而是通过下拉列表选择来自于商品表中"sph"（商品号）字段的数据。具体操作步骤如下。

1）打开"商品进销管理系统"数据库窗口，并选择"订单"表对象。

2）单击"设计"按钮，打开订单表的设计视图窗口，选择"sph"（商品号）字段，单击其数据类型列右侧的按钮，打开数据类型的下拉列表框，如图 3-66 所示，选择"查阅向导"命令，弹出"查阅向导"对话框，如图 3-67 所示。

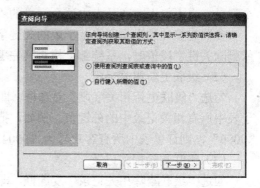

图 3-66 选择"查阅向导"　　　　　　　图 3-67 "查阅向导"对话框

注意：如果订单表的"sph"（商品号）字段已经和其他表建立了关系，则系统会弹出一个提示用户删除该关系的对话框，如图 3-68 所示。可根据提示先删除关系，再选择"查阅向导"命令弹出"查阅向导"对话框。

图 3-68 提示用户删除已有关系的对话框

3）点选"使用查阅列查阅表或查询中的值"单选按钮（系统默认），单击"下一步"按钮，弹出为查阅列提供数值的表或查询的对话框，如图 3-69 所示，可根据要求选择"视图"栏中的"表"、"查询"或"两者"单选按钮。在此选择"表"单选按钮，并选择列表框中的"表：商品"选项，单击"下一步"按钮，弹出为查阅列提供数值的字段的对话框，如图 3-70 所示。

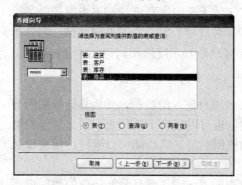
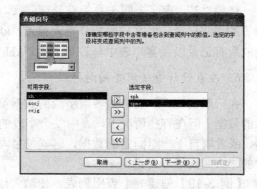

图 3-69 选择"商品"表　　图 3-70 选择"sph"（商品号）、"spmc"（商品名称）
　　　　　　　　　　　　　　　　　　字段

4）从"可用字段"列表框中选择"sph"（商品号）、"spmc"（商品名称）到"选定字段"列表框中，单击"下一步"按钮，弹出确定列表排序次序的对话框，如图 3-71 所示。

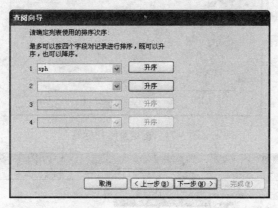

图 3-71　选择按"sph"（商品号）字段升序排序

5）从下拉列表中选择"sph"（商品号）并按系统默认的"升序"排序，单击"下一步"按钮，弹出指定查阅列的宽度对话框，如图 3-72 所示。在此不勾选"隐藏键列"复选框，则可显示全部选定的字段列。定好宽度后，单击"下一步"按钮，弹出指定查阅列中用来执行操作的字段，在此选择"sph"（商品号），如图 3-73 所示。

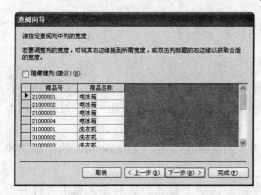

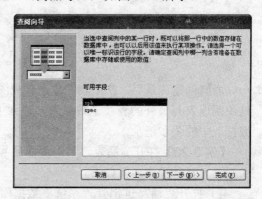

图 3-72　指定查阅列的宽度　　　　图 3-73　指定用"sph"（商品号）字段值
　　　　　　　　　　　　　　　　　　　来执行操作

6）"下一步"按钮，弹出为查阅列指定标签的对话框，用"商品号"作为标签，如图 3-74 所示。单击"完成"按钮，弹出提示保存的对话框，单击"是"按钮，进行保存。

7）单击"数据表视图"按钮或"打开"按钮，打开数据表视图窗口，单击"商品号"列右边的按钮，打开其下拉列表，如图 3-75 所示，订单表的"商品号"字段数据可通过查阅列表进行选择。

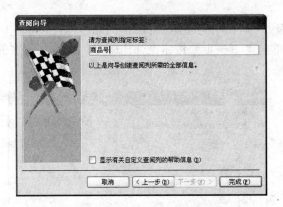

图 3-74　指定查阅列标签

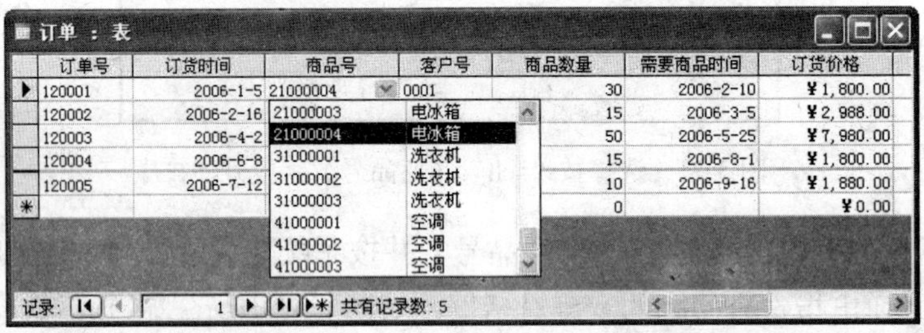

图 3-75　订单表的"商品号"字段中显示的查阅列数据

3.7　使 用 子 表

表间创建关系后，在主表的数据表视图中能看到左边新增了带有加号"+"的一列，这说明该表与另外的表（子数据表）建立了关系。通过单击加号按钮"+"可以看到子数据表中的关系记录。

【例 3-20】打开商品表，并查看商品号为"21000003"和"21000004"的商品的相关记录。具体操作步骤如下。

1）打开"商品进销管理系统"数据库窗口，选择"商品"表对象，单击"打开"按钮，打开其数据表视图窗口，如图 3-76 所示。

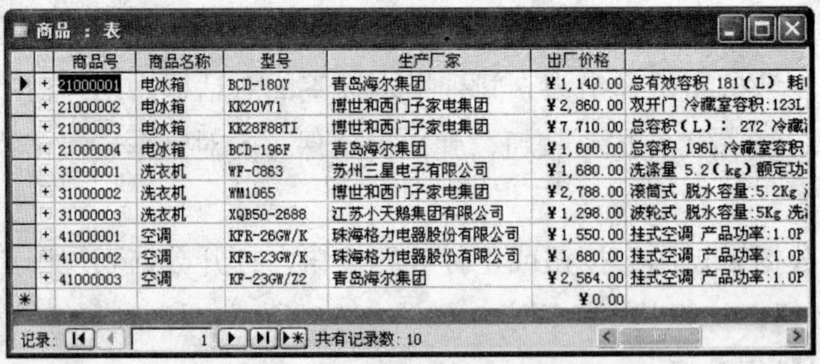

图 3-76　具有相关表的数据表视图

2）单击商品号为"21000003"和"21000004"左边的加号按钮"+"，显示其子数据表订单表中的相关记录，如图 3-77 所示。

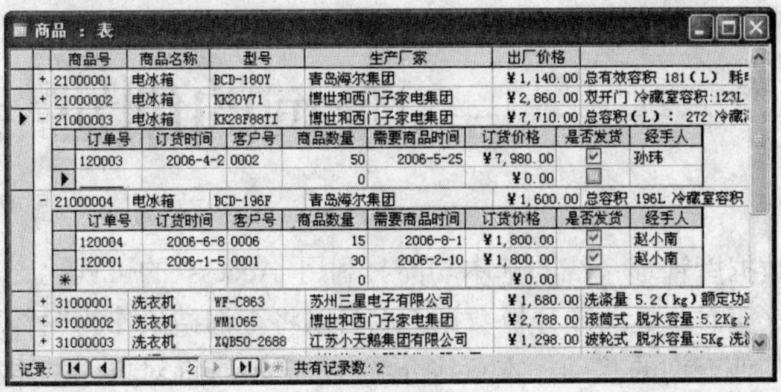

图 3-77 显示子数据表

另外，还可以通过选择"格式｜子数据表"命令，并在其级联菜单中选择"全部展开"、"全部折叠"和"删除"命令来实现。

第4章

查询的创建与使用

数据查询是数据库管理系统的基本功能。利用 Access 的可视化查询工具可以使用多种不同的方法来查看、更改或分析数据，也可以将查询结果作为窗体和报表的数据来源，甚至是生成其他查询的基础。本章将介绍 Access 查询对象的基本概念、操作方法和应用方式，并讲解 SQL 的基本知识。

4.1 查询概述

任何数据库，不管是自动的还是人工的，其主要目的就是在数据表中保存数据，并能够在需要的时候按照一定的条件从中提取需要的信息。这里所说的查询就是按照一定的关系从 Access 2003 数据表中检索需要数据的最主要方法。

查询是关系数据库中的一个重要概念，查询对象不是数据的集合，而是操作的集合。可以理解为查询是针对数据表中数据源的操作命令。在 Access 数据库中，查询是一种统计和分析数据的工作，是对数据库中的数据进行分类、筛选、添加、删除和修改。

4.1.1 查询的基本概念

查询（query）是按照一定的条件或要求对数据库中特定数据信息的查找。它是 Access 中的一个对象，它与表、窗体、报表、宏和模块等对象存储在一个数据库文件中。

在 Access 中查询对象可以对一个数据库中的一个表或多个表中存储的数据信息进行查找、统计、计算和排序等。查询结果称为结果集，是符合查询条件的记录集合。使用查询对象还可以创建表以及对表的数据做追加、删除和修改的操作。

需要注意的是，从表面现象上看查询似乎是建立了一个新表，但是，与表不同的是，查询本身并不存储数据，它是一个对数据库的操作命令。每次运行查询时，Access 便从查询源表的数据中创建一个新的记录集，使查询中的数据能够和源表中的数据保持同步。每次打开查询就相当于重新按条件进行查询。查询可以作为结果，也可以作为来源，即查询可以根据条件从数据表中检索数据，并将结果存储起来；查询也可以作为创建表、查询、窗体或报表的数据源。

4.1.2 查询的功能

大多数数据库系统都在不断发展，使其具有功能更加强大的查询工具，以便执行特定的查询（Ad-hoc 查询），即按照预期方式的不同方法来查看数据。Access 2003 的查询功能是非常强大的，而且提供的方式又是非常灵活的，可以使用多种方法来实现不同查看数据的要求。有关查询的功能如下。

1. 选择表

可以从单个表或一些通过公用数据相联系的多个表中获取信息，并能够在使用多个表时，将数据返回到已组合的单个数据表中。

2. 选择字段

可以从每个表中指定想在结果动态集中看到的字段。

3. 选择记录

可以选择要在动态集中显示的记录。

4. 排序记录

可以按照某一特定的顺序查看动态集的信息。

5. 执行计算

可以使用查询来执行对数据的计算，如执行对某个字段求平均值、求和或简单地统计字段数等计算。

6. 建立表

可以从查询合成的组合数据中形成其他的数据表。查询可以建立这种基于动态集的新的表。

7. 建立基于查询的报表和窗体

报表或窗体中所需要的字段和数据可以是来自于从查询中建立的动态集。使用基于查询的报表或窗体时，每一次打印报表或使用窗体时，查询将对表中的当前信息进行及时的检索。

8. 建立基于查询的图表

可以使用查询所得到的数据建立图表，然后用于窗体或报表中。

9. 使用查询作为子查询

可以建立辅助查询，它是基于先前查询所选择的动态集，根据需要缩小检索的范围，从而查看更为直接具体的内容。

10. 修改表

可以利用查询对数据表进行追加、更新、删除等操作。

4.1.3　查询的类型

根据其应用目的不同，可以将 Access 的查询分为以下五种类型。

1. 选择查询

选择查询是最常用的一种查询类型。它是根据指定的查询条件，从一个或多个表中获取数据并显示结果。也可以使用选择查询对记录进行分组,并对记录进行总计、计数、平均以及其他类型的计算。

2. 交叉表查询

交叉表查询可以计算并重新组织数据的结构,这样可以更加方便地分析数据。交叉表查询显示来源于表中某个字段的统计值(求和、平均、计数或其他类型的综合计算),这种数据可以分为两组,一组作为行标题列在数据表的左侧,一组作为列标题在数据表的顶端。

3. 参数查询

当用户需要的查询每次都要改变查询条件,而且每次都重新创建查询又比较麻烦时,就可以利用参数查询来解决这个问题。参数查询是通过对话框提示用户输入查询条件,系统将以该条件作为查询条件,将查询结果按指定的形式显示出来。

4. 操作查询

操作查询是在一个操作中可以更改多个记录的查询。操作查询的建立,大部分是以选择查询为基础,先挑选某些符合条件的数据,然后创建操作查询,以整批的方式来执行某些操作。

操作查询分为四种类型。

1)删除查询:从一个或多个数据表中删除一组记录。

2)更新查询:对一个或多个表中的一组记录做全局的更改。

3)追加查询:将查询产生的结果追加到一个表或多个表的尾部。

4)生成表查询:从一个或多个表中的全部或部分数据中创建一张新表。

5. SQL 查询

SQL 查询是用 SQL 命令创建的查询,这些命令必须写在 SQL 视图中(SQL 查询不能使用设计视图)。

在 Access 中,查询的实现可以通过两种方式进行,一种是在数据库中建立查询对象,另一种是在 VBA 程序代码中使用 SQL。

4.2　使用查询向导创建查询

Access 提供了多种向导以方便查询的创建,对于初学者来说,选择使用向导的帮助可以快捷地建立所需要的查询。常用的查询向导有以下几种。

1)简单查询向导。

2)交叉表查询向导。

3)查找重复项查询向导。

4)查找不匹配项查询向导。

4.2.1 简单查询向导

在 Access 中可以利用简单查询向导创建查询，可以在一个或多个表（或其他查询）指定的字段中检索数据。而且，通过向导也可以对记录组或全部记录进行总计、计数以及求平均值的运算，还可以计算字段中的最大值和最小值。

图4-1 "新建查询"对话框

【例4-1】使用简单查询向导在"商品进销管理系统"数据库创建商品基本情况查询。具体操作步骤如下。

1）在"数据库"窗口中，选择"对象"下的"查询"选项。

2）在"查询"选项卡中单击"新建"按钮，弹出"新建查询"对话框，如图4-1所示。

3）在"新建查询"对话框中选择"简单查询向导"选项，然后单击"确定"按钮，弹出"简单查询向导"对话框，如图4-2所示。

4）选择查询中要使用的字段：在"表/查询"框中选择要作为查询数据来源的表或查询名，在"可用字段"中双击要用的字段名，双击后字段将会添加到"选定的字段"框中，或者可以单击"可用字段"中的字段名，然后单击 按钮。

在这里，单击"表/查询"框中的下拉箭头，在出现的列表中选择"表：商品"，再从"可用字段"框中选择所需字段，选定的字段将出现在右侧的"选定的字段"列表框中，如图4-3所示。

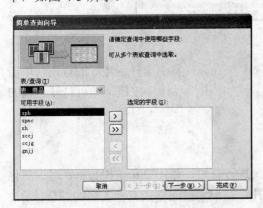

图4-2 "简单查询向导"对话框 　　　　图4-3 确定查询中使用哪些字段

5）单击"下一步"按钮，在弹出的对话框中有两种选择："明细"和"汇总"，如图4-4所示，选择"明细"（显示每个记录的每个字段）。

6）单击"下一步"按钮，弹出简单查询向导的完成对话框。在对话框中指定查询的标题，输入查询名，还可以选择完成向导后要做的工作，有"打开查询查看信息"和"修改查询设计"两个选项可以选择，如图4-5所示。

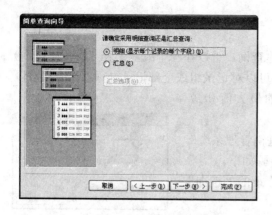 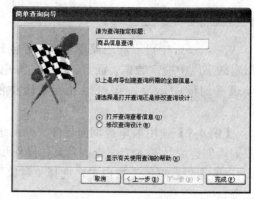

图 4-4 确定查询采用"明细"查询 　　图 4-5 简单查询向导的"完成"对话框

7）单击"完成"按钮，系统向导将自动以指定标题为名，将该查询保存在查询对象列表中，并以数据表的形式显示该查询的结果，如图 4-6 所示。

商品号	商品名称	型号	生产厂家	出厂价格
▶ 21000001	电冰箱	BCD-180Y	青岛海尔集团	¥1,140.00
21000002	电冰箱	KK20V71	博世和西门子家电集团	¥2,860.00
21000003	电冰箱	KK28F88II	博世和西门子家电集团	¥7,710.00
21000004	电冰箱	BCD-196F	青岛海尔集团	¥1,600.00
31000001	洗衣机	WF-C863	苏州三星电子有限公司	¥1,680.00
31000002	洗衣机	WM1065	博世和西门子家电集团	¥2,788.00
31000003	洗衣机	XQB50-2688	江苏小天鹅集团有限公司	¥1,298.00
41000001	空调	KFR-26GW/K	珠海格力电器股份有限公司	¥1,550.00
41000002	空调	KFR-23GW/K	珠海格力电器股份有限公司	¥1,680.00
41000003	空调	KF-23GW/Z2	青岛海尔集团	¥2,564.00
*				¥0.00

记录 1 共有记录数：10

图 4-6 显示查询结果

从 Access 的数据库窗口中选择查询对象，在查询列表中选择创建好的查询，单击"打开"按钮，即可执行查询，并得到查询结果；单击"设计"按钮，即可打开查询的设计视图，对查询进行修改。

4.2.2 交叉表查询向导

交叉表查询以水平方式和垂直方式对记录进行分组，并计算和重构数据，可以简化数据分析。交叉表查询可以计算数据总和、计数、平均值或完成其他类型的综合计算。

使用向导创建交叉表查询，可以在一个数据表中以行标题将数据组成群组，按列标题来分别求得所需汇总的数据，然后在数据表中以表格的形式显示出来。

【例 4-2】使用交叉表查询向导在"商品进销管理系统"数据库中创建查询：客户订购各种商品的数量统计。具体操作步骤如下。

1）在"查询"选项卡中单击"数据库"窗口工具栏上的"新建"按钮，弹出"新建查询"对话框。

2）选择"交叉表查询向导"选项，然后单击"确定"按钮，弹出"交叉表查询向导"对话框，如图 4-7 所示。

3）在"视图"选项组中，选择用于交叉表查询所使用的视图，这里选择"表"。在

"请指定哪个表或查询中含有交叉表查询结果所需的字段"列表框中，选择需要使用的表或查询，在这里选择"订单"表。

4）单击"下一步"按钮，在"可用字段"框中选择"sph"（商品号）作为交叉表中要用的行标题，如图 4-8 所示。

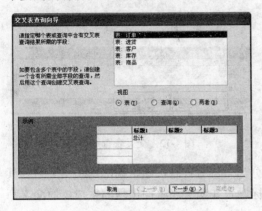 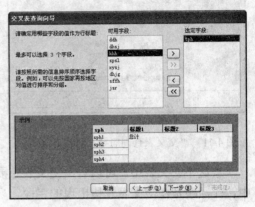

图 4-7 "交叉表查询向导"对话框（一）　　图 4-8 "交叉表查询向导"对话框（二）

5）单击"下一步"按钮，在这个对话框中选择"khh"（客户号）作为列标题，如图 4-9 所示。

6）单击"下一步"按钮，确定为每个列和行的交叉点计算的数字。在"字段"框中选择"spsl"（商品数量），在"函数"框中选择"求和"，如图 4-10 所示。在"函数"框中，列出了九种 Access 可以提供计算的函数，用户只要从中选择，Access 就可以自动建立按选择的函数计算交叉点的数据。

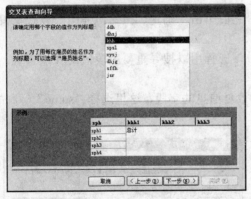 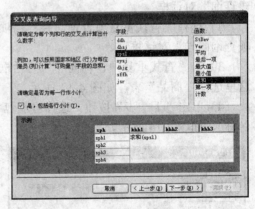

图 4-9 "交叉表查询向导"对话框（三）　　图 4-10 "交叉表查询向导"对话框（四）

7）单击"下一步"按钮，在对话框中输入交叉表的名称"商品订购统计_交叉表"，如图 4-11 所示。

8）单击"完成"按钮，最后得到的交叉表查询结果如图 4-12 所示。

图 4-11 "交叉表查询向导"对话框（五）　　图 4-12 交叉表查询结果

从这个交叉表中，可以看出交叉表主要分为三部分：行标题、列标题和交叉点。其中，行标题是在交叉表左边出现的字段，列标题是在交叉表上面出现的字段，而交叉点则是行列标题交叉的数据点。

4.2.3 查找重复项查询向导

根据"查找重复项"查询的结果，可以确定在表中是否有重复的记录，或记录在表中是否共享相同的值。

【例4-3】利用查找重复项查询向导，在"商品进销管理系统"数据库中创建"各类商品分别有几种不同的型号"的查询。具体步骤如下。

1）在"查询"选项卡中，单击"数据库"窗口工具栏上的"新建"按钮，弹出"新建查询"对话框。

2）选择"查找重复项查询向导"选项，然后单击"确定"按钮，弹出"查找重复项查询向导"对话框。

3）在"查找重复项查询向导"对话框中，选择用以搜寻重复字段值的表或查询，这里选择"商品"表，如图 4-13 所示。

4）单击"下一步"按钮，选择可能包含重复信息的字段，这里选择"spmc"（商品名称），如图 4-14 所示。

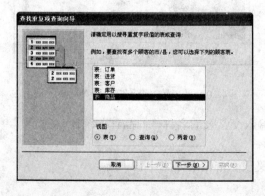

图 4-13 "查找重复项查询向导"对话框（一）　　图 4-14 "查找重复项查询向导"对话框（二）

5）单击"下一步"按钮，确定查询是否还显示带有重复值的字段之外的其他字段，这里不选择其他字段，如图 4-15 所示。

6）单击"下一步"按钮，弹出查找重复项查询向导完成对话框，如图 4-16 所示。在此对话框中，可以在"查看结果"和"修改设计"两个选项中选择。

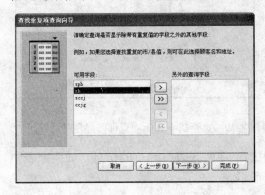 

图 4-15 "查找重复项查询向导"对话框（三） 图 4-16 "查找重复项查询向导"对话框（四）

7）单击"确定"按钮，结束查询的创建，查询结果如图 4-17 所示，可以看到各种商品分别有几种不同的型号。

图 4-17 查找重复项查询结果

4.2.4 查找不匹配项查询向导

使用"查找不匹配项查询向导"，可以在一个表中查找与其另一个表中没有相关记录的记录。

【例 4-4】使用查找不匹配项查询向导，在"商品进销管理系统"数据库的商品表中查找那些在订单表中没有订购记录的商品记录。具体操作步骤如下。

1）在"查询"选项卡中，单击"数据库"窗口工具栏上的"新建"按钮，弹出"新建查询"对话框。

2）选择"查找不匹配项查询向导"选项，然后单击"确定"按钮，弹出"查找不匹配项查询向导"对话框。

3）在"查找不匹配项查询向导"对话框中，选择用以搜寻不匹配项的表或查询，这里选择"商品"表，如图 4-18 所示。

4）单击"下一步"按钮，选择哪个表或查询包含相关记录，在这里选择"订单"表，如图 4-19 所示。

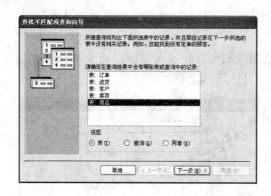 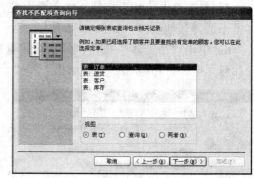

图 4-18 "查找不匹配项查询向导"对话框（一） 图 4-19 "查找不匹配项查询向导"对话框（二）

5）单击"下一步"按钮，在此对话框中确定在两张表中都有的信息，如两个表中都有一个"sph"（商品号）字段，如图 4-20 所示。

6）在两个表中选择匹配的字段，然后单击⇦⇨。

7）单击"下一步"按钮，在对话框中选择查询结果中所需的字段，如图 4-21 所示。

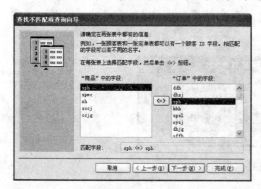 

图 4-20 "查找不匹配项查询向导"对话框（三） 图 4-21 "查找不匹配项查询向导"对话框（四）

8）单击"下一步"按钮，在对话框中输入查询名称，选择需要的选项，如图 4-22 所示，单击"完成"按钮，完成查询的创建，查询出不匹配项的结果如图 4-23 所示。

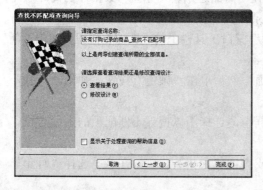

商品号	商品名称	型号	生产厂家
21000001	电冰箱	BCD-180Y	青岛海尔集团
21000002	电冰箱	XK20V71	博世和西门子家电集团
31000003	洗衣机	XQB50-2688	江苏小天鹅集团有限公司
41000002	空调	KFR-23GW/K	珠海格力电器股份有限公司
41000003	空调	KF-23GW/Z2	青岛海尔集团

记录: ⏮ ◀ 1 ▶ ⏭ ⧉ 共有记录数: 5

图 4-22 "查找不匹配项查询向导"对话框（五） 图 4-23 没有订购记录的商品查询结果

4.3 设计视图的使用

使用查询向导可以快速地创建一个查询,但往往有许多不尽如人意的地方,它实现的功能比较单一,为了设计出更复杂的查询,可以在"设计"视图中来实现。本节介绍如何使用查询的设计视图来建立查询。

4.3.1 查询的视图

Access 的查询有三种常用的视图模式:设计视图、数据表视图和 SQL 视图。

1. 设计视图

设计视图是一个设计查询的窗口,包含了创建查询所需要的各个组件。用户只需在各个组件中设置一定的内容就可以创建一个查询。查询设计窗口分为上下两部分,上部为表/查询的字段列表,显示添加到查询中的数据表或查询的字段列表;下部为查询设计区,定义查询的字段,并将表达式作为条件,限制查询的结果;中间是可以调节的分隔线;标题栏包括了查询名称和查询类型,如图 4-24 所示。用户只需要在各个组件中设置一定的内容就可以创建一个查询。

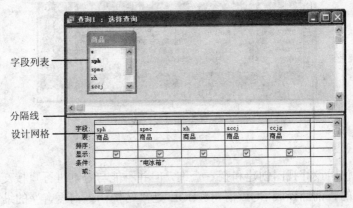

图 4-24 查询的"设计"视图

在查询设计网格中,可以详细设置查询的内容,具体内容的功能如下。

1)字段:查询所需要的字段。每个查询至少包括一个字段,也可以包含多个字段。如果与字段对应的"显示"复选框被选中,则表示该字段将显示在查询的结果中。

2)表:指定查询的数据来源表或其他查询。

3)排序:指定查询的结果是否进行排序。排序方式包括升序、降序和不排序三种。

4)条件:指定用户用于查询的条件或要求。

查询设计窗口的工具栏中还包含许多按钮,可以帮助用户方便、快捷地进行查询,如表 4-1 所示。

表4-1 "查询设计"工具栏

按钮图标	作 用
视图	单击此按钮可以打开一个菜单列表，用于切换不同的视图
保存	保存查询的最新更改
文件搜索	打开"基本文件搜索"任务窗口
查询类型	单击此按钮可以打开一个菜单列表，选择需要的查询类型
运行	执行一个动作查询
显示表	打开"显示表"对话框，用于在查询中添加更多的查询或表
总计	显示总计行
上限值 All	可以选择是否返回指定记录数、记录百分数或所有值
属性	打开属性对话框
生成器	打开表达式生成器
数据库窗口	打开数据库窗口
新对象	单击此按钮可以打开一个菜单列表，选择新建对象
帮助	单击此按钮可以打开"Microsoft Access 帮助"窗口

2. 数据表视图

数据表视图主要用于在行和列格式下显示表、查询以及窗体中的数据，如图 4-25 所示的"电冰箱"商品信息查询的数据表视图。对于选择查询，在"数据库"的对象列表下选中"查询"，双击要打开的查询便可以以数据表视图方式打开查询。用户可以通过这种方式进行打开查询、查看信息、更改数据、追加记录和删除记录等操作。

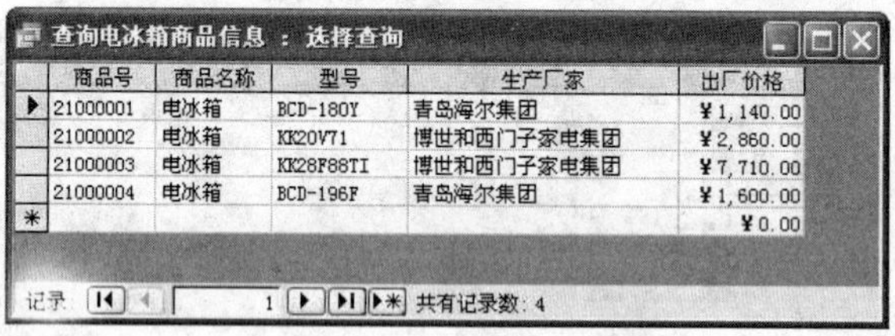

图 4-25 查询的数据表视图

3. SQL 视图

用户可以使用设计视图创建和查看查询，但并不能与查询进行直接交互。Access 能将设计视图中的查询翻译成 SQL 语句。SQL 是"结构化查询语言"的缩写。当用户在设计视图中创建查询时，Access 在 SQL 视图中自动创建与查询对应的 SQL 语句。用户可以在 SQL 视图中查看或改变 SQL 语句，进而改变查询。

打开查询的数据表视图，在菜单栏中选择"视图 | SQL 视图"命令，打开 SQL 视图，如图 4-26 所示。

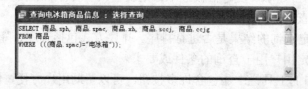

图 4-26 查询 SQL 视图

4.3.2 查询条件

"条件"是指在查询中用来限制检索记录的表达式，它是算术运算符、逻辑运算符、常量、字段值和函数等的组合。通过条件可以过滤掉很多不需要的数据。

1. 简单条件表达式

简单条件表达式有字符型、数字型和表示空字段值的条件表达式，如表 4-2 所示。

表 4-2　简单条件表达式示例

表达式类型	条　　件	功　　能
字符型	"电冰箱"	表示字段值等于"电冰箱"的字符串
数字型	1600	表示字段值等于数字 1600
空字段值	Is null	表示为空白的字段值
	Is Not Null	表示不为空白的字段值

2. 操作符

操作符主要有比较操作符、字符运算符和逻辑运算符。

1）比较操作符如表 4-3 所示。

表 4-3　比较操作符

运算符	含　　义	运算符	含　　义
>	大于	<=	小于等于
>=	大于等于	<>	不等于
<	小于	=	等于
Between…And	在两者之间		

2）字符运算符如表 4-4 所示。

表 4-4　字符运算符

运算符	说　　明
Not	当 Not 连接的表达式为真时，整个表达式为假
And	当 And 连接的表达式都为真时，整个表达式为真，否则为假
Or	当 Or 连接的表达式有一个为真时，整个表达式为真，否则为假

3）逻辑运算符如表 4-5 所示。

表 4-5　逻辑运算符

操作符	形　　式	含　　义
And	<表达式 1>And<表达式 2>	限制字段值必须同时满足<表达式 1>和<表达式 2>
Or	<表达式 1>Or <表达式 2>	限制字段值只要满足<表达式 1>和<表达式 2>中的一个即可
Not	Not<表达式>	限制字段值不能满足<表达式>的条件

3. 函数

Access 提供了大量的标准函数，如数值函数、字符函数、日期/时间函数和统计函数等。利用这些函数可以更好地构造查询准则，也为用户更准确地进行统计计算、实现数据处理提供了有效的方法。表 4-6～表 4-9 分别给出了四种类型函数的说明。

表 4-6   数值函数

函　　数	说　　明
Abs（数值表达式）	返回数值表达式值的绝对值
Int（数值表达式）	返回数值表达式值的整数部分
Srq（数值表达式）	返回数值表达式值的平方根
Sgn（数值表达式）	返回数值表达式的符号值。当数值表达式值大于 0 时返回值为 1；当数值表达式值等于 0 时返回值为 0；当数值表达式值小于 0 时返回值为-1

表 4-7   字符函数

函　　数	说　　明
Space（数值表达式）	返回由数值表达式的值确定的空格个数组成的空字符串
String（数值表达式，字符表达式）	返回由字符表达式的第 1 个字符重复组成的长度为数值表达式值的字符串
Left（字符表达式，数值表达式）	返回从字符表达式左侧第 1 个字符开始长度为数值表达式值的字符串
Right（字符表达式，数值表达式）	返回从字符表达式右侧第 1 个字符开始长度为数值表达式值的字符串
Len（字符表达式）	返回字符表达式的字符个数
Mid（字符表达式，数值表达式 1[，数值表达式 2]）	返回从字符表达式中第数值表达式 1 个字符开始，长度为数值表达式 2 个的字符串。数值表达式 2 可以省略，若省略则表示从第数值表达式 1 个字符开始直到最后一个字符为止

表 4-8   日期/时间函数

函　　数	说　　明
Day（date）	返回给定日期 1~31 的值。表示给定日期是一个月中的哪一天
Month（date）	返回给定日期 1~12 的值。表示给定日期是一年中的哪个月
Year（date）	返回给定日期 100~9999 的值。表示给定日期是哪一年
Weekday（date）	返回给定日期 1~7 的值。表示给定日期是一周中的哪一天
Hour（date）	返回给定小时 0~23 的值。表示给定时间是一天中的哪个钟点
Date（）	返回当前的系统日期

表 4-9   统计函数

函　　数	说　　明
Sum（字符表达式）	返回字符表达式中值的总和。字符表达式可以是一个字段名，也可以是一个含字段名的表达式，但所含字段应该是数字数据类型的字段
Avg（字符表达式）	返回字符表达式中值的平均值。字符表达式可以是一个字段名，也可以是一个含字段名的表达式，但所含字段应该是数字数据类型的字段
Count（字符表达式）	返回字符表达式中值的个数。字符表达式可以是一个字段名，也可以是一个含字段名的表达式，但所含字段应该是数字数据类型的字段
Max（字符表达式）	返回字符表达式中值的最大值。字符表达式可以是一个字段名，也可以是一个含字段名的表达式，但所含字段应该是数字数据类型的字段
Min（字符表达式）	返回字符表达式中值的最小值。字符表达式可以是一个字段名，也可以是一个含字段名的表达式，但所含字段应该是数字数据类型的字段

在 Access 中建立查询时，经常会使用文本值作为查询的准则，以文本值作为准则的示例和功能说明如表 4-10 所示。

表 4-10 使用文本值作为准则示例

字段名称	准 则	功 能
客户姓名	"张磊"	查询客户姓名为张磊的记录
生产厂家	Like "青岛*"	查询生产厂家以"青岛"开头的记录
生产厂家	Not "青岛海尔集团"	查询所有生产厂家不是青岛海尔集团的记录
客户姓名	In ("张磊", "王洪飞") 或"张磊" or "王洪飞"	查询姓名为张磊或王洪飞的客户记录
经手人姓名	Left ([姓名], 1) ="赵"	查询所有姓赵的经手人记录
客户号	Mid ([客户号], 3, 2) ="02"	查询客户号第3位和第4位为02的记录

在 Access 中建立查询时，有时需要以计算或处理日期所得到的结果作为准则，应用示例和功能说明，如表 4-11 所示。

表 4-11 使用处理日期结果作为准则示例

字段名称	准 则	功 能
订货时间	Between #2006-1-1# And #2006-12-31# 或 Year ([订货时间]) =2006	查询 2006 年的订货记录
订货时间	Month ([订货时间]) =Month (Date ())	查询本月的订货记录
订货时间	Year([订货时间])=2007And Month([订货时间]) =3	查询 2007 年 3 月订货的记录
需要时间	>Date () -30	查询 30 天需要付货的记录

4.3.3 使用查询设计视图

使用查询向导只能创建一些简单的查询，而且实现的功能也很有限。有时需要设计更加复杂的查询，以满足实际的功能上的需要。此时就可以利用查询设计视图，它比查询向导的功能强大，而且应用设计视图不仅可以从头设计一个查询，而且还可以用来对一个已有的查询进行编辑和修改。

1. 向查询中添加表或查询

如果当前查询"设计"视图中显示的表或查询还不能满足所要建立的查询需要，这时就要将新的表或查询添加到查询的"设计"视图的上半部分，如果必要还应该建立表（查询）与表（查询）之间的联系关系。具体操作步骤如下。

1）在数据库窗口中单击查询对象按钮，选择要修改的查询，然后单击数据库窗口上的"设计"按钮，此时会在"设计"视图中打开所选择的查询，如图 4-27 所示。

2）选择"查询|显示表"命令，弹出"显示表"对话框，如图 4-28 所示。依次单击要添加的表和查询。

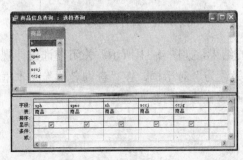

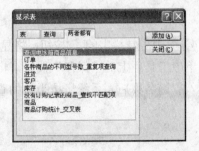

图 4-27 查询"商品"信息的设计视图　　　　图 4-28 "显示表"对话框

3）添加完毕后，单击"关闭"按钮，关闭"显示表"对话框。

2. 在查询中连接多个表或查询

如果当前的查询中包含了多个表，表与表之间应该建立链接，否则设计完成的查询将按完全连接生成查询结果。在添加表或查询的时候，如果所添加的表或查询之间已经建立了关系，则在添加表或查询的同时也添加新的连接。

要建立表或查询间的连接，可以在查询"设计"视图中从表或查询的字段列表中将一个字段拖到另一个表或查询字段列表的相等字段上，即具有相同或兼容的数据类型且包含相似数据的字段。用这种方式进行连接，只有当连接字段的值相等时，Access 才全从两个表或查询中选取记录。

【例 4-5】在"商品进销管理系统"中查询商品信息、订货数量及客户姓名。具体操作步骤如下。

1）打开"商品进销管理系统"数据库，选择"查询"对象，双击"在设计视图中创建查询"选项，打开查询设计窗口，并且弹出"显示表"对话框。

2）从"显示表"对话框中选择表：商品、订单、客户，单击"添加"按钮或双击表名将其添加到查询设计视图中，单击"关闭"按钮，完成查询所需的对象的添加，如图 4-29 所示。

3）单击查询设计区中字段的空白格处，会出现一个下拉按钮，单击该按钮即可打开下拉列表，其中列出了所有已经被选择的表或查询包含的所有字段。从中选择所需的字段，如图 4-30 所示。

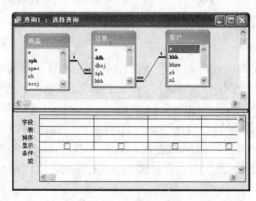

图 4-29   查询设计视图

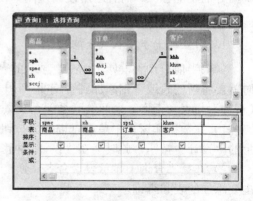

图 4-30   为查询选择字段

4）单击工具栏上的 按钮，将显示查询的结果，如图 4-31 所示。关闭查询设计视图或单击工具栏上的"保存"按钮，将弹出"另存为"对话框，在"查询名称"文本框中输入查询名称后，系统将按指定的查询名称存放在查询对象列表中。

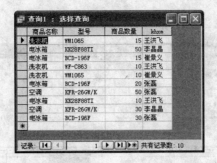

图 4-31 查询结果

3. 从查询中删除表或查询

如果当前查询中的某个表或查询已经不再需要，可以将其从查询中删除。如果要删除当前查询中不再需要的表或查询，首先在查询"设计"视图中打开查询，然后在查询"设计"视图窗口上部单击要删除的表或查询，最后按 Delete 键，完成删除。或者在选中的表的标题栏上单击鼠标右键，在弹出的快捷菜单中选择"删除"命令即可，如图 4-32 所示。

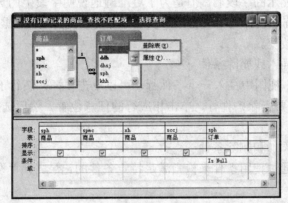

图 4-32 从快捷菜单中选取命令删除表

4. 在查询"设计"视图中操作字段

在查询"设计"视图中可以方便地添加和删除字段，或更改字段、插入和删除准则、排序记录、显示和隐藏字段等。

（1）添加和删除字段

要在设计网格中添加字段，可以从字段列车中将这个字段拖动到设计网格的列中，或者双击字段列表中的字段名。要删除设计网格中的字段，可以单击列选定器选定该列，然后按 Delete 键，如图 4-33 所示，被选定的列将显示反色。

（2）移动查询设计网格中的字段

查询网格中字段的排列顺序与查询结果记录的排列顺序无关，但是可以通过移动设计网格中的字段，改变生成的最终查询中字段的排列顺序。如果要移动字段，首先单击相应字段的列选定器，然后拖动到目标位置。也可以在需要移动的列的列选定器上单击鼠标右键，在弹出的快捷菜单中选择"剪切"命令，然后在目标位置上单击鼠标右键，在弹出的快捷菜单中选择"粘贴"命令即可。

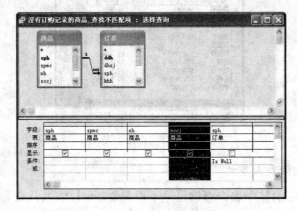

图 4-33 选定列的删除

（3）在查询中更改字段名

将查询的源表或查询的字段拖放到设计网格中以后，查询自动将源表或查询的字段作为查询结果中要显示的字段名。但是为了更准确地说明字段中的数据，可以改变这些字段的名称。在查询的设计网格中更改字段名，将仅改变查询"数据表"视图中的标题，源表的字段名不会改变。

（4）在查询中插入或删除条件行

在查询"设计"视图中插入一个条件行，可以单击要插入新行下方的行，然后选择"插入|行"命令。要删除条件行，单击相应行的任意位置，然后选择"编辑|删除行"命令。

（5）在查询中添加和删除条件

在查询中可以通过使用条件来检索满足特定条件的记录。在"设计"视图中可以完成条件的添加和删除。

给查询添加条件步骤如下。

- 在查询"设计"视图中打开查询。
- 单击要设置条件的字段的第一个"条件"单元格。
- 通过输入或使用"表达式生成器"来输入条件表达式。如果要显示"表达式生成器"，首先用鼠标右键单击"条件"单元格，然后在弹出的快捷菜单中选择"生成器"命令，弹出"表达式生成器"对话框，如图 4-34 所示。
- 如果要在相同字段或在其他字段中输入另一个表达式，将光标移动到适当的"条件"单元格中并且输入表达式。

（6）在查询设计网格中更改列宽

如果查询的"设计"视图中设计网格的列宽不足以显示相应内容时，可以调整列宽满足要求。首先将鼠标指针移动到要更改列宽的列选定器的右边框，使指针变成双向箭头，向左拖动边框使列变窄，反之变宽。双击可以调整列成为设计网格中可见输入项的最大宽度。

（7）使用查询设计网格排序记录

使用查询的"设计"视图所设计的查询，如果未指定，在查询运行时记录并不进行排序，如果需要使记录以某种顺序排列，必须明确指定排序顺序。

在要排序的每个字段的"排序"单元格中单击所需的选项，如图 4-35 所示。单击工具栏上的"视图"按钮，可以查看排序结果。

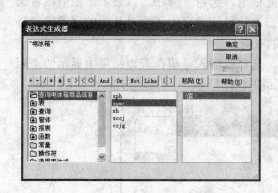
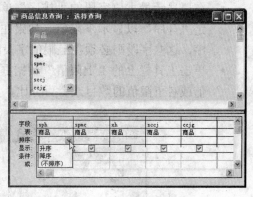

图 4-34　"表达式生成器"对话框　　　　图 4-35　选择排序方式

（8）使用"*"

如果某个表中所有的字段都包含在查询中，可以分别选择每个字段，也可以使用"*"通配符。

使用星号"*"后，查询结果将自动包含创建查询后添加到基础表或查询中的字段，并自动排除已经删除的字段。

（9）对字段进行计算

可以通过指定计算的类型，对字段中的值求和或者使用数据进行其他计算。在工具栏单击"总计"按钮 Σ，然后在总计行选择计算的类型，如"分组"、"计数"或"平均值"，对设计网格中相应字段的所有记录都计算一个数值。使用"分组"则对字段中的几组记录分组计算数值。指定计算类型如图 4-36 所示。

图 4-36　指定计算类型

（10）控制查询中显示的记录数

可以在查询的数据表中只显示字段值在某个上限或下限之间的记录，或者只是显示总记录中最大或者最小百分比数量的记录。

控制显示记录具体操作步骤如下。

- 在设计网格中，添加希望在查询结果中显示的字段，包括要显示上限值的字段。
- 在要显示最大值字段的"排序"单元格里，选定"降序"以显示上限值或者选定"升序"以显示下限值。如果在查询的设计网格中还要对其他的字段进行排序，这些字段则必须在上限值字段的右侧。
- 单击工具栏上的"上限值"数据框，选择或输入希望在查询结果中显示的上限值或者下限值的数目或者百分比，如图 4-37 所示。

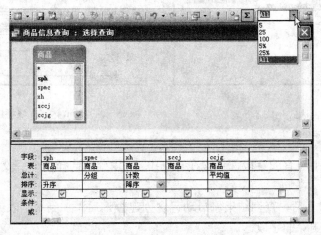

图 4-37　设置记录的上下限

4.4　高级查询的创建

前面介绍的查询较为简单，用起来不一定方便。Access 提供了一些高级的查询，可以帮助完成一个特定的任务或实现一个较为复杂的查询。Access 的高级查询主要包括 4 类：参数查询、交叉表查询、操作查询和 SQL 查询。其中，操作查询又分为生成表查询、更新查询、追加查询、删除查询。

4.4.1　参数查询

前面所建的查询，无论是内容，还是条件都是固定的，如果用户希望根据不同的条件来查找记录，就需要不断建立查询，这样做很麻烦。为了方便用户的查询，Access 提供了参数查询。参数查询是动态的，它利用对话框提示用户输入参数并检索符合所输入参数的记录或值。

要创建参数查询，必须在查询列的"条件"单元格中输入参数表达式（括在方括号中），而不是输入特定的条件。运行该查询时，Access 将显示包含参数表达式文本的参数提示框。在输入数据后，Access 使用输入的数据作为查询条件。

【例 4-6】创建"按客户姓名查询订货情况"的查询。具体操作步骤如下。

1）在"数据库"窗口对象列表下选中"查询"，双击"在设计视图中创建查询"，打开查询设计窗口，并弹出"显示表"对话框，依次双击"商品"、"订单"和"客户"表，关闭"显示表"对话框。

2）在查询设计视图的字段列表区依次双击"商品"表中的"spmc"（商品名称）、"xh"（型号）、订单表中的"spsl"（商品订货数量）字段和客户表中的"khxm"（客户姓名）字段，将其加入到设计网格的"字段"行中。

3）在"khxm"（客户姓名）字段列的"条件"行中输入"[请输入客户姓名：]"，并撤销"显示"复选框，如图 4-38 所示。

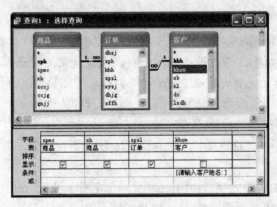

图 4-38　查询设计视图

4）单击工具栏上的"保存"按钮，弹出"另存为"对话框，将查询命名为"按客户姓名查询订货情况"，单击"确定"按钮，完成查询的设计过程。

运行查询时会首先弹出"输入参数值"消息框，如图 4-39 所示。在"请输入客户姓名："后的文本框中输入指定客户姓名，单击"确定"按钮，会看到查询结果，如图 4-40 所示。

创建参数查询时，不仅可以使用一个参数，也可以使用两个或两个以上的参数。多个参数查询的创建过程与一个参数查询的创建过程完全一样，只是在查询设计视图窗口中将多个参数的条件都放在"条件"行上，如图 4-41 所示的"按商品名称和生产厂家查询商品"，运行查询时会依次弹出两个"输入参数值"的消息框。

图 4-39　"输入参数值"消息框

图 4-40　查询结果

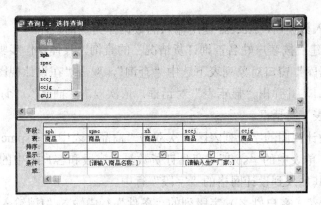

图 4-41　多参数查询设计视图

4.4.2　交叉表查询

在前面介绍了利用向导创建对一个表或查询的交叉表查询，如果要从多个表或查询中创建交叉表查询，可以在查询设计视图中自己来设计交叉表查询。

【例 4-7】利用交叉表查询完成 2006 年每类商品的订货情况统计，查询包括商品名称、订货客户姓名、订货数量、总数等信息。具体操作步骤如下。

1）选择新建查询，添加查询所需要的表：商品、客户、订单。

2）单击工具栏中的"查询类型"按钮 右侧的下拉按钮，在下拉列表中选择"交叉表查询"。

3）在字段行添加所需的字段："spmc"（商品名称）、"khxm"（客户姓名）、"spsl"（商品订货数量）、订货总数和"dhsj"（订货时间）。

4）为每个字段设置"总计"和"交叉表"栏，具体设计如图 4-42 所示。

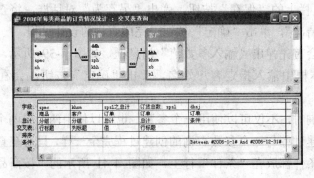

图 4-42　交叉表查询字段设置

5）执行查询，得到查询结果集，如图 4-43 所示。

图 4-43　交叉表查询结果

注意： 由于交叉表查询是由行标题和列标题组成的对数据的汇总，所以交叉表查询至少要具有 3 项内容：行标题、列标题和值。

行标题：设置为"行标题"的字段中的数据将作为交叉表的行标题，在一个交叉表查询中可以有多个行标题，但不能超过三个。

列标题：设置为"列标题"的字段中的数据将作为交叉表的列标题，一个交叉表查询中只能有一个字段作为列标题。

值：设置为"值"的字段是交叉表中行标题和列标题相交单元格内的显示内容。在一个交叉表查询中只能有一个字段作为"值"。

4.4.3 操作查询

选择查询从表中检索数据，通过利用表达式对字段中的数据进行计算来筛选数据。但是，如果要修改数据，就要使用操作查询。

Access 中有 4 种类型的操作查询：更新查询（替换现有数据）、追加查询（在现有表中添加新记录）、删除查询（从现有表中删除记录）、生成表查询（创建新表）。

1. 保护数据

创建操作查询时，首先要保护数据，因为操作查询会改变数据。在多数情况下，这些改变是不能恢复的，这就意味着操作查询具有破坏数据的能力。在使用删除、更新或追加查询时，如果希望更新操作更安全一些，就应该先对相应的表进行备份，然后再运行操作查询。

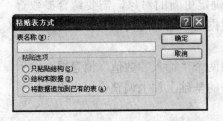

图 4-44 "粘贴表方式"对话框

创建表的备份的操作步骤如下。

1）单击数据库窗口的表，按 Ctrl+C 组合键。

2）按 Ctrl+V 组合键，Access 会弹出"粘贴表方式"对话框，如图 4-44 所示。

3）为备份的表指定新表名。

4）选中"结构和数据"选项，然后单击"确定"按钮，将新表添加到数据库窗口中，此备份的表和原表完全相同。

2. 更新查询

如果要对数据表中的某些数据进行有规律的成批的更新替换操作，就可以使用更新查询来实现。

【例 4-8】 将"商品"表中生产厂家为"青岛海尔集团"的记录改为"海尔集团"。具体操作步骤如下。

1）在"数据库"窗口对象列表下选中"查询"，双击"在设计视图中创建查询"，打开查询设计窗口，并弹出"显示表"对话框，双击"商品"表，关闭"显示表"对话框。

2）双击查询设计视图中字段列表区"商品"表中的"sccj"（生产厂家）字段，将它加入到设计网格的"字段"行中。

3）在菜单栏中选择"查询|更新查询"命令，此时可以看到在查询设计视图中新

增一个"更新到"行，在"条件"行中输入"青岛海尔集团"，在"更新到"行中输入"海尔集团"，如图 4-45 所示。

图 4-45　更新查询设计视图

4）单击工具栏上的"保存"按钮，弹出"另存为"对话框，给查询命名为"更新生产厂家"，单击"确定"按钮，完成查询的设计过程。

图 4-46　更新查询提示框

运行查询时会弹出如图 4-46 所示的提示框，确定要修改请选择"是"，在数据表视图中打开"商品"表会发现修改后的结果；放弃修改请选择"否"。

在实际的应用过程中更新查询往往还需要通过用户指定更新参数来确定更新的对象，需要结合参数查询来实现，如图 4-47 所示的查询设计视图，就是根据用户输入的商品名称来对出厂价格进行调整。

运行查询会依次出现如图 4-48 和图 4-49 所示的两个"输入参数值"消息框，输入输入商品名称和调整价格后，查询将在原有出厂价格的基础上加上调整价格来更新出厂价格。

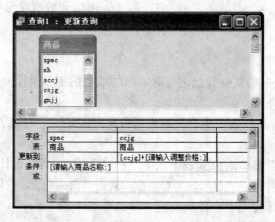

图 4-47　带有参数的更新查询设计视图

Access 数据库程序设计

图 4-48 "输入调整价格"消息框　　　　图 4-49 "输入商品名称"消息框

3. 追加查询

如果需要从数据库的某个数据表中筛选数据，可以使用选择查询。如果需要将这些筛选出来的数据追加到另外一个结果相同的数据表中，则必须使用追加查询。因此，可以使用追加查询从外部数据源中导入数据，然后将其追加到现有表中，也可以从其他的Access数据库甚至同一数据库的其他表中导入数据。与选择查询和更新查询类似，追加查询的范围也可以利用条件加以限制。

【例 4-9】将"订单"表中未发货的商品记录追加到一个结构类似、内容为空的表中。具体操作步骤如下。

1）使用前面介绍的方法，创建"订单"表结构的副本（由于只需要复制表的结构，不需要复制数据，所以在"粘贴选项"列表中点选"只粘贴结构"单选按钮），将副本命名为"未发货商品"，如图 4-50 所示。

2）在"数据库"窗口对象列表下选中"查询"，双击"在设计视图中创建查询"，打开查询设计视图，并弹出"显示表"对话框，双击"订单"表，关闭"显示表"对话框。

3）在查询设计视图的字段列表区，双击"订单"表中的星号，将其加入到设计网格的"字段"行中。再双击"sffh"（是否发货）字段，将其加入到设计网格中。

4）在菜单栏中选择"查询|追加查询"命令，弹出"追加"对话框，在"表名称"下拉列表中选定"未发货商品"，如图 4-51 所示，然后单击"确定"按钮。

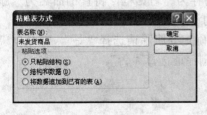

图 4-50 "粘贴表方式"对话框　　　　图 4-51 "追加"对话框

5）回到设计视图，删除"sffh"（是否发货）字段下"追加到"行中的内容，并在条件行中添加"no"，如图 4-52 所示。

6）单击工具栏上的"保存"按钮，给查询命名，单击"确定"按钮，完成查询的设计过程。

运行查询时会弹出如图 4-53 所示的提示框，确定要追加请选择"是"，在数据表视图中打开"未发货商品"会发现追加后的结果；放弃追加请选择"否"。

图 4-52　追加查询的设计视图　　　　　　　图 4-53　"追加查询"提示框

4. 删除查询

如果需要从数据库的某个数据表中有规律地成批删除一些记录，可以使用删除查询来解决。应用删除查询对象成批地删除数据表中的记录，应该指定相应的删除条件，否则就会删除数据表中的全部数据。

【例4-10】删除"商品"表中商品号为"21000001"的记录。具体操作步骤如下。

1）在"数据库"窗口对象列表下选中"查询"，双击"在设计视图中创建查询"，打开查询设计视图，并弹出"显示表"对话框，双击"商品"表，关闭"显示表"对话框。

2）在查询设计视图的字段列表区，双击"商品"表中的"sph"（商品号）字段，将它加入到设计网格的"字段"行中。

3）在菜单栏中选择"查询|删除查询"命令，即可看到在查询设计视图中新增了一个"删除"行，该行中有 Where 字样。

4）在查询设计视图中的"条件"行中输入删除条件"21000001"，如图4-54所示。

5）单击工具栏上的"保存"按钮，弹出"另存为"对话框，将查询命名为"删除商品21000001"，单击"确定"按钮，完成查询的设计过程。

运行查询时会弹出如图4-55所示的提示框，确定要删除请选择"是"，在数据表视图中打开"商品"表会发现删除后的结果；放弃删除请选择"否"。

图 4-54　删除查询设计视图　　　　　　　图 4-55　"删除查询"提示框

5. 生成表查询

生成表查询是从一个或多个表的全部或部分数据中创建新数据表。实际上在 Access 数据系统中，如果用户需要反复使用同一个选择查询从几个数据表中提取数据，最好能把这个选择查询提取的数据存储为一个数据，这样可以大大提高查询的效率。

【例4-11】创建用户"张磊"订购"空调"信息的生成表查询。具体操作步骤如下。

1）在"数据库"窗口对象列表下选中"查询"，双击"在设计视图中创建查询"，打开查询设计视图，并弹出"显示表"对话框，分别添加"商品"表、"订单"表和客户表，关闭"显示表"对话框。

2）从字段列表中将要包含在新表中的字段拖动到查询设计网格。

3）对于拖动到网格的字段，如果需要"条件"，可以单元格里输入"条件"。最终设计结果如图4-56所示。

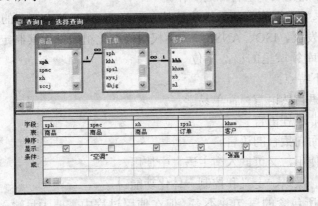

图4-56 查询设计结果

4）在查询的"设计"视图中，单击工具栏中的"查询类型"按钮右侧的下拉按钮，然后在下拉列表框中选择"生成表查询"命令将"选择查询"转换为"生成表查询"，这时弹出一个"生成表"对话框，如图4-57所示。输入所要创建的表的名称"张磊订购空调记录"，点选"当前数据库"单选按钮（默认值）。

图4-57 "生成表"对话框

5）如果在新建表之前需要预览新表，可以单击工具栏上的"视图"按钮。如果要回到查询设计视图并作一些修改或执行查询，可以单击工具栏中的"设计视图"按钮。

6）如果要新建表，可以单击工具栏上的"运行"

图4-58 生成新表消息框

按钮□。在新建表之前，Access 会弹出一个消息框，询问用户是否要生成一个新表，如图 4-58 所示。单击 "是"，Access 数据库系统就会自动建立一个新表。

✐注意：利用 "生成表向导" 生成的新表，不能使用 "撤销" 命令恢复所做的修改。

4.5 SQL 查 询

在使用数据库的过程中，经常会用到一些查询，但这些查询用各种查询向导和设计器都无法做出来，此时使用 SQL 查询就可以完成比较复杂的查询工作。SQL 作为一种通用的数据库操作语言，并不是 Access 用户必须要掌握的，但在实际的工作中有时必须用到这种语言才能完成一些特殊的工作。

当今所有关系型数据库管理系统都是以 SQL 为核心的。SQL 概念的建立起始于 1974 年，随着 SQL 的发展，ISO、ANSI 等国际权威标准化组织都为其制定了标准，从而建立了 SQL 在数据库领域里的核心地位。

SQL 具有以下特点：

- 类似于英语自然语言，简单易学。
- 它是一种非过程语言。
- 它是一种面向集合的语言。
- 既可独立使用，又可嵌入宿主语言中使用。
- 具有查询、操纵、定义和控制一体化功能。

单纯的 SQL 所包含的语句并不多，但在使用过程中需要大量输入各种表、查询和字段的名字。这样当建立一个涉及大量字段的查询时，就需要输入大量文字，与用查询设计视图建立查询相比就麻烦多了。所以，在建立查询的时候应该先在查询设计视图中将基本的查询功能都实现，最后再切换到 SQL 视图通过编写 SQL 语句完成一些特殊的查询。

4.5.1 SELECT 语句

在 SQL 查询中，SELECT 语句构成了 SQL 数据库语言的核心，其主要功能是实现数据源数据的筛选、投影和连接操作，并能够完成筛选字段的重命名、对数据源数据的组合、分类汇总、排序等具体操作，具有非常强大的数据查询功能。

SELECT 语句的语法包括五个主要的子句，其一般结构如下：

```
SELECT [ALL | DISTINCT] <字段列表>
FROM <表或查询列表>
[WHERE] <条件表达式>
[GROUP BY <列名>
[HAVING <条件表达式>]]
[ORDER BY <列名> [ASC | DESC]];
```

在 SELECT 语法格式中，方括号所括部分为可有可无的内容，尖括号内为必写内容。

各个参量的说明如下。

　　WHERE：只筛选满足给定条件的记录。

　　GROUP BY：根据所列字段名分组。

　　HAVING：分组条件，设定 GROUP BY 后，设定应显示的记录。

　　ORDER BY：根据所列字段名排序。

可以利用 SQL 查询实现前面所讲的各种查询，如下所示。

1. 选择查询

例如，查询电冰箱商品的信息：

```
SELECT sph, spmc, xh, sccj, ccjg
FROM 商品
WHERE spmc="电冰箱";
```

2. 计算查询

例如，计算各种商品的不同型号数：

```
SELECT First(spmc) AS [商品名称], Count(spmc) AS [型号数]
FROM 商品
GROUP BY spmc
HAVING Count(商品.spmc)>1;
```

3. 参数查询

例如，按商品名称和生产厂家查询商品信息：

```
SELECT sph, spmc, xh, sccj, ccjg
FROM 商品
WHERE (spmc=[请输入商品名称:]) AND (sccj=[请输入生产厂家:]);
```

4.5.2 联合查询

联合查询可以将两个或两个以上的表或查询所对应的多个字段的记录合并为一个查询表中的记录。执行联合查询时，将返回所包含的表或查询中对应字段的记录。创建联合查询的唯一方法是使用 SQL 窗口。

【例 4-12】联合查询将"商品"表中的"sph"（商品号）、"spmc"（商品名称）和"xh"（型号）字段与"商品 1"表中的相应字段合并起来。具体操作步骤如下。

1）在数据库窗口的"对象"列表中单击"查询"，单击数据库窗口工具栏上的"新建"按钮，选择"设计视图"，然后单击"确定"按钮。

2）关闭"显示表"对话框。

3）选择"查询 | SQL 特定查询 | 联合"命令。

4）在窗口中添加 SQL 语句，如果不需要返回重复记录，可以输入带有 Union 运算的 SQL Select 语句；如果需要返回重复记录，可以输入带有 Union All 运算的 SQL Select

图 4-59 SQL 语句

语句。每条 Select 语句必须同一顺序返回相同数量的字段。对应的字段要有兼容的数据类型，如图 4-59 所示。

4.5.3 传递查询

Access 传递查询可直接将命令发送到 ODBC 数据库服务器。使用传递查询，不必连接服务器上的表，就可直接使用相应的表。使用传递查询会为查询添加三个新属性，具体如下。

1）ODBC 连接字符串：指定 ODBC 连接字符串，默认值为"ODBC"。

2）返回记录：指定查询是否返回记录，默认值为"是"。

3）日志消息：指定 Access 是否将来自服务器的警告和信息记录在本地表中，默认值为"否"。

可以按照下面的步骤创建一个传递查询。

1）在数据库窗口的"对象"列表中单击"查询"，单击数据库窗口工具栏上的"新建"按钮，选择"设计视图"，然后单击"确定"按钮。

2）关闭"显示表"对话框。

3）在菜单栏中选择"查询 | SQL 特定查询 | 传递"命令，打开"SQL 传递查询"窗口。

4）单击"属性"显示查询的属性页，设置"ODBC 连接字符串"属性。该属性将指定 Access 执行查询所需的连接信息，如图 4-60 所示。可以输入连接信息，或单击"生成"按钮，以获得关于要连接的服务器的必要信息。

5）在 SQL 传递查询窗口中输入查询。

6）单击"运行"按钮，执行该查询。

图 4-60 查询属性

4.5.4 数据定义查询

数据定义查询是 SQL 的一种特定查询。使用数据定义查询可以在数据库中创建或更改对象。使用数据定义查询可以在当前数据库中创建、删除、更改表或创建索引，每个数据定义查询只包含一条数据定义语句。

用 SQL 数据定义查询来处理表或索引的操作步骤如下。

1）在数据库窗口的"对象"列表中单击"查询"，单击数据库窗口工具栏上的"新建"按钮，选择"设计视图"，然后单击"确定"按钮。

2）关闭"显示表"对话框。

3）在菜单栏中选择"查询 | SQL 特定查询 | 数据定义"命令，打开"数据定义查询"窗口。

4）在"数据定义查询"窗口中输入 SQL 语句。

Access 支持下列数据定义语句。

1. 建立数据表

定义数据表的格式如下：

```
CREATE TABLE 表名
(列名 1 数据类型 1 [NOT NULL]
[,列名 2 数据类型 2 [NOT NULL]]…)
[IN 数据库名]
```

一个表可以定义一列或者多个列，列定义需要说明列名、数据类型，并指出列值是否允许为空值（NULL）。如果某列作为表的关键字，应该定义该列为非空（NOT NULL）。Access 中支持如下常用的数据类型说明。

- Integer：整字长的二进制整数。
- Decimal(m，[n])：十进制数，m 为数的位数，n 为小数点位数。
- Float：双字长浮点数。
- Char(n)：长度为 n 的定长字符串。
- Memo：备注型

2. 修改数据表

修改数据表的 SQL 语句如下：

```
ALTER TABLE 表名 ADD 列名 数据类型
```

运行该语句后，在已经存在的数据表中将增加一列：

```
ALTER TABLE 表名 DROP 列名
```

运行该语句后，在已经存在的数据表中将删除指定的列。

3. 删除数据表

删除数据表的格式如下：

```
DROP TABLE 表名
```

DROP TABLE 删除一个已经存在的基表，在基表上定义的所有视图和索引也一起被删除。

4.6 查 询 优 化

有时候查询的基表中的数据量可能会很大，这时候就必须对查询进行一定地优化，优化后的查询将会重新组织记录，从而加快查询的执行速度。

4.6.1 查询优化的规则

在一般情况下，通过下列规则可以达到优化查询的目的。

1）如果窗体或报表的"记录源"属性设置为 SQL 语句，可以将 SQL 语句另存为查询，然后将"记录源"属性设置为查询的名称。

2）如果要对 ODBC 数据源进行大量更新查询，可将"出错中止"属性设置为"是"，以优化服务器的性能。

3）如果数据不经常改动，则使用生成表查询，通过查询结果来创建表。

4）使用生成的表而不是查询作为窗体、报表或者其他查询的基础，并要确保根据所建议的指导来添加索引。

5）避免使用域聚合函数（如 DLookUp 函数）访问表的数据。

6）如果要创建交叉表查询，应该尽量使用固定的列标题。

4.6.2 查询表达式优化的规则

除了上面的基本优化规则外，还可以通过压缩数据库、创建索引和关系、合理定义字段和避免计算字段等方法来优化查询。

1. 压缩数据库

压缩数据库能够加速查询，压缩将重新组织表中的记录，使这些记录在相邻的数据库页中按照表的主键顺序重新定位。这样将改进顺序扫描表中记录时的性能，这是因为只需要读入最小数量的数据库页即可获得全部记录。在压缩数据库之后，要使用更新过的表统计信息来执行每个查询，对数据库要进行编译。

2. 创建索引和关系

为用于设置查询条件的字段和联接两边的字段编制索引，或者创建这些字段间的关系很重要。在创建关系时，如果没有索引，Microsoft Jet 数据库引擎将在外部键上创建索引，否则会使用已有的索引。如果 Access 的表很小并且联接的字段已经有索引，则 Microsoft Jet 数据库引擎将会自动优化相应的联接查询，该查询联接硬盘中的 Access 表和 ODBC 服务器的表。在这种情况下，Access 将通过从服务器请求必要的记录来改善性能，用户则要确保已经在联接字段索引了不同来源的联接的表。

3. 合理定义字段

在定义表中的字段时，要选择适合该字段数量最小的数据类型。对于用于联接的字段需要赋予相同的或相兼容的数据类型。在创建查询时，只添加必要字段。在用于设置条件的字段中，如果不想显示某些字段，则清除"显示"单元格中的复选框。

4. 避免计算字段

在 Access 查询中应当尽量避免在子查询中使用计算字段。如果将一个包含计算字段的查询添加到另一个查询中，则计算字段中的表达式可能影响到最上层查询的性能。

如果合计查询包含某个联接，就要考虑在一个查询中对记录加以分组，并将该查询添加到执行连接的单独查询中。这样可以改善查询的特性。

另外，在查询中包含有大量的表达式，表达式的使用在很大程度上对查询的效率产生影响。然而用户一般是无法干预表达式优化的。因此，在使用了上述规则后，在一般情况下就达到了优化查询的目的。

第 5 章

窗体的创建和使用

窗体是 Access 数据库中的一种对象，是数据库用户和 Access 应用程序之间的主要接口。通过窗体用户可以方便地输入数据、编辑数据、显示和查询表中数据。利用窗体可以将整个应用程序组织起来，形成一个完整的应用系统。

5.1 窗 体 概 述

窗体是 Access 数据库应用中非常重要的一个对象，可以通过窗体提供一个具有良好界面的应用系统操作界面，使用户通过窗体来操作数据表，避免直接操作数据库使数据丢失或遭到破坏。

5.1.1 窗体的概念和作用

窗体有多种形式，不同的窗体能够完成不同的功能。窗体提供了简单自然地输入、修改、查询数据的友好界面，使用户一目了然、操作方便，一个好的窗体确实是非常有用的。窗体与数据表不同，窗体本身没有存储数据的功能，它是通过表或查询作为窗体的数据源，达到对输入数据、编辑数据、显示和查询数据的功能。窗体主要可以完成以下几种功能。

1. 显示编辑数据

这是窗体最普通的用法。窗体为自定义数据库中数据的表示方式提供了途径，可以用窗体更改或删除数据库的数据，可以在窗体中设置选项属性。

2. 控制应用程序的流程

窗体上可以放置各种命令按钮控件。用户可以通过控件做出选择并向数据库发出各种命令，窗体可以与宏一起配合使用，来引导过程动作的流程。例如，可以在窗体上放置"按钮控件"来打开窗体、运行查询和打印报表。

3. 显示信息

可以利用窗体显示各种提示信息、警告和错误信息。例如，当用户输入了非法数据时，信息窗口会告诉用户"输入错误"并提示正确的输入方法。

4. 打印数据

Access 中除了报表可以用来打印数据外，窗体也可以作为打印数据之用。一个窗体可以同时具有显示数据及打印数据的双重角色。

5.1.2　窗体的组成和结构

Access 窗体由窗体页眉、页面页眉、窗体主体、页面页脚和窗体页脚五个部分组成，如图 5-1 所示，每个部分称为一个"节"。

图 5-1　窗体设计视图

1）窗体页眉：用于显示窗体的标题和使用说明，或打开相关窗体，或执行其他任务的命令按钮。显示在窗体视图中顶部或打印页的开头。

2）页面页眉：用于在窗体中每页的顶部显示标题、列标题、日期或页码。

3）主体：用于显示窗体或报表的主要部分，该节通常包含绑定到记录源中字段的控件。但也可能包含未绑定控件，如字段或标签等。

4）页面页脚：用于在窗体和报表中每页的底部显示汇总、日期或页码。

5）窗体页脚：用于显示窗体的使用说明、命令按钮或接受输入的未绑定控件。显示在窗体视图中的底部和打印页的尾部。

以一个、多个表或查询为数据源，可根据用户的选择生成动态的数据集。

在窗体中还可以包含标签、文本框、复选框、列表框、选项组、组合框、命令按钮、图像等控件对象，这些控件对象在窗体中起不同作用。

5.1.3　窗体的类型

Access 提供了纵栏式窗体、表格式窗体、数据表窗体、主/子窗体、图表窗体和数据透视表窗体等六种窗体类型。

1. 纵栏式窗体

纵栏式窗体在窗体界面中每次只显示表或查询中的一条记录，可以占一个或多个屏幕页，记录中各字段纵向排列。

纵栏表窗体通常用于输入数据，每个字段的标签一般都放在字段左边。

2. 表格式窗体

表格式窗体在窗体的一个画面中显示表或查询中的全部记录。记录中的字段横向排列，记录纵向排列。每个字段的名称都在窗体顶部，称为窗体页眉。可通过滚动条来查看和维护其他记录。

3. 数据表窗体

数据表窗体从外观上看与数据表和查询显示数据界面相同，主要作用是作为一个窗体的子窗体。

4. 主/子窗体

窗体中的窗体称为子窗体，包含子窗体的窗体称为主窗体。通常用于显示多个表或查询的数据，这些表或查询中的数据具有一对多的关系。

主窗体只能显示为纵栏式的窗体，子窗体可以显示为数据表窗体，也可以显示为表格式窗体。子窗体中可以创建二级子窗体。

5. 图表窗体

图表窗体的数据源可以是数据表和查询。可以单独使用图表窗体，也可以将它嵌入到其他窗体中作为子窗体。Access 2003 提供了多种图表，包括折线图、柱形图、饼图、圆环图、面积图、三维条形图等。

6. 数据透视表窗体

数据透视表是一种交互式表，可动态改变版面布置，以按不同方式计算、分析数据。所进行的计算与数据在数据透视表中的排列有关。例如，可水平或垂直显示字段值，再计算每行或列的合计。可将字段值作行号或列标，在交叉点进行统计计算。

5.1.4 窗体的视图

表和查询有"数据表"和"设计"两种视图。窗体有"设计"、"窗体"和"数据表"3 种视图。

创建窗体是在设计视图中进行的，在设计视图中可以更改窗体的设计，可以添加、修改或删除控件等，可以设置窗体、各个节和控件的属性。创建了窗体以后，可以在"窗体"和"数据表"视图中进行显示。

5.2　使用窗体向导创建窗体

Access 提供了"窗体向导"、"自动创建窗体：纵栏式"、"自动创建窗体：表格式"、"自动创建窗体：数据表"、"图表向导"、"数据透视表向导"等六种制作窗体的向导。可以选择其中之一的向导，来创建所需要的窗体形式。

5.2.1 使用"自动创建窗体"创建窗体

用"自动创建窗体"可以快速地创建一个简单的单列窗体。创建的窗体可以是"纵栏式"、"表格式"或"数据表"形式。

【例 5-1】在"商品进销管理系统"数据库中，使用"商品"表创建纵栏式窗体。具体操作步骤如下。

1）在"商品进销管理系统"数据库窗口的"窗体"对象中，单击"新建"按钮，弹出"新建窗体"对话框。

2）在对话框中选择"自动创建窗体：纵栏式"选项，单击"请选择该对象数据的来源表或查询"框右侧列表框的 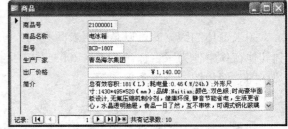 按钮,选择"商品"表选项,如图 5-2 所示。

3)单击"确定"按钮,弹出新建的以商品表为数据源的自动创建的纵栏式窗体,如图 5-3 所示。

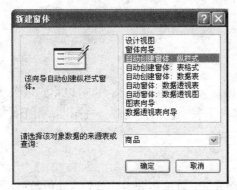

图 5-2 新建自动窗体对话框   图 5-3 "商品"表窗体

图 5-4 "另存为"对话框

4)单击工具栏上的"保存"按钮,在"另存为"对话框输入窗体名称"商品信息窗体",如图 5-4 所示,单击"确定"按钮,建立了纵栏式窗体。

使用"自动创建窗体"还可以创建"表格式"和"数据表"式的窗体,在这里不一一举例,可以自己去创建练习。

5.2.2 使用"窗体向导"创建窗体

Access 利用"窗体向导"创建的窗体,其数据源可以是一个表或查询,也可以是多个表或查询。

【例 5-2】创建数据源基于一个"客户"表的窗体。具体操作步骤如下。

1)在"商品进销管理系统"数据库窗口"窗体"对象中,单击"新建"按钮,弹出"新建窗体"对话框。

2)在对话框中选择"窗体向导"选项,单击"请选择该对象数据的来源表或查询"框右侧的列表框的 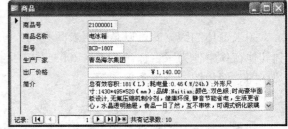 按钮,选择"客户"表。

3)单击"确定"按钮,弹出"窗体向导"对话框,在对话框中单击 >> 按钮,将"可用字段"列表中的字段全部移动到"选定的字段"中,如图 5-5 所示。

4)单击"下一步"按钮,确定窗体使用的布局,在这里选择"纵栏表"单选按钮,如图 5-6 所示。

5)单击"下一步"按钮,确定窗体所用样式,在这里选择"国际"样式,如图 5-7 所示。

6)单击"下一步"按钮,为窗体指定标题,输入"客户信息窗体",如图 5-8 所示。

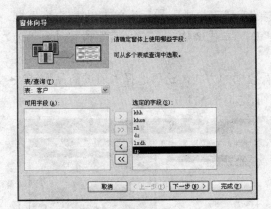

图 5-5 "窗体向导"对话框(一)

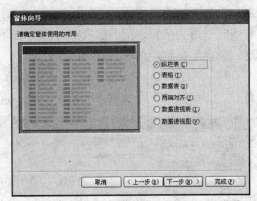

图 5-6 "窗体向导"对话框(二)

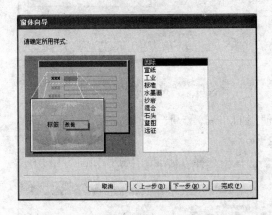

图 5-7 "窗体向导"对话框(三)

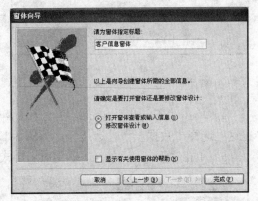

图 5-8 "窗体向导"对话框(四)

7)单击"完成"按钮,屏幕显示客户信息窗体,如图 5-9 所示。

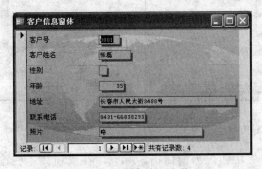

图 5-9 客户信息窗体

【例 5-3】创建数据源基于"商品"表和"进货"表两个表的主/子窗体。

具体操作步骤如下。

1)在"商品进销管理系统"数据库窗口"窗体"对象中,双击"使用向导创建窗体"选项,弹出"窗体向导"对话框。

2)在对话框中,单击"表/查询"框右侧的向下箭头按钮,从下拉表中选择"商品"

表，单击 >> 按钮，将所有字段移动到"选定的字段"框中，然后再单击"表/查询"框右侧向下箭头按钮，在下拉表中选择"进货"表，单击 >> 按钮，将所有字段移动到"选定的字段"框中，如图 5-10 所示。

3）单击"下一步"按钮，确定窗体查看数据的方式，这里选择"通过商品"选项查看，并选择"带有子窗体的窗体"单选按钮，如图 5-11 所示。

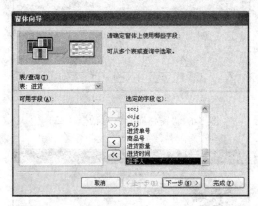

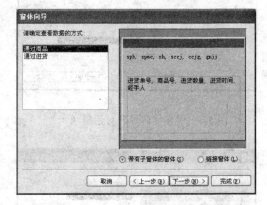

图 5-10   "窗体向导"对话框（一）   图 5-11   "窗体向导"对话框（二）

4）单击"下一步"按钮，确定子窗体使用的布局，一般子窗体布局为数据表式，在这里选择"数据表"单选按钮，如图 5-12 所示。

5）单击"下一步"按钮，确定所用样式，在这里选择"标准"样式，如图 5-13 所示。

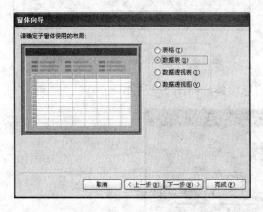

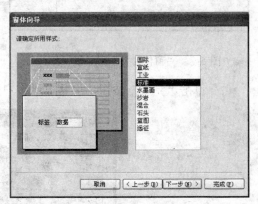

图 5-12   "窗体向导"对话框（三）   图 5-13   "窗体向导"对话框（四）

6）单击"下一步"按钮，为窗体指定标题，在"窗体"栏输入"商品进货主子窗体"，在"子窗体"栏输入"进货子窗体"，如图 5-14 所示。

7）单击"完成"按钮，出现由商品表和进货表建立的主子窗体，如图 5-15 所示。

创建主/子窗体的另一个方法是：事先分别建立窗体，然后将具有"多"端关系的窗体直接拖动到打开的主窗体设计视图中的主体节中。

注意：创建主/子窗体前，应检查表之间的关系是否已经建立。没有建立好表之间关系将不能建立相关信息的子窗体。

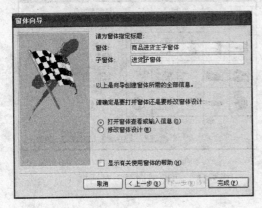 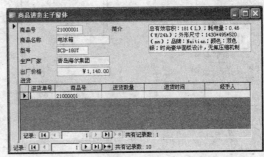

图 5-14 "窗体向导"对话框（五）　　　　图 5-15 由商品表和进货表创建的主子窗体

5.2.3 使用"图表向导"创建窗体

使用"图表向导"创建图表窗体可以更加直观地显示表或查询中的数据。

【例5-4】建立"库存"表的图表窗体。具体操作步骤如下。

1）在"商品进销管理系统"数据库窗口"窗体"对象中，单击"新建"按钮，弹出"新建窗体"对话框。

2）在对话框中选择"图表向导"选项，单击"请选择该对象数据的来源表或查询"框右侧列表框的下三角按钮，选择"库存"查询，如图 5-16 所示。

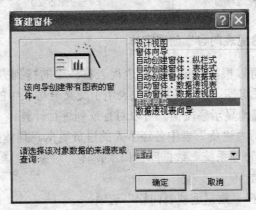

图 5-16 "新建窗体"图表向导对话框

3）单击"确定"按钮，弹出"图表向导"对话框，选择图表数据所在字段，单击全部移动按钮，将可用字段移动到"用于图表的字段"框中，如图 5-17 所示。

4）单击"下一步"按钮，选择图表类型，如图 5-18 所示。

5）单击"完成"按钮，屏幕显示如图 5-19 所示的图表窗体。

6）单击工具栏上的"保存"按钮，在"另存为"对话框输入图表窗体名称"库存图表窗体"，如图 5-20 所示，单击"确定"按钮，单击"关闭"按钮，关闭图表窗体。

图 5-17 "图表向导"对话框（一）

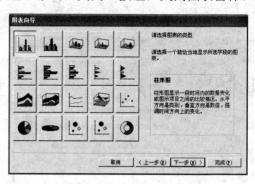

图 5-18 "图表向导"对话框（二）

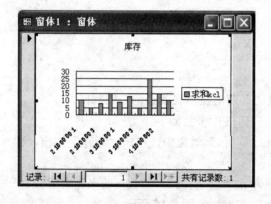

图 5-19 图表向导窗体

图 5-20 "另存为"对话框

5.2.4 使用"数据透视表向导"创建窗体

数据透视表窗体可以根据数据在数据透视表窗体中的排列方式，进行所需要的计算。例如，求和或求平均等计算。数据透视表用于交叉分析表中的数据，是一种交互式的表，可以水平或垂直地显示字段值，可以对行或列进行计算。

【例 5-5】创建分析"进货"表中各经手人的进货数据。具体操作步骤如下。

1）在"商品进销管理系统"数据库窗口"窗体"对象中，单击"新建"按钮，弹出"新建窗体"对话框。

2）在对话框中选择"数据透视表向导"选项。

3）单击"确定"按钮，弹出"数据透视表向导"对话框，如图 5-21 所示。其中包括对数据透视表的简单介绍和"数据透视表"视图中创建表格的方法。

4）单击"下一步"按钮，在对话框中可以从多个表或多个查询中选择数据透视表对象中包含的字段，这里将"进货"表中的"商品号"、"进货数量"、"经手人"三个字段，移动到"为进行透视而选取的字段"框中，如图 5-22 所示。

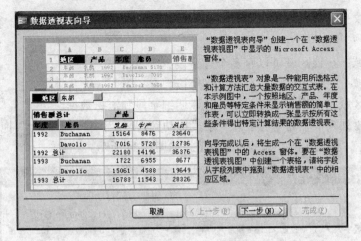

图 5-21　"数据透视表向导"对话框（一）

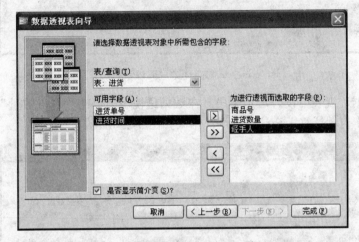

图 5-22　"数据透视表向导"对话框（二）

5）单击"完成"按钮，屏幕显示数据透视表视图，如图 5-23 所示。

图 5-23　数据透视表视图

数据透视表分为"筛选区域"、"行区域"、"列区域"和"明细区域"四个区域。

① 筛选区域：通过该区域中的字段对数据进行第一次筛选，将符合条件的数据进行汇总计算。

② 行区域：在该区域可以有多个行字段。

③ 列区域：在该区域可以有多个列字段。

④ 明细区域：在该区域可以同时显示明细字段和汇总数据。

6）将字段列表框中的"经手人"字段拖动到行区域，将"商品号"拖动到列区域，将"进货数量"字段拖动到明细区域，结果如图 5-24 所示。

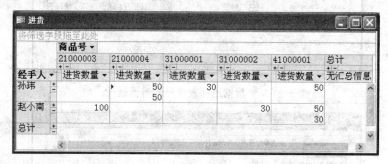

图 5-24　已经添加字段的数据透视表

7）在数据透视表中设置汇总字段。在数据透视表中单击"进货数量"字段，选择"数据透视表 | 自动计算 | 合计"命令，结果如图 5-25 所示。

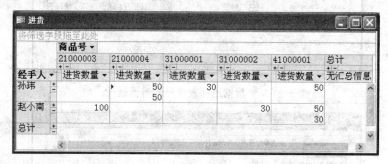

图 5-25　已经添加汇总计算的数据透视表

8）单击工具栏上的"保存"按钮，在"另存为"对话框输入数据透视表窗体名称"进货数量数据透视表"，如图 5-26 所示，单击"确定"按钮，单击"关闭"按钮，关闭数据透视表窗体。

图 5-26　"另存为"对话框

> **说明**
>
> 在数据透视表中可以同时显示明细数据和汇总数据，单击加号"＋"标记可以显示明细数据和汇总数据，单击减号"－"标记，则隐藏明细数据。

5.3 使用设计视图创建自定义窗体

在窗体设计视图中可以创建和修改窗体，可以创建有一些特殊要求的窗体。例如，添加窗体说明信息，创建命令按钮，以浏览表或查询中的数据等功能。本节将介绍创建自定义窗体的方法，介绍窗体控件的使用，控件对象和窗体对象属性的设置。

5.3.1 窗体的设计视图

使用设计视图创建窗体时，是从一个空白窗体开始，然后将数据源表或查询中的字段添加到窗体上。

【例 5-6】使用窗体设计器创建"商品信息"窗体。具体操作步骤如下。

1）在"商品进销管理系统"数据库窗口"窗体"对象中，单击"新建"按钮，弹出"新建窗体"对话框，选择"设计视图"选项，在"请选择该对象数据的来源表或查询"列表框中，选择"商品"表，如图 5-27 所示。

2）单击"确定"按钮，屏幕显示在设计视图中创建一个只有主体节的空白窗体。同时，显示"商品"表字段列表以及控件工具箱，如图 5-28 所示。

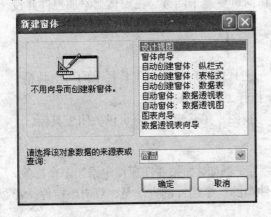

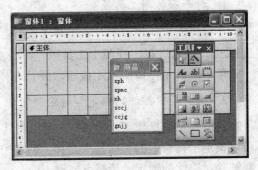

图 5-27　"新建窗体"对话框　　　　　图 5-28　在设计视图中创建空白窗体

3）将字段列表框中的字段拖动到主体节中，在菜单栏中选择"视图 | 窗体页眉/页脚"命令，将鼠标指针指向窗体页眉的边线，并拖动鼠标来调整页眉的高度。

4）单击工具箱中的"标签"控件按钮，在窗体页眉中绘出一个标签控件，并输入"商品信息"，按 Enter 键后，单击标签控件，设置其字体的字形和字体的大小及颜色，如图 5-29 所示。

5）在菜单栏中选择"视图 | 窗体视图"命令，屏幕显示窗体设计结果，如图 5-30 所示。

6）单击"保存"按钮，在"另存为"对话框输入窗体名称为"商品信息窗体 1"，并关闭对话框。

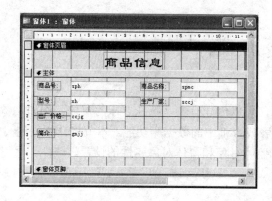

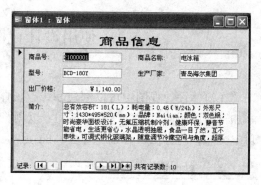

图 5-29 在设计视图中添加字段及控件   图 5-30 窗体视图查看窗体设计结果

5.3.2 控件工具箱

在设计视图中打开窗体、报表或数据访问页，Access 系统将自动显示工具箱，工具箱中提供了一些控件。控件是窗体上用于显示数据、执行操作、装饰窗体的对象。在窗体中添加的每一个控件都是一个图形对象。例如，文本框、标签、命令按钮、复选框等。控件对象不仅可以添加在窗体中，也可以添加在报表或数据访问页的设计视图上，来显示数据、执行操作等，使窗体或报表、数据访问页更易于阅读。在窗体上添加控件并设置其属性是窗体设计的主要内容之一。

1. 打开和关闭工具箱

在窗体的设计视图中，若屏幕上没有显示工具箱，可以单击工具栏上的"工具箱"按钮 ，或者选择"视图 | 工具箱"命令，打开工具箱。

单击工具箱窗口的关闭按钮，或者选择"视图 | 工具箱"命令可以关闭工具箱。

2. 工具箱中控件的锁定和解除锁定

当需要重复操作某个控件时，可以将其锁定。例如，如果要在窗体中添加多个标签，可以锁定工具箱中的"标签"工具。锁定控件中的一个控件的方法是，双击该控件；若要解除对控件的锁定，请按 Esc 键。

3. 工具箱中控件的名称和功能

在工具箱中提供了一些基本控件，如图 5-31 所示。工具箱控件按钮名称和功能如表 5-1 所示。

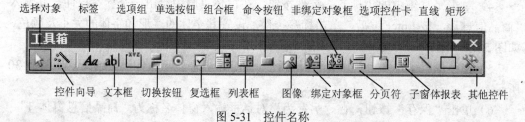

图 5-31 控件名称

表 5-1 工具箱控件按钮名称及功能

名称	按钮	功能
选择对象		主要用于在设计视图中选取控件、节或窗体。单击该按钮可以释放以前选定的工具箱中的控件按钮
控件向导		主要用于打开或关闭控件向导。单击该按钮，可以打开或关闭控件向导。使用控件向导可以方便地创建文本框、列表框、组合框、选项组、命令按钮、图表、子窗体或子报表。要使用控件向导创建这些控件，必须单击"控件向导"按钮
标签	Aa	主要用来在窗体中显示说明性文本信息。例如，窗体上的标题或说明信息等。标签不显示字段或表达式的值，它没有数据来源
文本框	abl	用来显示、输入或编辑数据库中的数据，还可以显示计算结果或接受用户输入
选项组		选项组控件要与复选框、单选按钮或切换按钮这几个控件配合使用，用来显示一组可选值
切换按钮 选项按钮 复选框		切换按钮、选项按钮和复选框这 3 个控件的功能类似，主要可用来与具有"是/否"属性的数据结合，或是作为接受用户输入的非结合控件，或是与选项组配合
组合框		组合框控件结合了文本框和列表框的特点，用户既可以在其中输入数据，也可以在列表中选择输入项
列表框		主要用来显示可以滚动的数值列表。在窗体视图中，可以从列表中选择值输入到新记录中，或者更改记录中的值
命令按钮		可以用来在窗体中执行一些操作。例如，可以创建一个命令按钮来打开另一个窗体等
图像		主要用来在窗体中显示静态图片
非绑定对象框		使用非绑定（非结合）对象框控件，用于在窗体中显示非结合 OLE 对象。例如，Excel 电子表格等
绑定对象框		使用绑定（结合）对象框控件是在窗体中显示 OLE 对象，但是该控件只是显示在窗体或报表中数据源字段中的 OLE 对象
分页符		主要用来在窗体中开始一个新的屏幕，或是在打印窗体时开始一个新页
选项卡		可以在一个窗体中显示多页信息
子窗体/子报表		可以在现有窗体中再创建一个与主窗体相联系的子窗体，用来显示更多的信息。也可以将已经存在的窗体通过控件加入到另一个窗体中
直线	\	可以在窗体中画出各种样式的直线，用来突出相关或重要的信息
矩形		主要用来在窗体中显示矩形图形效果，功能与直线类似
其他控件		单击该按钮，系统将弹出一个当前可用的控件列表，用户可以在其中选择所需要的控件加入到窗体中

5.3.3 窗体中控件的应用

控件是窗体、报表或数据访问页中用于显示数据、执行操作或装饰窗体和报表的对象。例如，可以在窗体、报表或数据访问页中使用文本框显示数据，在窗体上使用命令按钮打开一个表及另一个窗体或报表，在窗体中添加线条或矩形来分隔控件以增强可读性。

Access 包含的控件类型有文本框、标签、选项组、复选框、切换按钮、组合框、列表框、命令按钮、图像控件、绑定对象框、未绑定对象框、子窗体/子报表、分页符、线条、矩形，以及 ActiveX 自定义控件，各种控件可以在窗体设计视图的工具箱中看到。

控件类型可以分为绑定、未绑定或计算型三种。绑定控件与表或查询中的字段相连，可用于显示、输入及更新数据库中的字段。未绑定控件则没有数据源，使用未绑定控件可以显示信息、线条、矩形或图像。计算控件则以表达式作为数据源，表达式可以利用窗体的表或者查询字段中的数据，或者窗体上其他控件中的数据。下面分别介绍窗体中常用控件的应用。

1．标签控件

标签控件主要用来在窗体中显示说明性文本信息。例如，窗体上的标题或说明信息等。标签不显示字段或表达式的值，没有数据来源，它总是未绑定的。

标签可以附加到其他控件上。例如，创建文本框时，将有一个附加的标签显示文本框的标题，这种形式的标签在窗体或报表视图中显示的是字段标题。

使用工具箱中的标签控件创建的标签是独立的标签，并不附加到任何其他控件上。这种形式的标签可以用于显示标题或说明性信息。

创建标签的一般操作是，在窗体设计视图中创建或打开窗体，单击工具箱中的"标签"控件按钮 ，在窗体中单击要放置标签的位置，然后在标签中输入相应的文本信息。

更改标签文本的一般操作是，单击标签控件，然后选中标签中的文本，输入新文本信息或修改文本信息。也可以单击工具栏上的"属性"按钮，在"属性"表中的"格式"选项卡中，修改"标题"属性的内容。"标题"属性是标签控件的显示信息。

【例 5-7】在"商品信息"窗体添加"商品信息"窗体标题。具体操作步骤如下。

1）在"商品进销管理系统"数据库窗口"窗体"对象中，选中"商品信息窗体"，单击"设计"按钮，使其窗体在设计视图中。

2）在菜单栏中选择"视图丨窗体页眉/页脚"命令，窗体中自动添加了"窗体页眉/页脚"节。

3）单击工具箱中的"标签"控件按钮，单击要放置标签的窗体页眉处，在标签中输入"商品信息"文本，按回车键。

4）单击工具栏上的"属性"按钮，在"属性"对话框中可以设置"边框颜色"、"字体大小"、"字体名称"、"文本对齐"等属性。

5）关闭"属性"窗口，单击窗体视图，结果如图 5-32 所示。

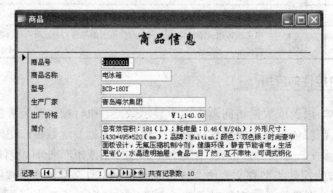

图 5-32   添加"标签"作为窗体标题

标签控件的属性中，最常用的是"标题"属性，标签显示的信息通过"标题"属性设置。

2. 文本框控件

文本框控件是窗体中最常用的控件，它不仅可以用来显示、输入或编辑数据库中的数据，还可以显示计算结果或接收用户输入。

文本框的类型分为绑定、未绑定和计算控件三种类型。可以使用文本框来显示记录源上的数据，这种文本框类型称为绑定文本框，因为它与表或查询中的某个字段相绑定。文本框也可以是未绑定的，这种文本框一般用来接收用户输入的数据，或作为计算控件，在文本框中输入公式表达式或函数，以显示计算的结果。未绑定文本框中的数据不会被系统自动保存。

（1）创建绑定文本框

在【例5-6】中创建的窗体中，文本框属于绑定文本框，窗体显示的"商品号"、"商品名称"、"型号"、"生产厂家"、"出厂价格"、"简介"等字段的数据的文本框都属于绑定型文本框。通常添加的文本框是在字段列表中将字段拖拽到窗体中。这里不再举例说明。

（2）创建未绑定文本框

未绑定型文本框没有和表或查询中的字段相链接，文本框内显示"未绑定"。

【例5-8】创建3个未绑定文本框，用于接收乘数、被乘数和输入表达式，其中用于输入表达式的未绑定文本框属于计算控件文本框，用来显示乘积结果。具体操作步骤如下。

1）在"商品进销管理系统"数据库窗口"窗体"对象中，双击"在设计视图中创建窗体"选项，创建一个只有主体节的空白窗体。

2）按下"控件向导"按钮，单击工具箱中的"文本框"控件按钮 ，单击要放置第一个文本框窗体主体节位置，系统弹出"文本框向导"对话框，如图5-33所示。

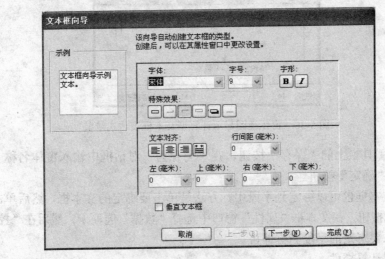

图5-33 "文本框向导"对话框

3）单击"完成"按钮，在窗体主体节中添加了一个未绑定文本框。也可以不按下"控件向导"按钮，单击工具箱中的"文本框"控件按钮 ，在要放置文本框窗体主体节位置拖拽鼠标，画出一个未绑定文本框。

4）按照上述方法再添加两个文本框。并且依次将附加的标签标题命名为"乘数"、

"被乘数"、"乘积",也可以分别选中标签,单击工具栏上的"属性"按钮,更改标签标题,如图 5-34 所示。

5)单击被乘数标签所对应的第一个文本框,单击工具栏上的"属性"按钮,查看文本框的"名称"属性,并记下,如为"text0",再用此方法查看乘数标签所对应的第二个文本框的名称;单击第三个未绑定文本框,鼠标光标定位在文本框内,输入以等号开始的表达式"=text0*text1",或者单击工具栏上的"属性"按钮,在文本框"属性"对话框中,单击"全部"选项卡,在"控件来源"框中输入该表达式,如图 5-35 所示。

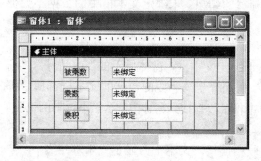
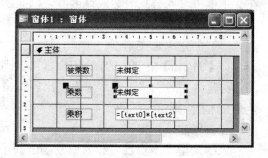

图 5-34　在窗体设计视图中创建 3 个文本框　　　图 5-35　窗体设计视图在文本框输入的表达式

6)在菜单栏中选择"视图 | 窗体视图"命令,可以分别在第一个和第二个文本框中输入两个数值。例如,在第一个文本框中输入 3,在第二个文本框中输入 4,然后按 Enter 键,屏幕在第三个文本框中显示乘积的结果,如图 5-36 所示。

图 5-36　窗体视图显示计算型文本框表达式结果

7)单击工具栏上的"保存"按钮,在"另存为"对话框中输入窗体名称"文本框应用",单击"确定"按钮。

未绑定文本框也可以绑定到字段中,方法是单击要绑定的文本框,然后单击工具栏上的"属性"按钮,在文本框"属性"窗口中选择"数据"选项卡,然后在"控件来源"属性框中输入要绑定的字段名称即可。

(3)创建计算控件

要创建计算控件实际上首先要创建一个未绑定的文本框,然后在"属性"对话框中"控件来源"框中输入计算表达式。也可以直接在文本框中输入计算表达式。

在输入计算表达式时,首先要输入一个等号(=)运算符。

【例 5-9】将"客户信息窗体"中的"年龄"改为"出生年份"。具体操作步骤如下。

1)在"商品进销管理系统"数据库窗口"窗体"对象中,选中"客户信息窗体",

单击"设计"按钮，使其窗体在设计视图中。

2）"出生年份"是计算文本框，单击工具箱中的文本框控件按钮 abl，在窗体主体节中插入一个未绑定文本框，更改文本框附加的标签标题为"出生年份"。

3）单击新建的文本框，单击工具栏上的"属性"按钮，在"属性"对话框中单击"控件来源"属性框中的"…"（生成器）按钮，在表达式生成器中输入"=year（Date（））-[nl]"，单击"确定"按钮，关闭"属性"窗口。

4）在窗体设计视图中，新建的文本框中显示的表达式如图 5-37 所示，单击"窗体视图"按钮，显示操作结果如图 5-38 所示。

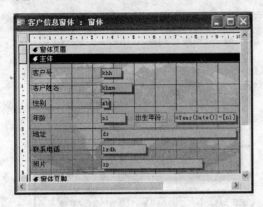
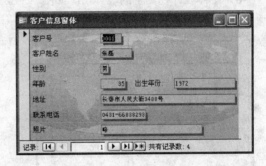

图 5-37　计算出生年份文本框及表达式　　　图 5-38　窗体视图显示计算年龄文本框表达式结果

5）在菜单栏中选择"文件｜另存为"命令，在"另存为"对话框中输入窗体名称为"添加出生年份"，单击"确定"按钮。

文本框控件的属性中，最常用的是"名称"和"控件来源"。属性中"名称"项可作为其他文本框的引用；"控件来源"属性用于添加绑定字段列表中的字段。

3. 切换按钮、选项按钮和复选框控件

切换按钮、选项按钮和复选框用于绑定到数据库中表或查询中的"是/否"类型的数据，与定义为"是/否"数据类型的列组合。当列的值为1时，相当于"是"、"真"或"开"状态。当此列的值为 0 时，相当于"否"、"假"或"关"状态。

【例 5-10】分别将"订单"表中的"是否发货"字段创建为切换按钮或复选框或选项按钮。具体操作步骤如下。

1）在"商品进货管理系统"数据库窗口"窗体"对象中，单击"新建"按钮，在"新建窗体"对话框中选择"设计视图"，在"请选择该对象数据的来源表或查询"下拉列表框选择"订单"表，单击"确定"按钮。

2）分别将字段列表中的"ddh"、"sph"、"spsl"字段拖拽到窗体的主体节中，单击工具箱中的"切换按钮"控件，在主体节中单击要放置"切换按钮"位置，单击工具栏上的"属性"按钮，在"属性"对话框中选择"格式"选项卡，在"标题"属性中输入"是否发货"，然后选择"数据"选项卡，在"控件来源"属性下拉列表框中选择"sffh"字段，然后调整切换按钮的大小。

3）或者可以将"sffh"字段用复选框控件来表示，方法是单击工具箱中的复选框控件，在主体节中单击要放置复选框控件的位置，单击工具栏上的"属性"按钮，在"属性"对话框中选择"数据"选项卡，在"控件来源"属性下拉列表框中选择"sffh"字段，然后单击复选框按钮附带的标签，单击工具栏上的"属性"按钮，在标签属性中选择"格式"选项卡，在"标题"属性中输入"是否发货"，然后调整标签大小。

4）或者可以将"sffh"字段用选项按钮来表示，方法是单击工具箱中的选项按钮控件，在主体节中单击要放置选项按钮的位置，单击工具栏上的"属性"按钮，选择"数据"选项卡，在"控件来源"属性下拉列表框中选择"sffh"字段，然后单击选项按钮附带的标签，单击工具栏上的"属性"按钮，在标签属性中选择"格式"选项卡，在"标题"属性中输入"是否发货"，然后调整标签大小。

5）在菜单栏中选择"视图 | 窗体视图"命令，可以看到"sffh"字段的不同显示状态。

6）窗体设计视图下的设计情况如图5-39所示，窗体视图下的显示状态如图5-40所示。

图5-39　窗体设计视图复选框、选项按钮　　　图5-40　窗体视图显示复选框、选项按钮
　　　　和切换按钮的设置　　　　　　　　　　　　　和切换按钮的状态

在复选框、选项按钮和切换按钮控件的属性中，最常用的是"名称"和"控件来源"。

4．选项组控件

选项组控件是一个容器控件，它包含一组复选框、切换按钮或选项按钮，给出一系列限制性的选项值。在选项组中每次只能选择一个选项。如果要将选项组控件绑定到某个字段，则只有该控件本身绑定到该字段，而不是组内的复选框、切换按钮或单选按钮绑定到该字段。选项组的值只能是数字，而不能是文本。在选项组中所选择的选项决定了字段中的值。

【例5-11】使用控件向导在"客户信息窗体"中，将"性别"改为包含选项按钮的选项组。具体操作步骤如下。

1）由于选项组的值只能是数字，而不能是文本。因此，先修改"客户"表的结构，将"性别"字段类型改为"数字"型，用1表示"男"，用2表示"女"。

2）在"商品进销管理系统"数据库窗口"窗体"对象中，单击"客户信息窗体"，单击"设计"按钮，在设计视图下删除"性别"字段的文本框；调整其他字段的位置，为创建选项组留出一定空间的位置。

3）单击工具箱上的"选项组"控件，在主体节中单击要放置"选项组"的位置，弹出"选项组向导"对话框，在"标签名称"下输入"男"、"女"，如图5-41所示。

4）单击"下一步"按钮，在对话框中点选"是，默认选项是（Y）"单选按钮，如图5-42所示。

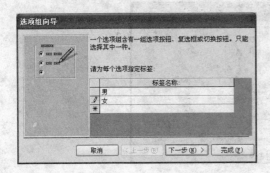
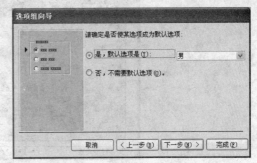

图 5-41 "选项组向导"对话框（一）   图 5-42 "选项组向导"对话框（二）

5）单击"下一步"按钮，如图 5-43 所示，"男"选项值为"1"，"女"选项值为"2"。

6）单击"下一步"按钮，点选"在此字段中保存该值"单选按钮，在下拉列表框中选择"xb"字段，如图 5-44 所示。

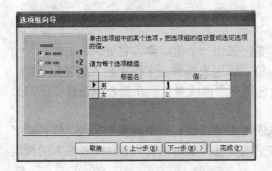
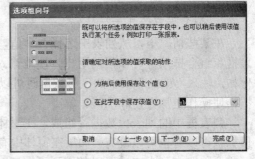

图 5-43 "选项组向导"对话框（三）   图 5-44 "选项组向导"对话框（四）

7）单击"下一步"按钮，在"请确定在选项组使用何种类型的控件"栏中选择"选项按钮"单选按钮，在"请确定所用样式"样中点选"凸起"单选按钮，如图 5-45 所示。

8）单击"下一步"按钮，为选项组指定标题，输入"性别"，如图 5-46 所示。

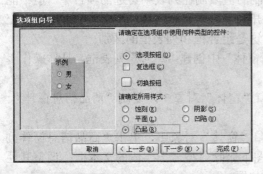
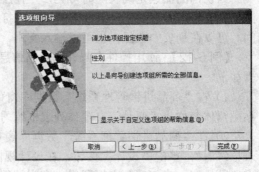

图 5-45 "选项组向导"对话框（五）   图 5-46 "选项组向导"对话框（六）

9）单击"完成"按钮，单击窗体视图，显示结果如图 5-47 所示。

图 5-47　性别选项组设置后显示结果

10）在菜单栏中选择"文件 | 另存为"命令，窗体文件名为"客户信息窗体选项组练习"，单击"确定"按钮。

选项组的属性最常用的是"控件来源"属性，选项组中包含的复选框、选项按钮和切换按钮的常用属性是"选项值"。

5. 列表框与组合框控件

在某些情况下，从列表中选择一个值，要比记住一个值后输入它更快、更容易。列表框和组合框控件可以帮助用户方便地输入值，或用来确保在字段中输入值是正确的。例如，输入"商品"表中的型号数据时可以使用列表框或组合框在列表中选择相应的数据，使操作更加方便和准确。

列表框中的列表由数据行组成，在窗体或列表中可以有一个或多个字段，每栏的字段标题可以有也可以没有。如果在窗体中有空间并且需要可见的列表，或者输入的数据一定要限制在列表中，可以使用列表框。

在窗体中使用组合框可以节省一定的空间，可以从列表中选择值或输入新值。在组合框中输入数据或选择某个数据值时，如果该组合框是绑定的组合框，则输入值或选择值将插入到组合框所绑定的字段内。组合框有"限于列表"属性，使用该属性控制列表中能输入数值或仅能在列表中输入符合条件的文本。

列表框的优点是列表随时可见，并且控制的值限制在列表中可选的项目中。但不能添加列表框中没有的值。组合框的优点是打开列表后才显示内容，在窗体中占用较少空间。可以在列表中选择，也可以输入文本，这是组合框和列表框的区别。

【例 5-12】 使用控件向导在"商品信息窗体"中创建"型号"列表框。具体操作步骤如下。

1）在"商品进销管理系统"数据库窗口"窗体"对象中，复制"商品信息窗体"，粘贴窗体名称为"商品信息窗体列表框练习"。

2）在"商品进销管理系统"数据库窗口"窗体"对象中，单击"商品信息窗体列表框练习"，单击"设计"按钮，在设计视图下删除"型号"字段的文本框；调整其他字段的位置，为创建列表框留出一定空间的位置。

3）单击工具箱上的"列表框"控件，在主体节中单击要放置"列表框"的位置，弹出"列表框向导"对话框，如图 5-48 所示，点选"使列表框在表或查询中查阅数值"单选按钮。

4）单击"下一步"按钮，在"请选择为列表框提供数值的表或查询"列表中选择

"表：商品"，默认视图是"表"，如图 5-49 所示。

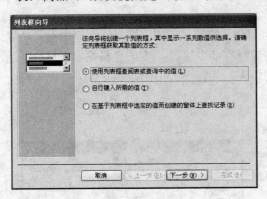
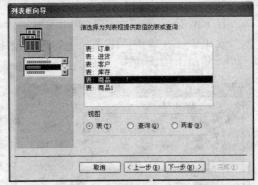

图 5-48 "列表框向导"对话框（一）   图 5-49 "列表框向导"对话框（二）

5）单击"下一步"按钮，将"xh"字段添加到"可用字段"框中，如图 5-50 所示。

6）单击"下一步"按钮，选择"sph"，进行降序排序，如图 5-51 所示。

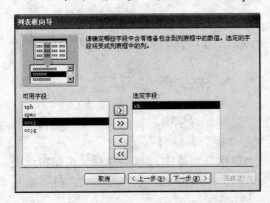
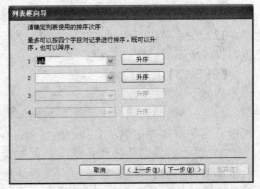

图 5-50 "列表框向导"对话框（三）   图 5-51 "列表框向导"对话框（四）

7）单击"下一步"按钮，调整列表框列宽度，适当调整列的宽度，如图 5-52 所示。

8）单击"下一步"按钮，选择"记忆该数值供以后使用"单选按钮，如图 5-53 所示。

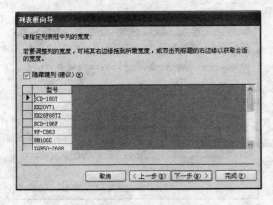
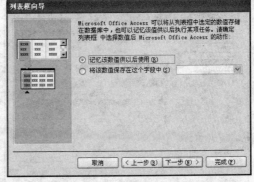

图 5-52 "列表框向导"对话框（五）   图 5-53 "列表框向导"对话框（六）

9）单击"下一步"按钮，确定列表框标签名称，使用默认值"型号 0"，如图 5-54 所示。

10）单击"完成"按钮，单击工具栏上"属性"按钮，在列表框属性窗口中选择"数据"选项卡，在"控件来源"下拉列表框中选择"xh"字段，关闭"属性"对话框。

11）单击窗体视图，显示创建列表框的结果，如图 5-55 所示。

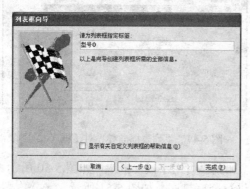

图 5-54 "列表框向导"对话框（七）　　　　图 5-55 显示创建列表框的结果

12）在菜单栏中选择"文件｜另存为"命令，窗体文件名为"商品信息窗体列表框练习"，单击"确定"按钮。

【例 5-13】使用控件向导在"商品信息窗体"中创建"商品名称"组合框。具体操作步骤如下。

1）在"商品进销管理系统"数据库窗口"窗体"对象中，复制"商品信息窗体列表框练习"窗体并粘贴，名称改为"商品信息窗体组合框练习"。

2）在"商品进销管理系统"数据库窗口"窗体"对象中，单击"商品信息窗体组合框练习"，单击"设计"按钮，在设计视图下删除"商品名称"字段的文本框；调整其他字段的位置，为创建组合框留出一定空间的位置。

3）单击工具箱上的"组合框"控件，在主体节中单击要放置"组合框"的位置，弹出"组合框向导"对话框，如图 5-56 所示，点选"自行键入所需的值"单选按钮。

4）单击"下一步"按钮，在"第一列"列表中依次输入"电冰箱"、"洗衣机"、"空调"，如图 5-57 所示。

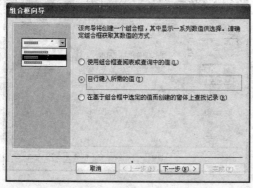

图 5-56 "组合框向导"对话框（一）　　　　图 5-57 "组合框向导"对话框（二）

5）单击"下一步"按钮，点选"将该数值保存在这个字段中"单选按钮，在下拉列表中选择"spmc"字段，如图 5-58 所示。

6）单击"下一步"按钮，确定组合框标签名称，在文本框中输入"商品名称"，如图 5-59 所示。

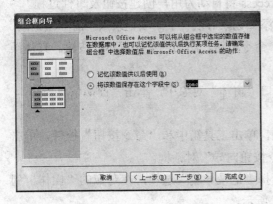

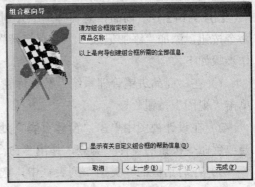

图 5-58　"组合框向导"对话框（三）　　　　图 5-59　"组合框向导"对话框（四）

7）单击"完成"按钮，在窗体设计视图中调整组合框和附加的组合框标签的位置，如图 5-60 所示。单击窗体视图，显示创建列表框的结果，如图 5-61 所示。

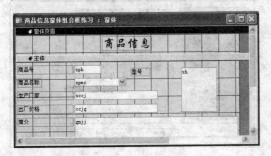

图 5-60　组合框设计视图窗口　　　　　　　图 5-61　窗体视图显示设计组合框结果

8）在菜单栏中选择"文件丨另存为"命令，窗体文件名为"商品信息窗体组合框练习"，单击"确定"按钮。

列表框和组合框的常用属性如表 5-2 所示。

表 5-2　列表框和组合框的常用属性

属性	说　明
控件来源	控件来源是指字段列表中的绑定字段
行来源类型	指定行来源的类型可以选择"表/查询"、"值列表"、"字段列表"或函数
行来源	用于指定行来源类型中所对应的具体内容，如行来源属性设置为"表/查询"，在行来源中用来指定表、查询或 SQL 语句
列数	用于指定列表框或组合框的列数
列宽	用于指定每列的宽度
列标题	决定列表框或组合框的基础行来源的字段名是否用做组合框或列表框的列标题
绑定列	在绑定多列列表框或组合框中，指定哪个字段是与"控件来源"属性中指定的基础字段相绑定的
限于列表	决定组合框是接收文本输入还是接收符合列表中某个值的文本

6. 命令按钮

在窗体上可以使用命令按钮来执行某个操作或某些操作。例如，可以创建一个命令按钮来浏览记录、添加记录或保存记录等。使用"命令按钮向导"可以创建不同类型的命令按钮。在使用"命令按钮向导"时，Access 将自动为用户创建按钮及事件过程。

【例 5-14】在"商品信息窗体"中分别添加记录导航"下一项记录"、"前一项记录"命令按钮，添加"添加记录"、"保存记录"命令按钮，添加"关闭窗体"按钮。具体操作步骤如下。

1）在"商品进销管理系统"数据库窗口"窗体"对象中，单击"商品信息窗体"，单击"视图"按钮。

2）在设计视图中单击"窗体页脚"处，单击工具箱中和"命令按钮"控件，单击要放置命令按钮的窗体页脚处，弹出"命令按钮向导"对话框。

3）在对话框的"类别"列表框中，选择"记录导航"选项，在对应的"操作"列表框中选择"转至下一项记录"，如图 5-62 所示。

4）单击"下一步"按钮，为了在命令按钮上显示文本，点选"文本"单选按钮，默认文本框的内容为"下一项记录"，如图 5-63 所示。

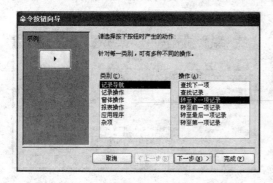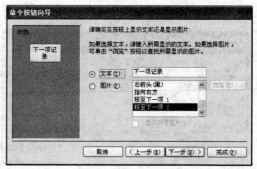

图 5-62　"命令按钮向导"对话框（一）　　　图 5-63　"命令按钮向导"对话框（二）

5）单击"下一步"按钮，指定命令按钮的名称，在这里默认文本框的名称，如图 5-64 所示。

6）单击"完成"按钮，在窗体设计视图中添加了一个"下一项记录"的命令按钮。

7）按照此方法分别创建其他四个命令按钮，添加"前一项记录"命令按钮的方法同"下一项记录"的方法。添加"添加记录"命令按钮和"保存记录"命令按钮，在"命令按钮向导"第一个对话框中，"类别"列表框中选择"记录操作"选项，在对应的"操作"列表框中分别选择"添加记录"和"保存记录"选项；添加"关闭窗体"命令按钮，在"命令按钮向导"第一个对话框中，"类别"列表框中选择"窗体操作"选项，在对应的"操作"列表框中选择"关闭窗体"选项，效果如图 5-65 所示。

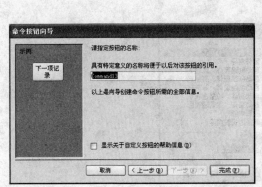

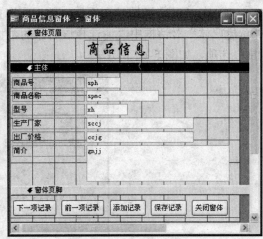

图 5-64　"命令按钮向导"对话框（三）　　　图 5-65　创建"命令按钮"窗体的设计视图

8）单击工具栏上的"窗体视图"按钮，分别单击各个命令按钮，看到执行各个命令按钮的效果。

9）在菜单栏中选择"文件｜另存为"命令，在"另存为"对话框输入"商品信息窗体命令按钮练习"，单击"确定"按钮，并关闭窗体窗口。

命令按钮的常用属性是"标题"属性，"标题"属性用于指定命令按钮上显示的文本；另一个常用的属性是"单击"事件属性，设置该事件可以调用执行"宏"或"宏组"中的操作命令，例如，可以通过单击命令按钮来打开指定的表、查询、窗体或报表等。

7. 创建选项卡控件

使用选项卡控件可以在一个窗体中显示多页信息，使用选项卡来进行分页，只需单击选项卡的标签，就可以进行页面切换。这对于处理可分为两类或多类的信息特别有用。

【例 5-15】创建一个"商品进销信息"查询窗体，该窗体包含三个选项卡，分别显示商品表、订单表和客户表。具体操作步骤如下。

1）在"商品进销管理系统"数据库窗口"查询"对象中，新建一个包含"商品"表、"订单"表和"客户"表中相关字段的查询，如图 5-66 所示，保存查询为"商品进销信息"。

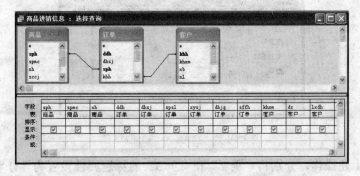

图 5-66　创建"学生全部信息"查询的设计视图

2）在"商品进销管理系统"数据库窗口"窗体"对象中，单击"新建"按钮，在"新建窗体"对话框中"请选择该对象的数据来源表或查询"框中，选择"商品进销信息"选项，如图 5-67 所示。

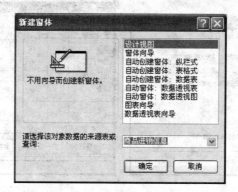

图 5-67 "新建窗体"窗口

3）单击"确定"按钮，屏幕显示空白窗体的设计视图，单击工具箱上的"选项卡"控件，单击要放置选项卡的窗体主体节处，在主体节添加如图 5-68 所示的选项卡。

4）在当前添加的选项卡的边框上单击鼠标右键，在弹出的快捷菜单上选择"插入页"命令，在选项卡上添加了一个"页 3"标签，如图 5-69 所示。

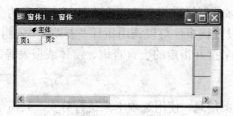

图 5-68 添加"选项卡"控件

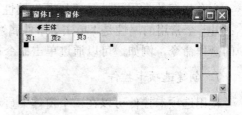

图 5-69 在"选项卡"控件中"插入页"

5）单击"页 1"选项卡，单击工具栏上的"属性"按钮，在"标题"属性中输入"商品表"，关闭"属性"对话框。从"字段列表"中将所需的字段拖动到选项卡"页 1"上的主体节中，如图 5-70 所示。

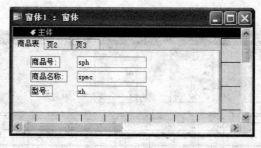

图 5-70 "页 1"选项卡的设置

6）重复上述操作，分别将"页 2"和"页 3"的标题属性设置为"订单表"和"客户表"，从"字段列表"中将所需的字段分别拖动到"页 2"和"页 3"的主体节上，如

图 5-71 和图 5-72 所示。

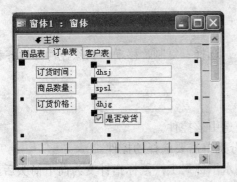

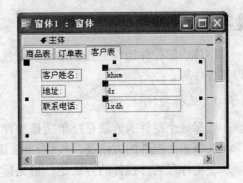

图 5-71 "页 2"选项卡的设置　　　　　图 5-72 "页 3"选项卡的设置

7）单击工具栏上的"窗体视图"按钮，可以分别浏览不同选项中的内容。

8）单击"保存"按钮，在"保存"对话框中输入"商品进销信息选项卡练习"，单击"确定"按钮，并关闭窗体。

选项卡控件的常用属性有"标题"、"多行"、"样式"和"图片"等属性。

"标题"属性用于指定选项卡上的显示文本；"多行"属性用于指定选项卡控件是否在一个以上的行；"样式"属性用于指定在选项卡控件上方的显示内容；"图片"属性用于将图像添加到选项卡上，图像显示在"标题"属性确定的文本的左边。如果只显示图像而不显示文本，可以在"标题"属性中输入一个空格。

8．创建图像控件

可以使用位图文件（后缀为.bmp 或.dib）、图元文件（后缀为.wmf 或.emf）或其他图形文件，如 GIF 和 JPEG 文件来显示背景图像、绑定对象框、未绑定对象框或图像控件中的图像。

【例 5-16】在"商品进销信息选项卡练习"窗体中创建"图像"控件。具体操作步骤如下。

1）在"商品进销管理系统"数据库窗口"窗体"对象中，单击"商品进销信息选项卡练习"窗体名，单击"设计"按钮。

2）在窗体的设计视图单击选项卡，用鼠标向下拖动选项卡，留出放置"图像"控件的位置；单击工具箱上的"图像"控件，单击要放置"图像"控件的窗体主体节处，弹出"插入图片"对话框。

3）在"插入图片"对话框中，选择要插入的图片名称，单击"确定"按钮，图片插入在当前处，适当调整图片的大小和位置，如图 5-73 所示。

4）单击工具栏上的"窗体视图"按钮，可以看到插入"图像"控件的效果。

5）在菜单栏中选择"文件丨另存为"命令，在"另存为"对话框中输入"商品进

图 5-73 创建"图像"控件窗体的设计视图

销信息选项卡+图像练习",单击"确定"按钮,并关闭窗体窗口。

5.3.4 控件操作

窗体中的控件操作主要包括调整控件大小,选择、复制、移动、删除控件,对齐和设置控件等。

1. 选择控件

选择一个控件的方法是:单击该控件即可选中该控件。

选择多个控件的方法是:按住 Shift 键后分别单击要选择的控件。

使用标尺选择控件的方法是:将光标移到水平标尺上,鼠标指针变为向下箭头后,拖动鼠标到所需选择的位置,即可选择多个控件。

选择全部控件的方法是:在菜单栏中选择"编辑|全选"命令。

2. 复制控件

复制控件的操作步骤如下。

1)选择一个或多个要复制的控件。

2)在菜单栏中选择"编辑|复制"命令,或单击工具栏上的"复制"按钮。

3)将鼠标指针移动到要复制的位置处,单击鼠标。

4)在菜单栏中选择"编辑|粘贴"命令,或单击工具栏上的"粘贴"按钮,即可完成复制控件的操作。

3. 移动控件

移动控件的方法有两种,一是使用菜单移动,另一种是直接用鼠标拖动完成。

使用菜单移动控件的操作步骤如下。

1)选择一个或多个要移动的控件。

2)在菜单栏中选择"编辑|剪切"命令,或单击工具栏上的"剪切"按钮。

3)将鼠标指针移动到要移动的节位置处,单击鼠标。

4)在菜单栏中选择"编辑|粘贴"命令,或单击工具栏上"粘贴"按钮,即可完成移动控件的操作。

使用鼠标拖动来移动控件的操作步骤如下。

1)选择一个或多个要移动的控件。

2)将鼠标指针移动选中控件的表框处,当鼠标指针变为手掌形状时,按下鼠标左键,将控件拖动到所需位置即可。

4. 删除控件

删除控件的操作方法是:选择一个或多个要删除的控件,在菜单栏中选择"编辑|删除"命令或按 Delete 键。

5. 对齐控件

对齐控件的操作方法是:选择多个要对齐的控件,在菜单栏中选择"格式|对齐"命令,在子命令项中选择"靠左"、"靠右"、"靠上"、"靠下"、"对齐网格"选项中所需

的一个选项来对齐控件。

5.3.5 建立弹出式窗体

弹出式窗体是依附于其他窗体的窗体。它的主要作用是告知用户信息或者要求用户输入参数，可以通过在其依附的窗体中安排一个按钮，然后单击该按钮调用弹出式窗体，也可以是用户执行某一操作时自动调用该弹出式窗体。

在创建弹出式窗体之前，要先创建一个可以依附的窗体。创建的弹出式窗体有两种：有模式的和无模式的。有模式是只有当用户执行窗体所要求的某操作时，弹出式窗体的焦点才能由其他窗体获得。例如，对话框和消息框一般都是有模式的。

在创建弹出式窗体之前，在"设计"视图中先打开所依附的窗体，单击"属性"按钮，弹出"窗体"的属性对话框，如图 5-74 所示。选择"其他"选项卡，将其"弹出方式"属性改为"是"，"模式"属性改为"是"；对于无模式的弹出式窗体，"模式"属性设置为"否"。

通过将宏名或者时间过程指定为适当事件属性的设置，可以将宏或者事件过程附加在窗体或报表上。要将时间绑定于窗体之上，应在窗体的事件属性中加以设置，如图 5-75 所示。

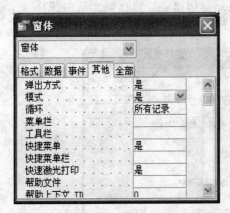
图 5-74 设置所依附窗体的"属性"窗口

图 5-75 窗体的事件属性对话框

注意：如果要将窗体作为常规窗体或对话框使用，可用 OpenForm 宏的"对话框"设置打开临时窗体作为对话框，用以取代此过程。

5.4 使用自动套用格式改变窗体样式

可以使用自动套用格式功能来改变窗体的样式。自动套用格式的操作步骤如下。

1）在数据库窗口的"窗体"对象下，单击要选择的窗体。

2）单击"设计"按钮，在菜单栏中选择"格式 | 自动套用格式"命令，弹出"自

动套用格式"对话框。

3）在对话框中选择所需要的样式，单击"选项"按钮，在"应用属性"框中设置"字体"、"颜色"和"边框"，如图 5-76 所示。

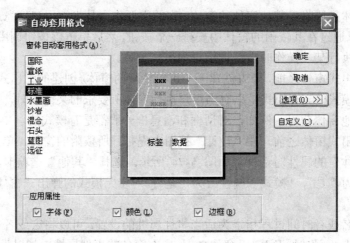

图 5-76 "自动套用格式"对话框

4）单击"自定义"按钮，弹出"自定义自动套用格式"对话框，从中选择一个选项，如图 5-77 所示。

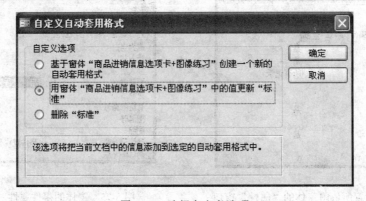

图 5-77 选择自定义选项

5）单击"确定"按钮，完成自动套用格式。

5.5 设置窗体属性

窗体"设计视图"中包含了窗体本身和各类控件，除了设置各控件的属性以外，还可以设置窗体的属性。

窗体属性和各控件属性一样分为"格式"、"数据"、"事件"、"其他"和"全部"五类选项卡，常用的属性如表 5-3 所示。

表 5-3 窗体属性及说明

属性	说　　明
记录来源	用于指定窗体的数据来源，可以是表或查询名称
标题	指定窗体的名称，可以与"记录来源"相同
默认视图	用于指定打开窗体的视图方式。有"单个窗体"、"连续窗体"、"数据表"、"数据透视表"和"数据透视图"5 种选择方式
滚动条	用于指定滚动条的形式。有"两者均无""只水平"、"只垂直"、"两者均有"4 种形式
记录定位器	用于设置是否显示/隐藏定位器
允许编辑	通过设置"是"或"否"决定数据编辑权限
允许删除	通过设置"是"或"否"决定数据删除权限
允许添加	通过设置"是"或"否"决定数据添加权限
数据输入	用于设置是否在打开窗体时增加一条空白记录，默认值为"否"
允许筛选	用于设置是否可以在窗体中应用筛选，默认值为"是"

第 6 章

报表的创建与使用

报表是专门为打印而设计的特殊窗体。可以使用报表对象来实现将数据综合整理，并将整理结果按一定的报表格式打印输出的功能。建立报表和建立窗体的过程基本一样，只是窗体最终显示在屏幕上，而报表还可以打印在纸上，不同之处在于窗体可以与用户进行信息交互，而报表没有交互功能。本章介绍报表设计的相关内容。

6.1 报 表 概 述

报表是 Access 的数据库的对象之一，主要作用是比较和汇总数据，显示经过格式化且分组的信息，并将其打印出来。

6.1.1 报表的视图

Access 的报表操作提供了三种视图，即"设计"视图、"打印"视图和"版面预览"视图。"设计"视图用于创建和编辑报表的结构；"打印预览"视图用于查看报表的页面数据输出形态；"版面预览"视图用于查看报表的版面设置。

三个视图的切换可以通过"报表设计"工具栏中"视图"工具按钮位置的三个选项："设计"视图、"打印预览"视图和"版面预览"视图来进行选择。

6.1.2 报表的结构

打开一个报表"设计"视图，如图 6-1 所示。可以看出报表的结构有如下几部分区域组成。

* 报表页眉：在报表的开始处，用来显示报表的标题、图形或说明性文字，每份报表只有一个报表页眉。
* 页面页眉：用来显示报表中的字段名称或对记录的分组名称，报表的每一页有一个页面页眉。
* 主体：打印表或查询中的记录数据，是报表显示数据的主要区域。
* 页面页脚：打印在每页的底部，用来显示本页的汇总说明，报表的每一页有一个页面页脚。
* 报表页脚：用来显示整份报表的汇总说明，在所有记录都被处理后，只打印在报表的结束处。

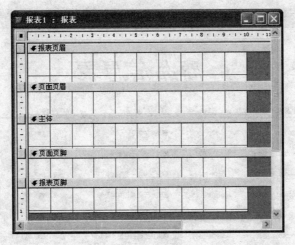

图 6-1 报表的组成区域

6.1.3 报表设计区

在报表的"设计"视图中，区域被表示成许多"带"，报表所包含的每一区域只会表示一次。在打印出来的报表中，某些区域可能会重复许多次。通过放入一些控件项，如选项卡和文本框，可以决定在每一个区段中信息显示在何处。

1. 报表页眉节

报表页眉中的任何内容都只能在报表的开始处，即报表的第一页打印一次。在报表页眉中，一般是以大字体将该份报表的标题放在报表顶端的一个标签中。如图 6-2 所示的商品报表的"设计"视图中，报表页眉节内标题文字为"商品信息表"的标签控件，会显示在其对应的如图 6-3 所示的"预览"视图中报表输出内容的首页顶端作为报表标题。

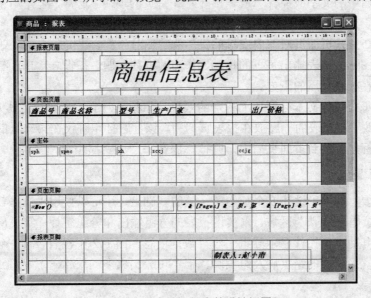

图 6-2 "商品"报表的设计视图

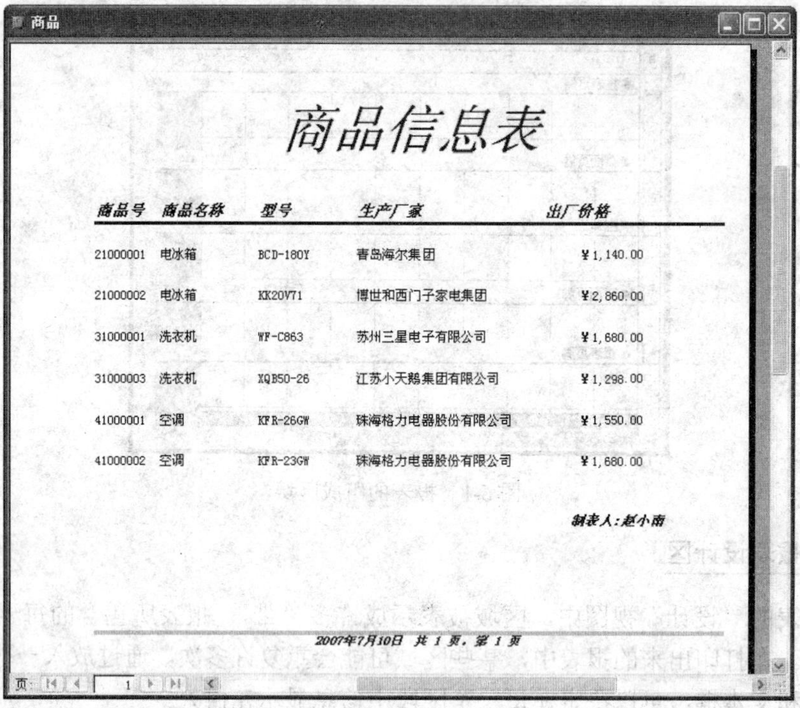

图 6-3 商品报表的"预览"视图

可以在报表中设置控件格式属性突出显示标题文字，也可以设置颜色或阴影等特殊效果。还可以在单独的报表页眉中输入任何内容。一般来说，报表页眉主要用在封面。

2. 页面页眉节

页面页眉中的文字或控件一般输出显示在每页的顶端。通常，它是用来显示数据的列标题。

在图 6-2 中，页面页眉节内安排的标题为"商品号"、"商品名称"等的标签控件就会显示在图 6-3 报表输出每页的顶端，作为数据列标题。在报表输出的首页，这些列标题是显示在报表页眉的下方。

可以给每个控件文本标题加上特殊的效果，如颜色、字体名称和字体大小等。

一般来说，把报表的标题放在报表页眉中，该标题打印时仅在第一页的开始位置出现。如果将标题移动到页面页眉中，则该标题在每一页上都显示。

3. 组页眉节

根据需要，在报表设计 5 个基本节区域的基础上，还可以使用"排序与分组"属性来设置"组页眉/组页脚"区域，以实现报表的分组输出和分组统计。组页眉节内主要安排文本框或其他类型控件显示分组字段等数据信息。图 6-2 中没有设计"组页眉节"。

可以建立多层次的组页眉及组页脚，但不可分出太多的层（一般不超过 6 层）。

4. 主体节

主体节用来处理每条记录，其字段数据均须通过文本框或其他控件（主要是复选框和绑定对象框）绑定显示。可以包含计算的字段数据。在图 6-2 的报表"设计"视图中，主体节中包含商品表的 5 个字段绑定文本框。

根据主体节内字段数据的显示位置，报表又划分为多种类型，这将在 6.1.4 节中详细介绍。

5. 组页脚节

组页脚节内主要安排文本框或其他类型控件显示分组统计数据。

在实际操作中，组页眉和组页脚可以根据需要单独设置使用。可以在菜单栏中选择"视图|排序与分组"命令，打开数据"排序与分组"窗口进行设定。图 6-2 中没有设计"组页脚节"。

6. 页面页脚节

页面页脚节一般包含页码或控制项的合计内容，数据显示安排在文本框和其他一些类型控件中。例如，在图 6-2 的报表的页面页脚节内插入一个文本框，其控件来源取值为"=共"&[Page]&"页，第"&[Pages]&"页"。

7. 报表页脚节

该节区一般是在所有的主体和组页脚被输出完成后才会打印在报表的最后面。通过在报表页脚区域插入文本框或其他一些类型控件，可以显示整个报表的计算汇总或其他的统计数字信息。例如，在图 6-2 的报表页脚内插入一个标签框，其控件来源取值为"制表人：赵小南"。

6.1.4 报表的分类

报表主要分为以下四种类型。

1. 纵栏式报表

纵栏式报表也称为窗体报表，一般是在一页中主体节区内显示一条或多条记录，而且以垂直方式显示。纵栏式报表记录数据的字段标题信息与字段记录数据一起被安排在每页的主体节区内显示。

这种报表可以安排显示一条记录的区域，也可同时显示一对多关系的"多"端的多条记录的区域，甚至包括合计。

2. 表格式报表

表格式报表是以整齐的行、列形式显示记录数据，通常一行显示一条记录、一页显示多行记录。表格式报表与纵栏式报表不同，其记录数据的字段标题信息不是被安排在每页的主体节区内显示，而是安排在页面页眉节区显示。

可以在表格式报表中设置分组字段、显示分组统计数据。典型的表格式报表输出如图 6-3 所示。

3. 图表报表

图表报表是指包含图表显示的报表类型。报表中使用图标可以更直观地表示出数据之间的关系。

　　4．标签报表

　　标签报表是一种特殊类型的报表。在实际应用中，经常会用到标签，如商品标签、客户标签等。

　　在各种类型报表的设计过程中，根据需要可以在报表页中显示页码、报表日期甚至使用直线或方框等来分隔数据。此外，报表设计可以同窗体设计一样设置颜色和阴影等外观属性。

6.2　使用报表向导创建报表

　　在 Access 中，主要有两种方法用于创建报表，即使用报表向导和报表"设计"视图（即报表设计器）创建报表，而使用报表向导又分为使用"自动报表"、"报表向导"、"图表向导"和"标签向导"四种方式。本节介绍这四种使用报表向导创建报表的过程。

6.2.1　使用"自动报表"创建报表

　　"自动报表"功能是一种快速创建报表的方法。在设计时，先选择表或查询作为报表的数据源，然后选择报表类型：纵栏式或表格式，最后会自动生成报表显示数据源所有字段记录数据。

　　【例 6-1】对于"商品进销管理系统"数据库中商品表使用"自动报表"创建纵栏式商品信息报表。具体操作步骤如下。

　　1）在 Access 中打开"商品进销管理系统"数据库文件；在"数据库"窗体中单击"报表"对象，再单击"新建"按钮，弹出"新建报表"对话框，如图 6-4 所示。选择"自动创建报表：纵栏式"选项，在"请选择该对象数据的来源表或查询"框中选择"商品"表，单击"确定"按钮。

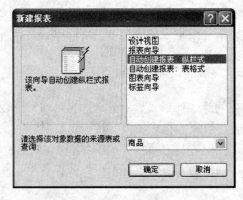

图 6-4　"新建报表"对话框

　　2）Access 自动生成一个报表，其报表"设计"视图如图 6-5 所示，其报表"预览"

视图如图 6-6 所示。

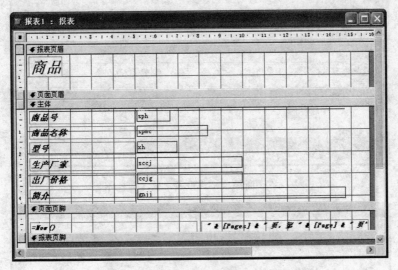

图 6-5 商品纵栏式报表"设计"视图

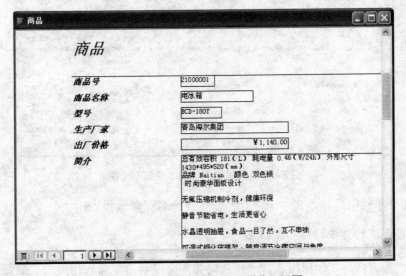

图 6-6 商品纵栏式报表"预览"视图

3）在菜单栏中选择"文件 | 保存"命令，命名存储该报表。

【例 6-2】对于"商品进销管理系统"数据库中商品表使用"自动报表"创建表格式商品信息报表。具体操作步骤如下。

1）在 Access 中打开"商品进销管理系统"数据库文件；在"数据库"窗体中单击"报表"对象，再单击"新建"按钮，弹出"新建报表"对话框，如图 6-4 所示。选择"自动创建报表：表格式"选项，在"请选择该对象数据的来源表或查询"框中选择"商品"表，单击"确定"按钮。

2）Access 自动生成一个报表，其报表"设计"视图如图 6-7 所示，其报表"预览"视图如图 6-8 所示。

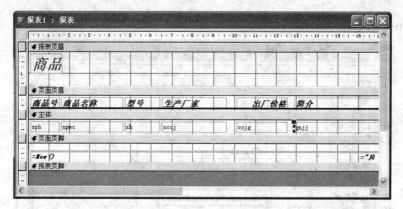

图 6-7　商品表格式报表"设计"视图

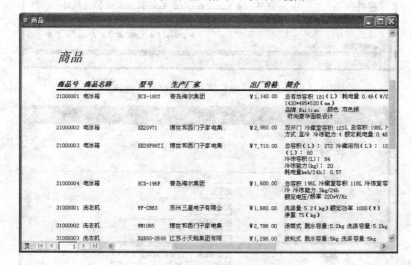

图 6-8　商品表格式报表"预览"视图

3）在菜单栏中选择"文件｜保存"命令，命名存储该报表。

6.2.2　使用"报表向导"创建报表

使用"报表向导"创建报表，"报表向导"会提示用户输入相关的数据源、字段和报表版面格式等信息，根据向导提示可以完成大部分报表设计基本操作，加快了创建报表的过程。

【例 6-3】以"商品进销管理系统"数据库中的订单表为基础，利用向导创建"商品订单统计"报表。具体操作步骤如下。

1）在 Access 中打开"商品进销管理系统"数据库文件；在"数据库"窗体中单击"报表"对象，再单击"新建"按钮，弹出"新建报表"对话框，如图 6-4 所示。选择"报表向导"选项。

2）单击"确定"按钮，弹出"报表向导"对话框，与窗体一样，报表也需要选择一个数据源，数据源可以是表或查询对象。这里选择"订单"表作为数据源，在"可用字段"列表字段中，选择需要的报表字段，单击▣按钮，所选字段就会显示在"选定的字段"列表中，如图 6-9 所示，选择订单表的"sph"（商品号）、"khh"（客户号）和"spsl"（商品数量）字段到"选定的字段"列表中。

3）单击"下一步"按钮，即在确定了数据的查看字段后，定义分组的级别。这里选择"sph"（商品号）字段为分组级别，如图 6-10 所示。

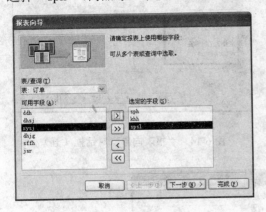 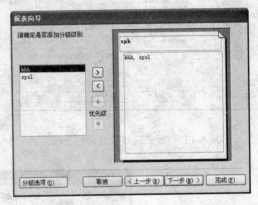

图 6-9 "报表向导"对话框（一）　　　　　图 6-10 "报表向导"对话框（二）

4）单击"下一步"按钮，当定义好分组之后，用户可以指定主体记录的排序次序，这里指定"khh"（客户号）字段按升序排序，如图 6-11 所示。单击"汇总选项"按钮，弹出"汇总选项"对话框，如图 6-12 所示，指定计算汇总的方式为"汇总"方式，然后单击"确定"按钮。

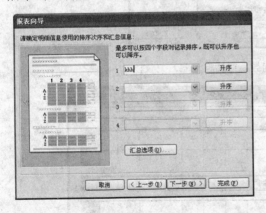 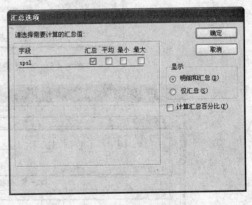

图 6-11 "报表向导"对话框（三）　　　　　图 6-12 "汇总选项"对话框

5）单击"下一步"按钮，在此对话框中，用户可以选择报表的布局样式，如图 6-13 所示，这里选择"递阶"布局样式。单击"下一步"按钮，此对话框用于选择报表标题的文字样式，如图 6-14 所示，这里选择"正式"样式。

6）单击"下一步"按钮，在此对话框中，按要求给出报表标题名称，如图 6-15 所示，这里指定报表标题名称为"商品订单统计报表"。单击"完成"按钮。这样可以得到一个初步报表，该报表的"设计"视图如图 6-16 所示，该报表的"预览"视图如图 6-17 所示，用户可以使用垂直和水平滚动条来调整预览窗体。

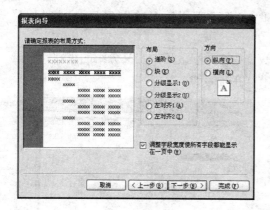 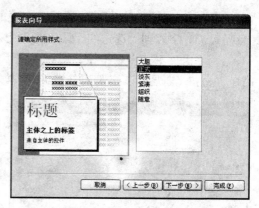

图 6-13 "报表向导"对话框（四）　　　　图 6-14 "报表向导"对话框（五）

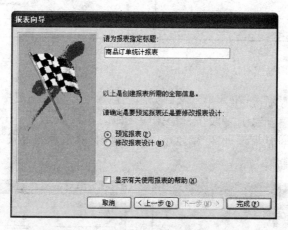

图 6-15 "报表向导"对话框（六）

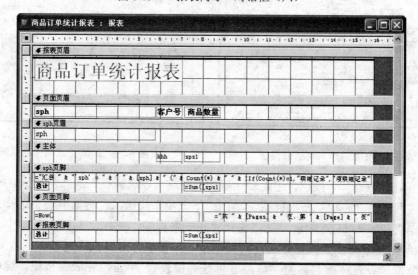

图 6-16 使用"报表向导"创建的报表的"设计"视图

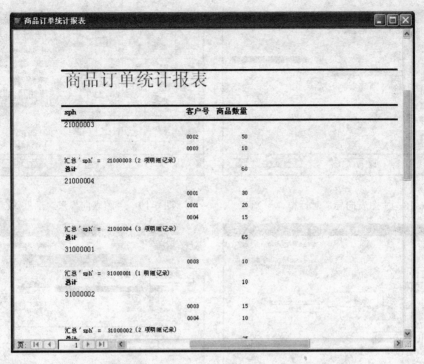

图 6-17 使用"报表向导"创建的报表的"预览"视图

6.2.3 使用"图表向导"创建报表

图表向导用于将 Access 中的数据以图表形式显示出来，即用于快速生成图表报表。

【例 6-4】对于"商品进销管理系统"数据库中订单表使用"图表向导"创建输出各种商品数量的总和的报表。具体操作步骤如下。

1）在 Access 中打开"商品进销管理系统"数据库文件；在"数据库"窗体中单击"报表"对象，再单击"新建"按钮，弹出"新建报表"对话框，如图 6-4 所示。选择"图表向导"选项，在"请选择该对象数据的来源表或查询"框中选择"订单"表。

2）单击"确定"按钮，弹出"图表向导"对话框，需为报表选择相关的字段。在"可用字段"列表框中列出数据源的所有字段，从"可用字段"列表字段中，选择需要的图表字段，单击 ⯈ 按钮，它就会显示在"用于图表的字段"列表中，如图 6-18 所示，选择订单表的"sph"（商品号）和"spsl"（商品数量）两个字段到"用于图表的字段"列表中。

3）当选择完合适的字段后，单击"下一步"按钮，为报表选择图表的类型。这里选择"三维柱形图"，如图 6-19 所示。

4）单击"下一步"按钮，为报表选择图表的布局方式，如图 6-20 所示。单击"求和 spsl"按钮，弹出"汇总"对话框，如图 6-21 所示，选中"总计"，单击"确定"按钮返回。

图 6-18 "图表向导"对话框（一）

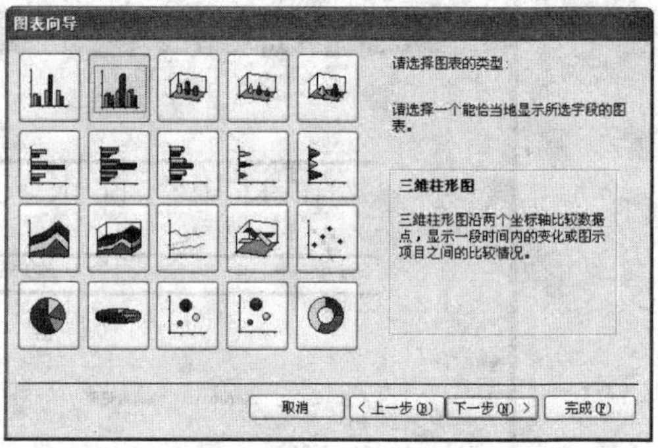

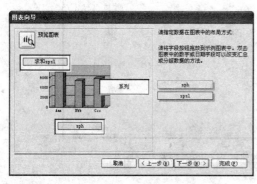

图 6-20 "图表向导"对话框（三）

图 6-19 "图表向导"对话框（二）

图 6-21 "汇总"对话框

5）单击"下一步"按钮，为报表选择图表的标题，如图 6-22 所示。

6）单击"完成"按钮，产生的报表的"设计"视图如图 6-23 所示，其"预览"视图如图 6-24 所示。

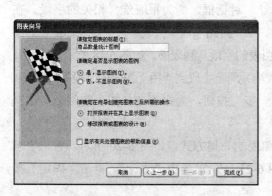

图 6-22 "图表向导"对话框（四）

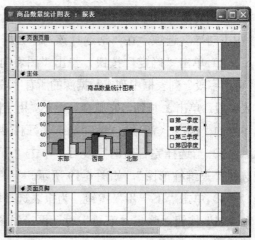

图 6-23 "商品数量统计图表"的"设计"视图

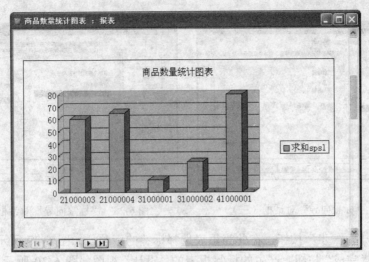

图 6-24 "商品数量统计图表"的"预览"视图

6.2.4 使用"标签向导"创建报表

标签向导用于将 Access 中的数据以标签形式显示出来，即用于快速生成标签报表。

【例 6-5】对于"商品进销管理系统"数据库中的商品表使用"标签向导"创建相关的标签向导。具体操作步骤如下。

1）在 Access 中打开"商品进销管理系统"数据库文件；在"数据库"窗体中单击"报表"对象，再单击"新建"按钮，弹出"新建报表"对话框，如图 6-4 所示。选择"标签向导"选项，在"请选择该对象数据的来源表或查询"框中选择"订单"表。

2）单击"确定"按钮，弹出"标签向导"的对话框，为报表选择标签尺寸，选中尺寸"52mm×70mm"，如图 6-25 所示。

3）单击"下一步"按钮，在此选择标签报表中文本的字体和颜色，如图 6-26 所示。

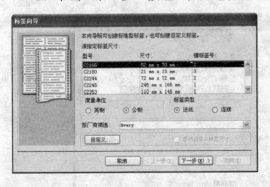

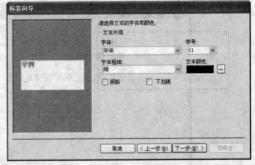

图 6-25 "标签向导"对话框（一） 　　　　图 6-26 "标签向导"对话框（二）

4）单击"下一步"按钮，在此选择报表中标签的显示内容，如图 6-27 所示。

5）单击"下一步"按钮，在此为报表标签选择排序依据。在"可用字段"列表框中列出的数据源所有字段中选择相应的排序依据，如图 6-28 所示，选择订单表的"sccj"（生产厂家）和"sph"（商品号）两个字段到"排序依据"列表框中。

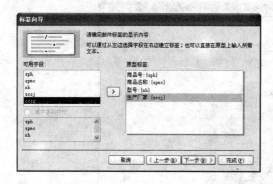

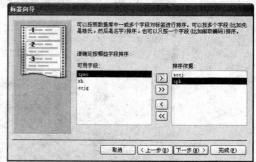

图 6-27 "标签向导"对话框（三）　　　　　　图 6-28 "标签向导"对话框（四）

6）单击"下一步"按钮，在此为报表选择标签的标题，如图 6-29 所示。

7）单击"完成"按钮，产生的标签报表的"设计"视图如图 6-30 所示，其"预览"视图如图 6-31 所示。

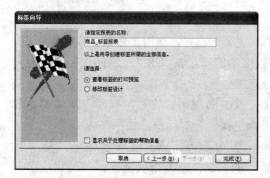

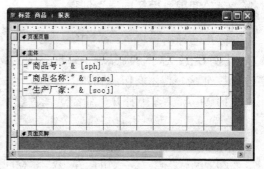

图 6-29 "标签向导"对话框（五）　　　　　　图 6-30 商品标签报表的"设计"视图

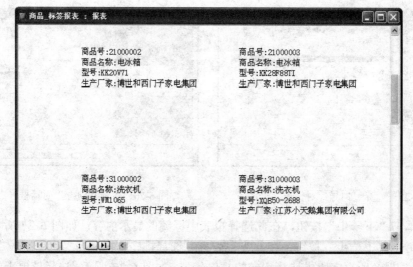

图 6-31 商品标签报表的"预览"视图

6.3 使用报表设计视图创建报表

对于创建具有各种总计、多个字段、包含子报表等比较复杂的报表时，最有效的办法是使用报表的"设计"视图。在报表的"设计"视图中，可以定义报表的分组和排序；也可以添加数据源为复杂表达式的非综合型控件；还可以在报表中包含子报表以及可以为各种控件创建事件过程以实现更高级的功能，如圈阅数据、设置条件格式等。

设计报表时主要对以下项目进行创建与修改。

- 记录源：更改创建报表的数据源——表和查询。
- 排序和分组数据：可以按升序和降序排列数据，也可以根据一个或多个字段对记录进行分组，并且在报表上显示小计和总计。
- "报表"窗口：可以添加或删除"最大化"和"最小化"按钮，更改标题栏文本以及其他的报表"窗口"元素。
- 节：可以添加、删除、隐藏报表的页眉、页脚和主体节并调整其大小；也可以通过设置节属性以控制表的外观和打印。
- 控件：可以移动控件、调整控件大小或者设置其字体属性；还可以添加控件以显示计算值、总计、当前日期与时间，以及其他有关报表的有用信息。

6.3.1 使用设计视图创建报表

使用设计视图可以创建报表向导无法创建的报表形式，它不仅可以创建一个新报表，还可以用来修改或进一步设计报表。

【例6-6】对"商品进销管理系统"数据库，使用"设计视图"创建"商品订购报表"。具体操作步骤如下。

1）打开"商品进销管理系统"数据库，在"数据库"窗口中选择"报表"对象，单击"新建"按钮，弹出"新建报表"对话框。

2）在对话框中选择"设计视图"选项，单击"请选择该对象数据的来源表或查询"列表框的 按钮，选择"商品订货及客户信息查询"，如图6-32所示。

3）单击"确定"按钮，在报表的设计视图中显示一个空白报表，同时会打开报表"设计"视图的工具箱。在报表的"设计"视图中，利用工具箱中的按钮可以向报表中添加各种控件，并可以利用"报表"对话框中的"格式"选项卡对这些控件进行布局。

4）在菜单栏中选择"视图 | 报表页眉/页脚"命令，在报表中添加报表的页眉和页脚，这里在页眉中添加一个标签控件，在标签属性的标题属性中或直接在标签中输入"商品订购报表"，然后设置标签的字体为"隶书"，字号为"26"，并将文本居中显示，如图6-33所示。

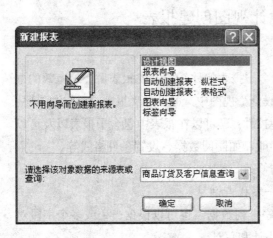

图 6-32 "新建报表"对话框　　　　　　图 6-33 添加报表页眉/页脚的设计视图

5）将字段列表中的"spmc"（商品名称）、"xh"（型号）、"spsl"（商品数量）、"khxm"（客户姓名）字段分别拖动到报表的主体节中，如图 6-34 所示。

6）按住 Shift 键分别将主体节中的 4 个标签控件选中，单击工具栏上"剪切"按钮，单击"页面页眉"，单击工具栏上的"粘贴"按钮，将粘贴到"页面页眉"中的标签调整在一行，并调整"页面页眉"节的高度；然后将"主体"节的文本框也调整为一行，并调整"主体"节的高度，如图 6-35 所示。

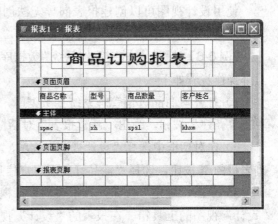

图 6-34 在设计视图中主体节添加字段列表中的　　图 6-35 设计"商品订购报表"的布局
字段和标签标题

7）单击工具栏上的"保存"按钮，在"另存为"对话框输入"商品订购报表"，单击"确定"按钮。

8）单击工具栏上的"打印预览"按钮，显示"商品订购报表"的结果，如图 6-36 所示。

图 6-36　"商品订购报表"打印预览

6.3.2 报表的布局

在报表窗口有若干个分区，每个分区实现的功能各不相同，由于各个控件在报表设计功能中的位置不同，可按需要调整控件的位置和大小，这就是设计/修改报表布局的内容。

1. 设置节的属性和大小

设置报表中各个节的属性的方法是：在报表设计视图下，在相应的节上的边框或任意空白处单击鼠标右键，在弹出的快捷菜单中选择"属性"命令，弹出节的属性对话框，根据报表的需要输入相应的属性值。

设置节的大小有两种方法。

1）将鼠标指针放在节的下边缘或右边缘上，当鼠标指针变为上下箭头或左右箭头时，按下鼠标左键，拖拽鼠标增大或缩小节的高度或宽度，当节调整为合适大小时释放鼠标；将鼠标指针放在节的右下角边缘当鼠标指针变为上下左右箭头时，按下鼠标左键，拖拽鼠标可以同时增大或缩小节的高度甚于整个报表的宽度。

2）通过节的属性对话框的"格式"选项卡中的"高度"属性值来完成节的高度的设置。节的宽度不能单独设置，可以通过报表的属性对话框的"格式"选项卡中的"宽度"属性值设置，实现对整个报表的宽度设置。

2. 添加或删除报表页眉和页脚

在报表设计视图下，如果报表中不包含报表页眉和页脚时，将鼠标指针放在报表的标题栏上，单击鼠标右键，在弹出的快捷菜单中选择"报表页眉/页脚"命令，可以实现对报表页眉和页脚的添加，否则使用该命令将删除报表页眉和页脚。

3. 添加或删除页面页眉和页脚

在报表设计视图下，如果报表中不包含页面页眉和页脚时，将鼠标指针放在报表的标题栏上，单击鼠标右键，在弹出的快捷菜单中选择"页面页眉/页脚"命令，可以实现对页面页眉和页脚的添加，否则使用该命令将删除页面页眉和页脚。

4. 控件的操作

报表中的控件的操作有选中控件、移动控件、对齐控件和改变控件的大小。这些操作和在窗体中的控件的操作相同，在这里就不再重复了。

5. 改变文本外观

首先要查看"格式"工具栏是否已经被打开，如果没有"格式"工具栏，应先选择"视图 | 工具栏 | 格式"命令，这样就会出现"格式"工具栏。然后选择要设置文本格式的控件，通过"格式"工具栏提供的工具按钮，改变控件中的文本的字体、字号、颜色、边框、特殊效果和对齐方式等属性。

6. 插入日期和时间

如果需要在报表中插入当前系统的日期和时间，可以按以下步骤操作。

1) 选中要插入日期和时间的报表，单击"设计"按钮，打开报表的设计视图。

2) 在菜单栏中选择"插入 | 日期和时间"命令，弹出"日期和时间"对话框，如图 6-37 所示。

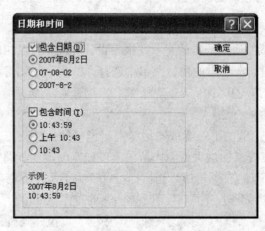

图 6-37　"日期和时间"对话框

3) 在"日期和时间"对话框中，在"包含日期"选项组中选择所需要的日期格式，在"包含时间"选项组中选择所需要的时间格式。

4) 单击"确定"按钮，系统将一个表示日期和时间的文本框控件及其标签控件放置在报表的报表页眉中，当在报表中没有报表页眉时，表示日期和时间的文本框控件及其标签控件被放置在报表的主体。可以使用鼠标将日期和时间控件拖拽到报表的合适位置。

7. 插入页码

在报表的设计视图中为报表插入页码的操作步骤如下。

1）选中要插入页码的报表，单击"设计"按钮，打开报表的设计视图。

2）在菜单栏中选择"插入 | 页码"命令，弹出"页码"对话框，如图6-38所示。

3）在"格式"选项组中选择所需要的页码格式，在"位置"选项组中选择所需要的页码位置。在"对齐"组合框下拉列表中指定页码的对齐方式。如果需要在报表的第一页中显示页码，可以选择"首页显示页码"复选框。

图6-38 "页码"对话框

4）设置完成后，单击"确定"按钮，系统将在设定的位置上插入页码。

8. 定制颜色

在Access中可以为报表中的各个节和控件设置背景颜色，具体操作步骤如下。

1）打开一个报表的设计视图，选择要设置颜色的节或控件。

2）单击格式工具栏上的"填充/背景色"按钮![]右侧的下拉按钮，打开调色板，从中选择需要的颜色即可。

9. 显示图片

在报表中可以加入图片，也可以为报表添加背景图片。这些操作与在窗体中的基本相同。

在报表中添加图片的操作步骤如下。

1）打开一个报表的设计视图，选中控件工具箱中的"图像"控件工具按钮，在报表要显示图片的位置，单击鼠标。

2）在弹出的"插入图片"对话框中选择图片文件，单击"确定"按钮。

3）可以直接用鼠标拖拽图片控件上的控制点来调整图片的大小。

4）弹出图片控件的属性对话框，调整图片控件属性，如选择图片的缩放方式和图片类型等。

在报表中添加背景图片的操作步骤如下。

1）打开一个报表的设计视图，单击工具栏上的"属性"按钮，弹出报表的属性对话框。

2）选择"格式"选项卡上"图片"属性，单击"生成器"按钮，在"插入图片"对话框中选择作为背景的图片文件，并对图片的其他属性进行设置。

3）单击"确定"按钮，完成对报表的背景的设置。

6.4 创建高级报表

有关报表的高级应用包括报表的排序与分组、分类汇总、多列报表和子报表的创建。本节将对这几种高级应用加以介绍。

6.4.1　报表的排序与分组

利用"报表向导"建立报表时，很容易对报表中的记录进行分组和排序。但是，利用"自动报表"建立的报表，主体中的记录是不分组排序的，利用设计视图建立报表时，也需要对记录进行分组和排序。本节将学习在设计视图中对记录进行分组和排序的方法。

【例 6-7】对"商品订购报表"按商品名称和型号进行排序与分组。具体操作步骤如下。

1）利用前面做过的一个没有分组排序的报表——"商品订购报表"，在报表设计视图中打开。

2）在菜单栏中选择"视图 | 排序与分组"命令，弹出"排序与分组"对话框，在此选择排序的次序。对报表中的记录先按"spmc"（商品名称）字段的升序排列再按"xh"（型号）的升序排列如图 6-39 所示。

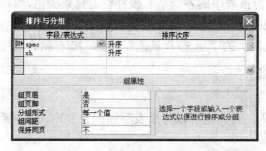

图 6-39　"排序与分组"对话框

3）选定第一行"spmc"（商品名称）字段，在"组属性"中，将"组页眉"或"组页脚"中的一项或两项设置成"是"，这时发现这一行的前面出现了"分组"的标志，而在设计视图中出现了"spmc 页眉"或"spmc 页脚"，所有记录按照"spmc"（商品名称）进行了分组。

4）在设计视图中调整组页眉或组页脚的宽度，就是调整分组记录之间的宽度。可以随时切换到打印预览视图查看分组间距，直到满意为止，如图 6-40 所示。

图 6-40　查询设计视图

5）分别设置主体节中"spmc"（商品名称）和"xh"（型号）文本框的属性，将"格式"选项卡中的"隐藏重复控件"设置为"是"。再切换到打印预览视图，将看到经过排序和分组后的报表，如图 6-41 所示。

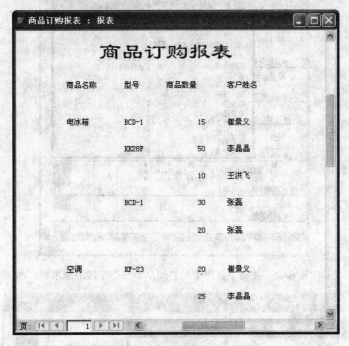

图 6-41　经过排序和分组的报表

在 Access 的报表中最多可以设置 10 级分组。

6.4.2 对报表进行分类汇总

用户往往需要对报表中的数据信息进行汇总统计，利用"报表向导"建立报表时可以通过"汇总选项"来实现汇总。下面在设计视图中对报表进行汇总。

1. 在报表中计算所有记录或一组记录的总计值或平均值

接【例 6-7】，在"spmc 页脚"上添加文本框，标签标题为"商品订购总数"，文本框"控件来源"设置成表达式"=Sum（[spsl]）"，文本框"名称"为"商品订购总数"。现在就在报表中加入了对每种商品的"订购总数"的统计，如图 6-42 所示。Sum 是求和的函数。类似地，也可以用 Avg 函数求平均值。把计算文本框放在组页眉或组页脚中，可以计算出一组记录的总计值或平均值；放在报表页眉或报表页脚中，可以计算出所有记录的总计值或平均值。

2. 在报表主体中对一个记录的计算

继续上面的例子，对主体中的记录计算总计。在主体节中添加文本框，打开属性表，在"控件来源"中输入表达式"=[spsl]/[商品订购总数]"，"格式"选择"百分比"，

"小数位数"选择"1",再在页面页眉中对应的位置上添加标签"比例"。现在就在每条记录后添加了该种商品的订购数量占商品订购总数的百分比,如图 6-43 所示。

图 6-42 在每个分组中对"商品数量"字段汇总求和

图 6-43 在主体节中添加计算控件

表达式中方括号括起的是被引用的字段或控件的名称。这里的"[商品订购总数]"就是前面对超期天数字段汇总的那个文本框的名称。值得注意的是,在 Sum 和 Avg 等函数中只能使用"字段"名称,不允许使用"控件"名称。

修改完成的报表打印预览视图如图 6-44 所示。

图 6-44　报表的打印预览视图

6.4.3　创建多列报表

多列报表最常用的是标签报表形式，可以将一个普通报表设置为一个多列的报表。

【例 6-8】将"商品_标签报表"设置为三列输出，"横向"打印，"先列后行"的形式。具体操作步骤如下。

1）在"商品进销管理系统"数据库窗口，选择"报表"对象，单击"商品_标签报表"，单击"设计"按钮。

2）在菜单栏中选择"文件丨页面设置"命令，在弹出的"页面设置"对话框选择"列"选择卡，在"网格设置"标题下的"列数"文本框中输入"3"；在"行间距"文本框中输入"0.5"，在"列间距"文本框中输入"0.5"；在"列布局"标题下点选"先列后行"单选按钮，如图 6-45 所示。

图 6-45　设置多列报表页面设置对话框

3）选择"页"选项卡，在"打印方向"标题下选择"横向"单选按钮。

4）单击工具栏上的"打印预览"按钮，显示结果如图 6-46 所示。

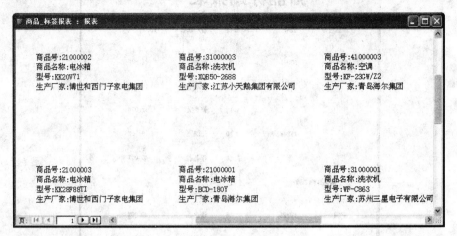

图 6-46 设置多列报表结果

6.4.4 创建子报表

在报表的设计和应用中，通过子报表可以建立一对多关系表之间的联系。利用主报表显示"一"端的表的记录，用子报表来显示与"一"端表当前记录所对应的"多"端表的记录。

创建子报表的方法有两种：一种是在已有报表中创建子报表；另外一种是通过将某个已有报表添加到其他已有报表中来创建子报表。下面分别介绍这两种方法的使用。

1. 在已有报表中创建子报表

在创建子报表之前，应确保已经正确建立了表关系。

【例 6-9】在"商品"报表中增加"订货表"。具体操作步骤如下。

1）在"设计"视图中打开希望作为主报表的报表，此处打开名为"商品"的报表，如图 6-47 所示。

图 6-47 在"设计"视图中打开希望作为主报表的报表

2）单击工具箱中的"控件向导"工具按钮。

3）单击工具箱中的"子窗体/子报表"按钮。

4）在报表上单击需要放置子报表的插入点，弹出"子报表向导"对话框，如图6-48所示。

5）选择"使用现有的表和查询"选项，然后单击"下一步"按钮，在"表/查询"下拉列表框选择"表：订单"，并将所有的字段添加到"选定字段"列表中，如图6-49所示。

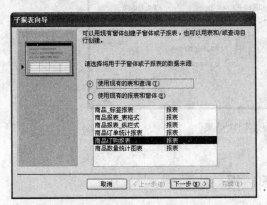
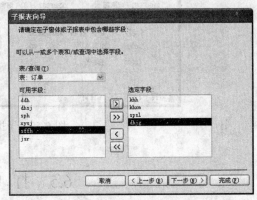

图6-48　"子报表向导"对话框（一）　　　　图6-49　"子报表向导"对话框（二）

6）单击"下一步"按钮，在此对话框中，点选"从列表中选择"单选按钮，然后在列表中选择"对商品中的每个记录用sph显示订单"选项，如图6-50所示。

7）单击"下一步"按钮，在该对话框中，"指定子窗体或子报表的名称"文本框输入子报表的名称，如图6-51所示。

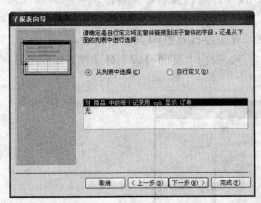
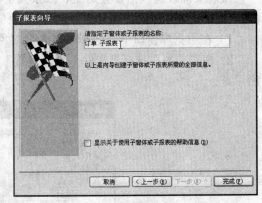

图6-50　"子报表向导"对话框（三）　　　　图6-51　"子报表向导"对话框（四）

8）单击"确定"按钮完成子报表的创建，结果如图6-52所示。

2. 将报表添加到其他已有报表中创建子报表

具体操作步骤如下。

1) 在"设计"视图中打开希望作为主报表的报表。

2) 单击工具箱中的"控件向导"工具按钮。

3) 按 F11 键切换到"数据库"窗口。

4) 将报表或数据表从"数据库"的窗口中拖动到主报表中需要出现子报表的节。

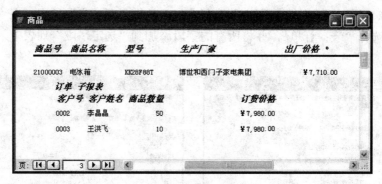

图 6-52　子报表创建结果

6.5　打印报表

报表设计完成后就可以把报表打印出来。但是要想打印美观的报表,在打印之前还需要合理设置报表的页面,直到预览效果满意后就可以将报表打印输出了。

6.5.1　页面设置

报表页面设置包括设置边距、纸张大小、打印方向、页眉、页脚样式等。页面设置的具体操作步骤如下。

1) 在数据库窗口中,选择"报表"对象,双击要设置打印页面的报表。

2) 在菜单栏中选择"文件 | 页面设置"命令,弹出"页面设置"对话框,如图 6-53 所示。

图 6-53　"页面设置"对话框

3）在该对话框中，有"边距"、"页"和"列"三个选项卡，分别用于设置报表的边距、页和列的属性。

- 边距：设置页边距并确认是否只打印数据。
- 页：设置打印方向、页面大小、纸张来源和指定打印机。
- 列：设置窗体、报表等的列数、大小和列的布局，还可以进行网格设置。

6.5.2　预览报表

预览报表的目的就是将在屏幕上模拟打印机的实际效果。为了保证打印出来的报表满足要求且外形美观，通过预览显示打印页面，以便发现问题，进行修改。"打印预览"和"版式浏览"是预览报表的两种视图。在"打印预览"中可以看到报表的打印外观，并显示全部记录。在"版面预览"中，可以预览报表的版面。在该视图中，报表只显示几个记录作为示例。

预览报表中数据的方法是在工具栏上选择"视图 | 打印预览"命令。预览报表布局的方法是在工具栏上选择"视图 | 版面预览"命令。

在"打印预览"视图中，有"单页"、"双页"和"多页"按钮，通过单击不同的按钮，以不同数量页方式预览报表，还可以选择不同显示比例预览报表，这与 Word 的打印预览是相同的。

6.5.3　打印报表

经过最后预览、修改后，就可以打印了。打印就是将报表送到打印机输出。打印报表的操作步骤如下。

1）在数据库窗口中，选择"报表"对象，选定要打印的报表。

2）在菜单栏中选择"文件 | 打印"命令，弹出"打印"对话框，如图 6-54 所示。

图 6-54　"打印"对话框

3）在"打印"对话框中设置完打印范围、打印份数等参数后，单击"确定"按钮，开始打印。

第 7 章

数据访问页的创建与使用

随着计算机网络的飞速发展,越来越多的用户希望能在网络上浏览信息、编辑数据,自然也就需要将数据库应用系统运行于计算机网络上。Access 2003 同 Microsoft 的其他产品一样,也具有非常强大的 Internet 应用能力,它新增加了将数据库中的数据通过 Web 页发布出去的功能, 使得 Access 与 Internet 紧密地结合到一起。通过 Web 页,用户可以方便、快捷地将所有文件作为 Web 发布程序存储在指定的位置,也可以在网络上发布信息。

7.1 数据访问页概述

数据访问页是直接与数据库中的数据联系的 Web 页,用于查看和操作来自 Internet 的数据, 而这些数据是保存在 Access 数据库中的。数据访问页可以用来添加、编辑、查看或处理 Access 数据库的当前数据。可以创建用于输入和编辑数据的页,类似于 Access 窗体,也可以创建显示按层次分组记录的页,类似于 Access 报表。在 Access 2003 的数据访问页中,相关数据还可以根据数据库中内容的变化而变化,以便于用户随时通过 Internet 访问这些资料。

数据访问页对象与 Access 数据库中的其他对象不完全相同,不同点主要表现在数据访问页对象的存储与调用方式方面。

7.1.1 数据访问页的类型

数据访问页可以根据使用方式的不同分成以下三种页类型。

1. 交互式报表页

交互式报表页用于合并或分组保存数据库中的信息。使用数据访问页上的展开指示器可以显示汇总信息,页可以在页面上过滤和排序数据。但是,使用这种类型的数据访问页时,只能浏览数据,不能编辑数据。

2. 数据输入页

数据输入页又称为数据入口页。用于编辑、浏览和添加数据。通过这种页面,用户可以在网上更新数据库的数据。

3. 数据分析页

这种类型的数据访问页可以包含与Access的数据透视表和Microsoft Excel数据透视

表具有相类似的特点的数据透视表,可以包含图表和电子表格等对象。在页面上使用电子表格时,可以用于数据的输入和编辑,也可以使用公式执行与 Microsoft Excel 中相同的计算。在页面上使用图表可以分析数据趋势和进行数据比较。

7.1.2 数据访问页的数据源

数据访问页是从 Microsoft Access 数据库或 Microsoft SQL server 6.5 以上的版本中取得数据。如果要设计使用以上这些数据库的数据访问页,该页必须连接到所用数据库。

如果已经打开了一个 Microsoft Access 数据库或已经链接到 Microsoft SQL Server 数据库的 Microsoft Access 项目,在该数据库中创建的数据访问页会自动链接到当前数据库并将其路径存储在该数据库访问页的 ConnectionString 属性中。当用户在 Microsoft Internet Explorer 中浏览到该页或在"页"视图中显示该页时,通过使用 ConnectionString 属性中定义的路径,页显示来自基础数据库中的当前数据。如果数据库是在本地驱动器上,设计数据访问页时,Access 将使用本地路径,这意味着其他用户将无法访问这些数据。基于这个原因,将数据库移动或复制到一个可供其他用户访问的网络位置非常重要。数据库设置为网络共享状态之后,使用 UNC(通用命名规范)地址打开该数据库。如果在页设计完成后移动或复制该数据库,则务必更新 ConnectionString 属性中的路径以指向新的位置。可以选择创建连接文件,以避免逐个更新数据库中每个页的 ConnectionString 属性。连接文件存储数据访问页的连接信息,并可以在多个数据访问页间共享。在打开采用了连接文件的数据访问页时,该页会读取连接文件并连接到适当的数据库上。在创建连接文件后,如果移动或复制数据库,则只要在连接文件中编辑连接信息即可。

7.1.3 数据访问页的视图

数据访问页共有三种视图,包括设计视图、页面视图和 Internet Explorer 视图。设计视图是 Access 提供的完成数据访问页的设计的界面;页面视图是在 Access 数据库下,使用数据访问页进行数据库数据操作的应用界面;Internet Explorer 视图是数据访问页的 HTML 文件在 Internet Explorer 5 及以上版本的浏览器中被打开的界面,可以用于在浏览器中对数据库数据的操作。

1. 数据访问页的存储方式

数据访问页与其他的 Access 对象不同,是以一个单独的"*.html"格式的磁盘文件形式存储的,在 Access 数据访问页对象中只保留一个快捷方式,而其他对象都存储在 Access 数据库文件(*.mdb)中。

2. 数据访问页的调用方式

设计好数据访问页对象以后,可以通过两种方式调用它。

1)在 Microsoft Access 数据库中打开数据访问页。一般来说,在 Access 数据库中打开数据访问页主要是测试,并不是实际应用。在 Access 数据库设计视图上单击"页"对象,选中需要打开的数据访问页,单击"打开"按钮或者双击需要打开的数据访问页。

一个打开的数据访问页如图 7-1 所示。

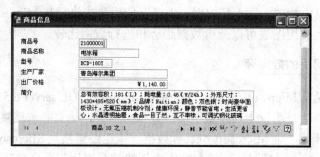

图 7-1 使用 Access 数据库打开数据访问页

2）在 Internet Explorer 中打开数据访问页。数据访问页的功能就是为 Internet 用户提供访问 Access 数据库的界面，所以在多数情况下，都是通过 Internet 浏览器来打开数据访问页的，如图 7-2 所示。当用户在浏览器中打开数据访问页时，所看到的是该页的副本。这意味着，对所显示数据进行的任何筛选、排序和其他改动，包括在数据透视表列表或电子表格中进行的改动，只影响该数据访问页的副本。但是，对数据本身的改动，如修改值、添加或删除数据，都保存在基本数据库中。因此，查看该数据访问页的所有用户都可用这些数据。

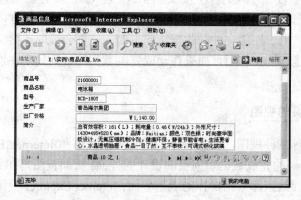

图 7-2 使用 Internet Explorer 打开数据访问页

7.1.4 数据访问页与窗体和报表的差异

在 Access 中，创建数据访问页的方法与创建窗体或报表的方法大体上相同。数据访问页的作用与窗体类似，都可以作为浏览和操作的数据库数据的用户操作界面，窗体具有很强的交互能力，主要用于访问当前数据库中的数据；而数据访问页除了可以访问本机上的 Access 数据库外，还可以用于访问网上数据库中的数据。

数据访问页与显示报表相比具有以下优点。

1）由于与数据绑定的数据访问页连接到数据库，所以这些页显示的是数据库的当前数据。

2）页是交互式的，用户可以只对自己所需的数据进行筛选、排序和查看。

3）页可以通过电子邮件方式进行分发，每当收件人打开邮件时都可看到当前数据。

7.2 创建数据访问页

创建数据访问页与创建窗体和报表一样，可以通过自动创建的方法或对话框向导来创建。还可以利用现有的 Web 页创建。除此之外，可以将 Access 数据库中的表、查询、窗体和报表通过选择"文件 | 另存为 | 数据访问页"命令，将选中的对象保存为数据访问页。

7.2.1 自动创建数据访问页

Access 提供的"自动创建数据页：纵栏式"功能可以帮助用户迅速创建基于表或查询的纵栏式数据访问页，该数据访问页包括表或查询中除存储图片字段外的所有字段。通过该数据访问页也可以编辑、输入和删除表或查询中数据。

【例 7-1】使用自动创建数据访问页的方法创建"商品"表的数据访问页。具体操作步骤如下。

1）在打开的"商品进销管理系统"数据库窗口中，选择"页"对象，单击"新建"按钮，弹出"新建数据访问页"对话框。在对话框中选择"自动创建数据页：纵栏式"选项。在"请选择该对象数据的来源表或查询"组合框中选择要创建的数据访问页所需要的"商品"表，如图 7-3 所示。

2）单击"确定"按钮，完成数据页的创建，创建的数据访问页如图 7-4 所示。如果该数据访问页需要修改，可以在设计视图下对数据访问页进行修改。

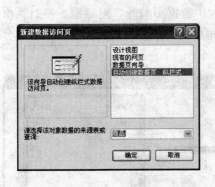

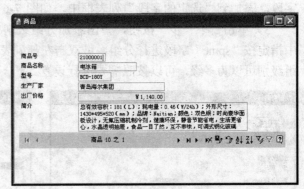

图 7-3 "新建数据访问页"对话框   图 7-4 "商品"数据访问页

创建完成的数据访问页将被自动保存为当前文件夹中的 HTML 文件，并在数据库窗口的"页"对象的列表框中创建该 Web 页的快捷方式。

在 Access 数据库或在 Internet Explorer 浏览器下，通过数据访问页的"记录浏览工具栏"可以对数据源的记录表进行浏览、追加（新建）、编辑、删除、排序和筛选等操作。如果进行追加、修改及删除等更改数据库数据的操作，则要求数据访问页的数据源应该是单一的表，或者是建立在单一表上的、没有任何统计计算的查询。

记录浏览工具栏的按钮的功能如图 7-5 所示。

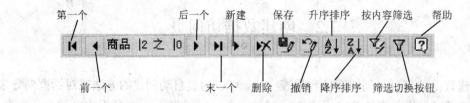

图 7-5 记录浏览工具栏的导航按钮

对数据的更改可以单击数据访问页上的记录浏览工具栏上的"保存"按钮进行保存，或单击"撤销"按钮对数据的更改进行撤销。由于数据删除为永久性删除，所以在执行了删除操作后，会弹出警告信息框，提示对删除操作进行确认。

7.2.2 利用向导创建数据访问页

Access 提供了向导以帮助创建数据访问页，通过向导创建数据访问页可以对数据源的内容作进一步的选择，也可以对数据源的记录进行分组和排序。

【例 7-2】利用向导创建一个有关商品订单的数据访问页。具体操作步骤如下。

1）在打开的"商品进销管理系统"数据库窗口中，选择"页"对象后，单击"新建"按钮，弹出"新建数据访问页"对话框，选择"数据页向导"选项，如图 7-3 所示。然后单击"确定"按钮，弹出"数据页向导"对话框。

2）在"数据页向导"对话框中选择需要的表或查询的名称，从中选择要在数据页上使用的字段，并将其添加到"选定的字段"列表框中。根据数据页的数据要求，选择订单表中的"ddh"和"ddsj"字段，商品表中的"spmc"字段和客户表中的"khxm"字段，添加到"选定的字段"列表框中，如图 7-6 所示。

3）单击"下一步"按钮，弹出添加分组级别的"数据页向导"对话框。在对话框中指定按"spmc"字段进行分组，可双击左部列表框中的"spmc"，如图 7-7 所示。分组级别可以为多级，可以按照需要进行设置。

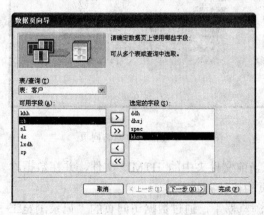

图 7-6 确定使用字段的"数据页向导"对话框   图 7-7 添加分组级别的"数据页向导"对话框

4）单击"下一步"按钮，弹出对记录排序的"数据页向导"对话框。在排序次序的对话框中设置"ddsj"按"降序"排列，如图 7-8 所示。

5）单击"下一步"按钮，弹出指定数据页标题等内容的"数据页向导"对话框。在该对话框中输入数据页标题，如果需要进一步设计数据页，则选择"修改数据页的设计"单选按钮；如果不需要修改，要直接查看创建好的数据页，则点选"打开数据页"单选按钮，如图 7-9 所示。

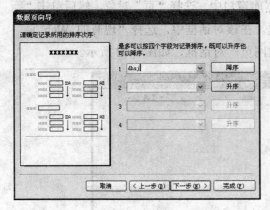 

图 7-8 设置排序次序的"数据页向导"对话框   图 7-9 指定标题的"数据页向导"对话框

6）单击"完成"按钮，即完成数据访问页的创建，创建的数据页如图 7-10 所示。

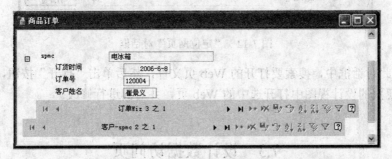

图 7-10 "商品订单"数据访问页

7）可以打开"商品订单"页的设计视图，修改 spmc 标签为"商品名称"，修改后的数据页如图 7-11 所示。

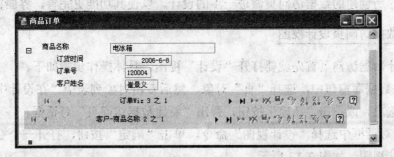

图 7-11 修改后的"商品订单"数据访问页

7.2.3 将现有的 Web 页转换为数据访问页

Access 所创建的数据访问页是一种 Web 页，是 HTML 文件，所以 Access 可以识别任何程序所创建的 Web 页。在 Access 中打开由其他程序创建的 Web 页就可以将其转换为数据访问页。具体操作步骤如下。

1）在打开的"商品进销管理系统"数据库窗口中，选择"页"对象，然后单击"新建"按钮，弹出"新建数据访问页"对话框。在该对话框中，选择"现有的 Web 页"选项，然后单击"确定"按钮，弹出"定位网页"对话框，如图 7-12 所示。

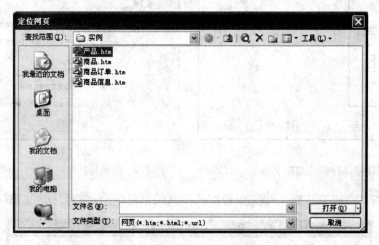

图 7-12 "定位网页"对话框

2）在此对话框中，搜索要打开的 Web 页文件，然后单击"打开"按钮，Access 将在数据访问页的设计视图中打开选中的 Web 页，并对其进行修改。

7.3 设计数据访问页

在实际设计数据访问页时，可以先利用向导创建数据访问页，然后再通过"设计"视图对向导所创建的数据访问页做进一步的设计，以使其功能更完善，界面更友好。

7.3.1 数据访问页设计视图

要设计数据访问页首先就要打开"设计"视图。具体操作步骤如下。

1）在数据库窗口中，选择"页"对象，然后双击对象列表中"在设计中创建数据访问页"选项，或单击"新建"按钮，弹出"新建数据访问页"对话框。

2）在对话框中选择"设计视图"命令，单击"确定"按钮，打开一个空白的数据访问页设计视图，如图 7-13 所示。

对于已有的数据访问页，可以在对象列表中选择需要打开的数据访问页，然后单击

"设计"按钮，Access 将该数据访问页的设计视图打开，如图 7-14 所示。

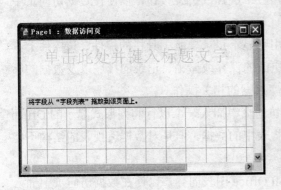
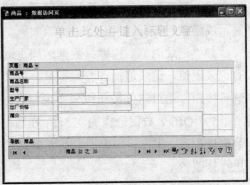

图 7-13 数据访问页设计视图　　　　图 7-14 "商品"数据访问页的设计视图

打开数据访问页设计视图时，将显示"字段列表"窗口，其被用于在数据访问页上添加所需要的字段，如图 7-15 所示。Access 工具栏上的"字段列表"按钮，可用于该窗口的开关。

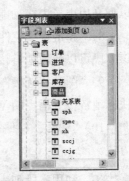

7.3.2 数据访问页的特有控件

Access 在打开数据访问页设计视图的同时，还将显示出设计数据访问页需要的控件工具箱，利用工具箱可以向数据访问页中添加所需要的控件。该工具箱与设计窗体或报表时使用工具箱的方法基本相同，但是增加了一些 Web 页所特有的控件，如图 7-16 所示。这些控件的功能如下。

图 7-15 "字段列表"窗口

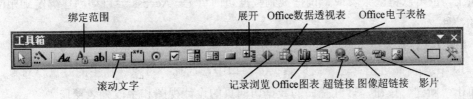

图 7-16 数据访问页的控件工具箱

1）"绑定范围"控件：可以在表的一个字段中存储 HTML 代码，并且当数据访问页显示该字段中的数据时，HTML 代码会执行指定的操作。通过将"绑定范围"控件与 Access 数据库中表的"文本"或"备注"字段相绑定，或者与 Access 项目中的 text、ntext、varchar 或其他可以存储文本的列相绑定，可以实现这一功能。绑定范围控件内容是不可编辑的。

2）"滚动文字"控件：在数据访问页中可以插入一端移动的文本，通过将"滚动文字"控件与数据库中的表的一个字段相绑定，可以显示该字段所包含的文本。或者在"滚动文字"控件文本框内直接输入文本,使其移动显示。

3)"展开"控件:在数据访问页中插入一个展开或折叠按钮,以便在数据访问页中显示或隐藏已被分组的记录。

4)"记录浏览"控件:数据访问页上用于显示记录导航工具栏的控件,该控件上具有记录浏览、记录追加、删除记录、记录更改的保存或撤销、记录的排序以及数据的筛选等按钮,通过这些按钮可以实现对数据库数据的相关操作。

5)"Office 数据透视表"控件:在数据访问页中插入一个以行和列形式显示的 Office 数据透视表,用户可以查看和更新数据透视表中的数据,但是对数据透视表的结构不能进行修改。

6)"Office 图表"控件:启动 Microsoft Office 图表向导,以便在数据访问页中插入一个二维图表。

7)"Office 电子表格"控件:在数据访问页中插入一个 Microsoft Office 电子表格,以便利用电子表格功能进行复合计算。

8)"超链接"控件:在数据访问页中插入一个包含超级链接地址的文本字段,使用该字段可以快速地链接到指定的 Web 页或打开电子邮件程序发送邮件。

9)"图像超链接"控件:在数据访问页中插入一个包含超级链接地址的图像,以便快速地链接到指定的 Web 页。当然,也可以为该图像定义屏幕提示和其他文本。

10)"影片"控件:在数据访问页中创建一个影片控件,用户可以指定播放影片的方式。

7.3.3　利用字段列表为数据访问页添加绑定型控件

当使用字段列表向数据访问页上添加绑定型控件时,可以将特定字段拖拽到数据访问页上,也可以将整个表或查询拖拽到数据访问页上。Access 会自动创建绑定到相应字段的控件。

【例 7-3】为客户表数据建立数据访问页。具体操作步骤如下。

1)在"商品进销管理系统"数据库窗口中,选择"对象"栏中的"页"对象,然后单击"新建"按钮,打开空白的数据访问页的设计视图和字段列表窗口。

2)若字段列表窗口没有打开,可以单击工具栏上的"字段列表"按钮,将其打开。该窗口中显示了数据库中的所有表和查询及其字段。如果是一个空的数据库,那么数据访问页的字段列表也是空的,可以单击字段列表窗口上的"页连接属性"按钮，弹出"数据链接属性"对话框,选择该数据访问页的数据库名称并单击"确定"按钮,如图 7-17 所示。

3)如果要添加单个字段,可以在"字段列表"窗口中选择字段名称,然后单击"添加到页"按钮，在数据访问页中将会添加一个与选中字段绑定的文本框控件和附加标签。如果要添加一个表或查询的全部字段到数据访问页中,则选择"字段列表"中相应的表或查询，然后单击"字段列表"窗口上的"添加到页"按钮。在这里单击"字段列表"中的"商品"表选项，并单击"添加到页"按钮，弹出"版式向导"对话框，（保证"控件向导"的按钮被按下）如图 7-18 所示。

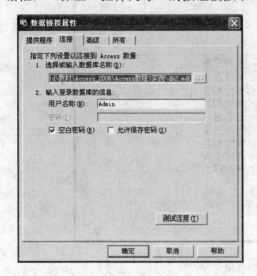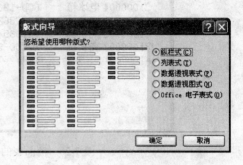

图 7-17　"数据链接属性"对话框　　　　　　图 7-18　"版式向导"对话框

4）在"版式向导"对话框中，选择"列表式"单选按钮，然后单击"确定"按钮，在数据访问页上添加与商品表的字段绑定的文本框和标签控件，如图 7-19 所示。

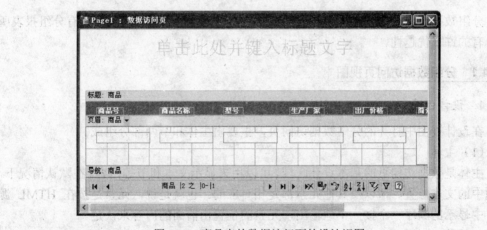

图 7-19　商品表的数据访问面的设计视图

5）在数据访问页的设计视图中，可以调整各个控件的位置和大小，并为其添加标题等。

6）若不按下"控件向导"按钮，则自动添加默认的版式，如图 7-20 所示。

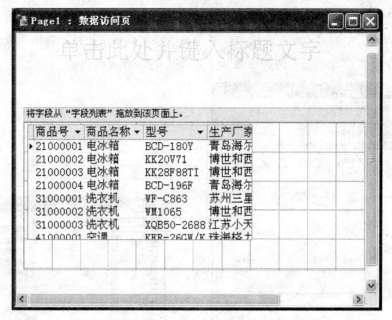

图 7-20   商品表的数据访问页的默认版式

7.4   分组数据访问页

分组数据访问页与分组报表具有相似的特性，而分组数据访问页又具有分组报表所不具有的许多优越性。

7.4.1   分组数据访问页视图

1. 设计视图中的分组数据访问页

在设计视图中打开的分组数据访问页，主要由主体和节两部分组成。

（1）主体

主体是数据访问页的基本设计区域，可以用来显示文本和节等内容。在默认情况下，主题中的文本位置、节以及其他元素都是相对应的。也就是说，元素是按在 HTML 源文件中显示的顺序一个接一个地输出，元素的位置由前面的内容来决定。

（2）节

在数据访问页中，使用节可以显示文本、数据库中的数据以及工具栏。在默认的状态下，节中的控件和其他元素的位置是固定的，当调整浏览器窗口的大小时，控件也保持同样的位置。

在分组的数据访问页中有 4 种类型的节：组页眉、组页脚、标题和记录导航，如图 7-21 所示。

1）组页眉：主要用于显示数据和计算总计。如果要对数据进行分组，至少必须有两个以上的分组级别。处在最低分组级别的组页眉类似于报表的主体节，用于显示当前组的所有记录。

2）组页脚：主要用于计算总计。它出现在分组级别的记录导航节的前面。组页脚对数据访问页中的最低分组级别不能进行设置的。

3）标题：用于显示数据列的标题，不能在标题节中放置绑定型控件。标题节只有当展开上一个组级别时才显示。

4）记录导航：用于显示分组级别的记录导航控件。如果分组级别没有页脚，则组的记录导航节在组页眉节后出现，如果分组级别有页脚，则出现在页脚后。不能在记录导航节中放置绑定控件。

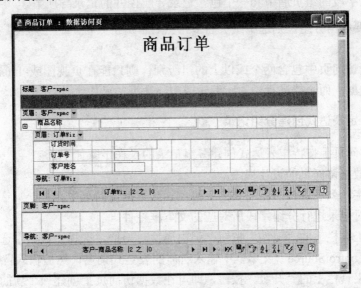

图 7-21　分组数据访问页的各组成部分

2. 在页视图或 Internet Explorer 中显示分组的数据访问页

在页视图或 Internet Explorer 中打开分组的数据访问页时，在数据访问页上有"展开"按钮，单击该按钮可以显示每一组的详细记录，如图 7-22 所示。

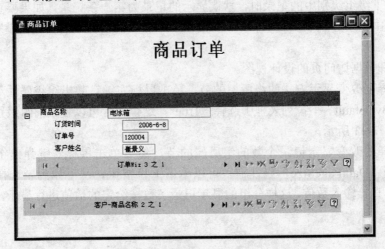

图 7-22　分组数据访问页的展开按钮

7.4.2 按值创建分组记录

在数据访问页上按值创建分组记录的操作步骤如下。

1）打开数据访问页的设计视图。

2）打开字段列表窗口，将需要的字段添加到数据访问页中。

3）选择对记录进行分组的字段所对应的文本框控件。

4）单击工具栏上的"升级"按钮 ⬅，Access 在数据访问页上添加一个包含展开按钮控件和分组字段的组页眉节和一个包含记录导航控件的记录导航节。

5）如果要取消分组，则选中组页眉节，然后单击工具栏上的"降级"按钮 ➡，即可删除分组。

如果数据访问页中包含两个或以上的组级别，则只能在页视图或 Internet Explorer 窗口中查看数据，而不能进行添加、编辑或删除数据的操作。

7.4.3 按特定表达式创建分组记录

在数据访问页上按特定表达式创建分组记录的操作步骤如下。

1）打开数据访问页的设计视图。

2）打开字段列表窗口，将需要的字段添加到数据访问页中。

3）选择对记录进行分组字段所对应的文本框控件。

4）单击工具栏上的"属性"按钮，弹出属性对话框，选择"数据"选项卡。

5）在"ControlSource"文本框中输入所需的表达式别名，然后输入冒号和表达式。

6）单击工具栏上的"升级"按钮，即可在数据访问页上创建一个新的分组。

7.4.4 设置分组记录的显示方式

在默认情况下，在 Internet Explorer 窗口中打开分组数据访问页时，下级组级别记录都为折叠状态，只有单击当前组级别的展开按钮，才能显示下级组级别中的记录。另外，在显示下级组级别中的记录时，默认显示的记录为第一条记录，如果要查看其他记录，需要单击记录导航节上的"下一个"按钮 ▶，如果需要更改这些默认设置，操作步骤如下。

1）打开数据访问页的设计视图。

2）选择要改变显示方式的组所属的节，单击鼠标右键，弹出组级属性对话框，在"ExpandedByDefault"下拉列表框中选择"True"，这个设置可以使当前组级别处于展开状态，如图 7-23 所示。

3）选择要改变显示记录个数的组所属的节，然后单击鼠标右键弹出组级属性对话框，选择"DataPageSize"属性框，可以单击下拉按钮，从下拉列表选择数值，或在属性框中直接输入数值，这样分组的显示记录条数按给定的数值进行显示，如图 7-24 所示。

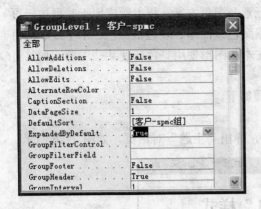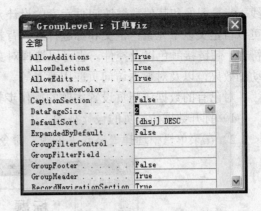

图 7-23 组级属性设置显示为展开状态图　　　　图 7-24 组级属性设置显示记录的个数

7.5 数据访问页外观设计

数据访问页主要是提供数据访问的人机界面，对数据访问页的显示外观设计比较重要，在外观设计中主要对数据访问页的页面、组级、节和元素属性进行设置。也可以将 Access 提供的主题运用于数据访问页的外观设计中。

7.5.1 设置数据访问页的节

数据访问页中所包含的节有主体、页眉、页脚、标题和导航节。可以通过页面属性对话框对各个节的属性进行设置。操作步骤如下。

1）在数据库窗口中，选择"页"对象，选中需要进行节设置的数据访问页，单击"设计"按钮，打开该数据访问页的设计视图。

2）单击工具栏上的"属性"按钮，弹出数据访问页的页面属性对话框，选择"格式"选项卡，如图 7-25 所示。

3）对"格式"选项卡中相应的属性进行设置。例如，改变页面的背景颜色，文字的字体、大小和颜色，节的大小等。

除了通过数据访问页的属性对话框进行设置外，还可以在数据访问页的设计视图上直接对各个节及节上的控件进行位置和大小以及颜色的改变，具体方法与窗体和报表中介绍的方法基本相同。

7.5.2 设置数据访问页主题

主题是一套统一的项目符号、字体、水平

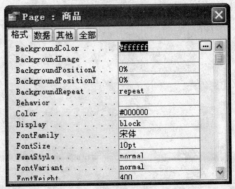

图 7-25 页面属性对话框

线、背景图像和其他数据访问页元素的设计元素及配色方案。将主题应用于数据访问页可以自定义以下元素：正文和标题样式、背景颜色或图形、表边框颜色、水平线、项目符号、超链接颜色以及控件。也可以选择对文本和图形使用亮色，使某些主题图形具有动画效果，以及对数据访问页应用背景等。

对已有的数据访问页设置主题的操作步骤如下。

1）打开数据访问页的设计视图。

2）在菜单栏中选择"格式｜主题"命令，弹出"主题"对话框，如图 7-26 所示。

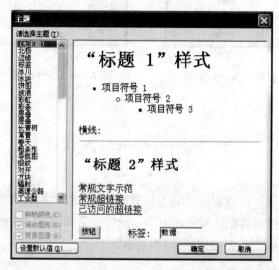

图 7-26　"主题"对话框

3）在"主题"对话框的"请选择主题"列表框中，选择所需的主题并进行相应的设置。如果当前数据访问页已有主题，则此操作将改变数据访问页原有的主题。在"请选择主题"列表框中选择"（无主题）"选项，则可以删除当前数据访问页的主题。

另外，在利用"数据页向导"创建数据访问页时，在向导的最后一个对话框中，勾选"为数据页应用主题"复选框，然后单击"完成"按钮，可弹出如图 7-26 所示的"主题"对话框，进行主题的选择。

第 8 章

数据库的安全管理

一般来说数据库安全性问题应包括两个部分：第一部分是数据库数据的安全，它应能确保当数据库系统 DownTime 时，当数据库数据存储媒体被破坏时以及当数据库用户误操作时，数据库数据信息不至于丢失；第二部分是数据库系统不被非法用户侵入，它应尽可能地堵住潜在的各种漏洞，防止非法用户利用其侵入数据库系统。对于数据库数据的安全问题，数据库管理员可以参考有关系统双机热备份功能以及数据库的备份和恢复等资料。

在早期版本的 Microsoft Access（Microsoft Access 2000 以前）中，有关安全性的知识有时被认为是无法为任何人所掌握和应用的。用户需要按顺序执行很多步骤，一旦遗漏某个步骤或者颠倒了顺序就会带来令人难以想象的后果。随着 Security Wizard 的出现及其不断地改进，在 Microsoft Access 2003 中实现安全性已变得非常简单。但是，即使有了这些帮助，也必须清楚自己的安全选项，并掌握在数据库中保护数据和对象的操作。否则，轻者会带来数据安全隐患，重者会被锁在自己的数据库之外。

有很多方法可以保护 Microsoft Access 数据库以及其中包含的数据。下面将讨论用于保护组成数据库的各个对象（包含数据、窗体和报表等元素）以及代码（可能是数据库中最有价值的部分）的方法。

8.1 数据库安全概述及常用的安全措施

现在有很多工具和第三方实用程序可以用于探测任何类型的数据库的密码，以及来自任何工作组信息文件的用户名和密码。如果需要保护敏感数据免受非法访问，最好的安全措施就是使用计算机操作系统提供的文件级安全性和文件共享安全性。文件级安全性涉及在数据文件上设置权限；文件共享安全性涉及限制对数据文件存储位置的访问。文件共享安全性的一个示例是在存储数据文件的文件夹（位于本地计算机或网络服务器上）上设置用户权限。因此，可以将数据拆分到多个文件中，在这些文件上设置用户权限，再将这些文件放置到受保护的文件共享空间中，然后可以从具有安全设置的 Microsoft Access 数据库链接到这些文件。

以下介绍几种保护 Microsoft Access 数据库的方法。

1. 加密或解密数据库

最简单（也是安全性最低）的保护方法是对数据库进行加密。加密数据库就是将数据库文件压缩，从而使某些实用程序（如字处理器）不能解读这些文件。加密一个不具有安全设置的数据库并不能保证数据库的安全，因为任何人都可以打开数据库并完全访问数据库中的所有对象。

加密可以避免在以电子方式传输数据库或者将其存储在软盘、磁带或光盘上时，其他用户偶然访问数据库中的信息。然而 Jet（Microsoft Access 使用的数据库引擎）使用的加密方法非常薄弱，因此，绝不能用于保护敏感数据。"加密/解密数据库"命令位于"工具"菜单的"安全"子菜单中；解密数据库是对加密过程的逆运算。

2. 使用自定义界面

另一种相对简单的保护方案是使用自定义界面代替 Microsoft Access 标准界面。与加密一样，它也不能保护数据库中的对象和敏感数据的安全。通过在菜单栏中选择"工具｜启动"命令，可以指定自定义的启动窗体、菜单，甚至自定义标题和图标。还可以选择取消 Database 窗口，从而对缺乏相应技术的应用程序用户隐藏这些对象。"启动"对话框的各项功能也可以通过编程实现。有关如何从"启动"对话框设置启动选项的详细信息，请参阅 Microsoft Access 帮助中的"关于启动选项"；有关如何通过编程设置启动选项的详细信息，请参阅 Microsoft Access 帮助中 Microsoft Visual Basic 编辑器的"设置'启动'选项和编码中的选项"。

3. 设置数据库密码

可以在数据库上设置密码，从而要求其他用户在访问数据和数据库对象时输入密码。使用密码保护数据库或其中对象的安全性也称为共享级安全性。但是不能使用此选项为用户或组分配权限。因此，任何掌握密码的人都可以无限制地访问所有 Microsoft Access 数据和数据库对象。"设置数据库密码"命令位于"工具"菜单的"安全"子菜单中。

4. 设置模块密码

使用密码可以保护所有标准模块和类模块（如窗体和报表中包含的代码）以免用户不小心修改或查看 VBA 代码。设置密码后，只需在每次会话时输入一次密码，以便在 Visual Basic 编辑器中查看或修改代码。除查看和编辑外，在剪切、复制、粘贴、导出或删除任何模块时也都需要密码。但应该清楚的是，使用这种方法保护代码不能防止其他用户运行代码，也不能防止其他用户使用第三方实用程序（如十六进制编辑器）来查看代码。要完全保护代码，必须将.mdb 文件转换为 MDE 文件。

5. 用户级安全性

除共享级安全性外，还可以使用用户级安全性，它提供了最严格的访问限制，使用户能够最大限度地控制数据库及其包含的对象。这是所推荐的数据库保护措施的一部分（当和操作系统提供的文件级和共享级安全性结合使用时）。因此，将在后面对用户级安全性做详细介绍。同样也将讨论用于保护数据库中包含的 Visual Basic for Applications（VBA）代码的各种方法。

用户级安全性（在单独使用时）主要用于保护数据库中的代码和对象，以免用户不小心进行了修改或更改。如果不希望用户非法访问窗体、报表或模块中的代码，则必须将.mdb 文件转换为 MDE 文件。要避免用户修改数据库中的查询、宏或数据访问页，唯一的方法就是将数据库文件放在一个受保护的文件共享区域中。此外，在 Microsoft Access 中不可能既允许用户修改表中的数据，同时又禁止其修改表的设计或删除表。要提供这样一种功能，需要使用一个基于服务器的数据库产品，如 Microsoft SQL Server。

6. 使用 MDE 文件

通过将数据库文件转换为 MDE 文件，可以完全保护 Microsoft Access 中的代码免受非法访问。将.mdb 文件转换为 MDE 文件时，Microsoft Access 将编译所有模块，删除所有可编辑的源代码，然后压缩目标数据库。原始的.mdb 文件不会受到影响。新数据库中的 VBA 代码仍然能运行，但不能查看或编辑。数据库将继续正常工作，仍然可以升级数据和运行报表。尤其是，将 Microsoft Access 数据库保存为 MDE 文件可以防止以下操作：在设计视图中查看、修改或创建窗体、报表或模块；添加、删除或更改对对象库或数据库的引用；导入或导出窗体、报表或模块。而表、查询、数据访问页和宏可以导入非 MDE 数据库，或从中导出。

8.2　隐藏数据库对象

最简单的数据库保护方法就是将需要保护的数据库对象隐藏，这样可以避免其他用户对它的访问。

Microsoft Access 提供了隐藏数据库对象的功能，它可以使被保护的数据库对象不会出现在数据库窗口。隐藏一个数据库对象操作如下。

1）选择数据库窗口中需要保护的数据库对象，单击鼠标右键，选择"属性"命令。

2）弹出如图 8-1 所示的"属性"对话框，选中"隐藏"选项，单击"确定"按钮，则该数据库对象被隐藏，不在数据库窗口中出现。

3）如果想要恢复该隐藏对象，可以在菜单栏中选择"工具|选项"命令，弹出"选项"对话框，如图 8-2 所示。选择"视图"选项卡，选择"隐藏对象"，单击"应用"或者"确定"按钮，则被隐藏的数据库对象暗淡地出现在数据库窗口中。

4）如果要取消隐藏属性，则需要像设置隐藏的步骤一样，在"属性"对话框中取消勾选"隐藏"复选框。

图 8-1　选择"属性"命令

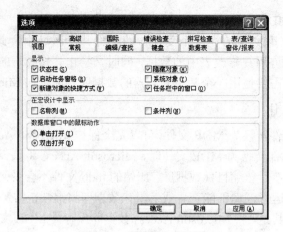

图 8-2 "选项"对话框

8.3 设置和取消数据库密码

Microsoft Access 和 Microsoft Office 系列一样，允许用户为数据库设置密码，从而要求用户在访问数据库时输入密码。当用户登录后，便可以不受限制地访问数据库中的数据和对象。手动设置数据库密码操作如下。

1. 设置用户密码

1）以独占方式打开数据库：若数据库处于打开状态，则先关闭数据库，然后选择"文件｜打开"命令重新打开数据库；在"打开"对话框中，找到需要打开的数据库，单击"打开"右侧的下拉按钮，在下拉菜单中选择"以独占方式打开"命令，如图 8-3 所示。

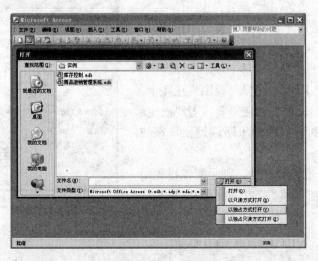

图 8-3 以独占方式打开数据库

2）在菜单栏中选择"工具｜安全｜设置数据库密码"命令，弹出如图 8-4 所示对话框。在"密码"文本框中输入密码；在"验证"文本框中，重新输入密码以确认，然后单击"确定"按钮。

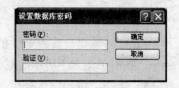

注意：密码区分大小写；在设置数据库密码之前，建议备份数据库并将其存储在一个安全的位置。

图 8-4 "设置数据库密码"对话框

设置了数据库密码后，下次用户打开数据库时，会弹出一个对话框要求输入密码。

2. 撤销用户密码

1）以独占方式打开数据库，打开时输入用户密码，如图 8-5 所示。

2）在菜单栏中选择"工具｜安全｜撤销数据库密码"命令，弹出"撤销数据库密码"对话框。在对话框中，输入数据库用户密码，如图 8-6 所示。

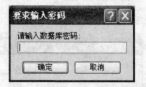

图 8-5 输入数据库密码

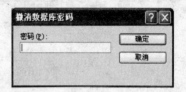

图 8-6 "撤销数据库密码"对话框

3）单击"确定"按钮，完成撤销数据库用户密码的操作。

8.4 Access 的用户级安全性

Microsoft Access 使用 Microsoft Jet 数据库引擎来存储和检索数据库中的对象。Jet 数据库引擎使用基于工作组的安全模型（也称用户级安全性）来判断谁可以打开数据库，并保护数据库所包含对象的安全。无论是否明确设置了数据库的安全性，用户级安全性对所有 Microsoft Access 数据库始终处于打开状态。可以通过操纵用户和组账户的权限和成员身份来更改 Microsoft Access 中的默认安全级别。

8.4.1 设置用户与组的账户

无论何时启动 Microsoft Access，Jet 数据库引擎都要查找工作组信息文件（默认名称为 system.mdw，也可以使用扩展名.mdw 任意命名）。工作组信息文件包含组和用户信息（包括密码），这些信息决定了哪个用户可以打开数据库，以及不同用户对数据库中对象的权限。单个对象的权限存储在数据库中，这样就可以赋予一个组的用户（而不是其他用户）使用特定表的权限，而赋予另一个组查看报表的权限，但不能修改报表的设计。

工作组信息文件包括内置组（管理员组和用户组）以及一个通用用户账户（管理员）中，该账户具有管理数据库及其包含的对象的权限（无限制）。也可以使用菜单命令（"工具｜安全"命令）或者通过 VBA 代码添加新的组和用户。

1. 新建用户账户

1）打开需要设置安全性的数据库，在菜单栏中选择"工具｜安全｜用户与组账户"命令，弹出如图 8-7 所示的对话框。

2）选择"用户"选择卡，单击"新建"按钮，弹出"新建用户/组"对话框，输入用户名称和个人 ID，如图 8-8 所示。

图 8-7　"用户与组账户"对话框

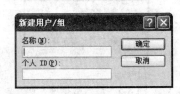

图 8-8　"新建用户/组"对话框

3）单击"确定"按钮，返回"用户与组账户"对话框，新建的用户出现在对话框的用户名称中，单击用户名称的下拉箭头，会出现现有的用户名称，如图 8-9 所示。

图 8-9　新建"专业管理员"用户

4）单击"确定"按钮，完成新建用户的操作。

Microsoft Access 在用户创建个人标识号后就把它隐藏，所以用户必须确认所输入的用户或组账号的名称和个人标识号，个人标识号必须是由4～20位的数字或者字符组成。如果必须重新创建帐号，则一般要使用相同的名称和个人标识号。

2．删除用户账户

1）打开需要设置安全性的数据库，在菜单栏中选择"工具｜安全｜用户与组账户"命令，弹出如图8-7所示的对话框。

2）单击用户名称的下拉箭头，选择要删除的用户名。

3）单击"删除"按钮，弹出如图8-10所示对话框

图 8-10　确认删除用户对话框

4）单击"是"则会删除所选的用户，返回图8-7所示对话框。

5）单击"确定"按钮，完成删除用户的操作。

3．设置用户隶属

在图8-7对话框中，选择新添加的用户，在"组成员关系"中选择一个组，单击"添加"按钮可以设置用户隶属于管理员组或者用户组。如果将新用户账户添加到管理员组中，则该用户对数据库中的对象具有管理权限。

4．新建与删除组账户

新建一个组和新建一个用户的步骤基本上是相同的。选择"组"选项卡，如图8-11所示，就可以对组进行新建和删除了。

需要注意管理员组不能被删除，其成员具有不可撤销的管理权限。可以通过菜单或代码删除管理员组的权限，但管理员组的任何成员都可以重新添加权限。此外，管理员组中必须始终至少有一个管理数据库的成员。对于没有进行安全设置的数据库，管理员组始终包含默认的管理员用户账户，它也是所有用户默认登录的账户。

5．更改登录密码

如果用户想要修改登录密码，可以打开"更改登录密码"选项卡，如图8-12所示。首先必须在"旧密码"栏中输入原来的登录密码，然后分别在"新密码"和"验证"两栏中输入新的密码，最后单击"确定"或者"应用"按钮即可完成修改。

在默认管理员用户账户上设置密码会激活登录对话框，从而每次启动 Microsoft Access 时都会提示用户输入用户名和密码。如果没有在管理员账户上设置密码，用户将自动作为管理员用户登录，无须密码，也不会出现登录对话框。

图 8-11　"组"选项卡

在安装 Microsoft Access 时,安装程序会自
动创建工作组信息文件,并使用所指定的名称
和单位信息来命名。因为这一信息通常很容易
被判断出来,因而未经授权的用户很可能会创
建另一个版本的工作组信息文件,从而在由该
工作组信息文件定义的工作组中,为自己设定
一个不可撤销的管理员账户(管理员组的成员)
权限。为防止发生这种情况,应创建一个新的
工作组信息文件,并指定唯一的工作组 ID
(WID)。这样,只有知道 WID 的用户才能创建
该工作组信息文件的副本。

图 8-12 "更改登录密码"选项卡

8.4.2 设置用户与组的权限

对数据库中对象的权限可以是显式的(直接分配给用户账户)或隐式的(从用户所
属的组继承),也可以是两者的结合。Microsoft Access 在权限问题上使用"最少限制"
规则,即用户的权限包括其显式和隐式权限的总和。例如,如果某个用户的账户具有限
制权限,而该用户属于一个具有限制权限的组,同时也属于另一个具有管理(所有)权
限的组,那么该用户将具有管理权限。因此,通常最好不要为用户账户分配显式权限,
而应创建具有不同权限的组,然后将用户分配给具有适当权限的组,这会减少数据库管
理方面的麻烦。

设置用户与组的权限的操作如下。

1)打开数据库,在菜单栏中选择"工具 | 安全 | 用户与组权限"命令,弹出"用
户与组权限"对话框。

2)在"权限"选项卡中设置用户与组的权限,如图 8-13 所示。

3)选择"更改所有者"选项卡,更改"用户列表"对象的所有者,如图 8-14 所示。

4)单击"确定"按钮,完成用户与组权限的设置。

图 8-13 设置用户与组的权限

图 8-14 更改所有者

8.5 设置和使用安全机制

为了保证数据的安全，Access 还提供了比在数据库中设置密码更强大的保护手段——使用"设置安全机制向导"设置 Microsoft Access 数据库的安全性。

8.5.1 设置安全机制

设置安全机制的具体操作步骤如下。

1）打开需要设置安全性的数据库"商品进销管理系统"，在菜单栏中选择"工具｜安全｜设置安全机制向导"命令，弹出"设置安全机制向导"对话框，如图 8-15 所示。

2）单击"下一步"按钮，指定工作组信息文件的名称和工作组 WID（可改，这里使用系统默认值），如图 8-16 所示。

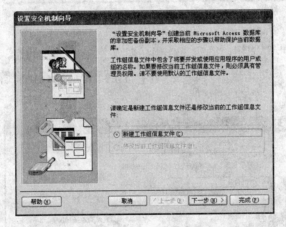

图 8-15 "设置安全机制向导"对话框

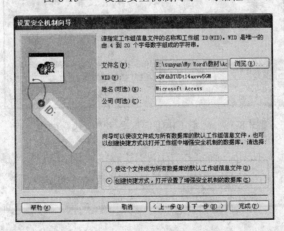

图 8-16 指定工作组信息文件的名称和工作组 WID

3）单击"下一步"按钮，选择要设置安全机制的数据库对象，选择"所有对象"选项卡，单击"全选"按钮，如图 8-17 所示。

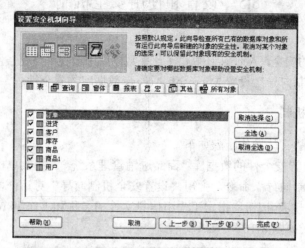

图 8-17   选择数据库对象

4）单击"下一步"按钮，确定工作组信息文件中所包含的组，选择"完全数据用户组"复选框，除了该对话框所列的组以外，向导还自动创建一个管理员组和一个用户组，组 ID 使用默认值，如图 8-18 所示。

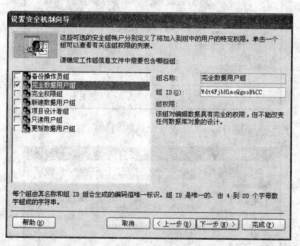

图 8-18   确定工作组信息文件中所包含的组

5）单击"下一步"按钮，确定授予用户组某些权限，点选"是，是要授予用户组一些权限"单选按钮，给新创建的组一些权限。这里赋予所有权限，即依次选择"数据库"、"表"、"查询"、"窗体"、"报表"和"宏"选项卡，并勾选各选项卡中的所有复选框，如图 8-19 所示。

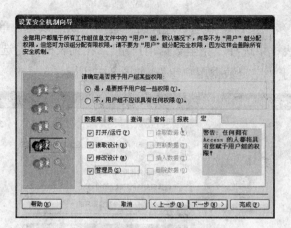

图 8-19 确定用户组权限

6）单击"下一步"按钮，添加新用户，用户名为"gly"，密码为"123456"，PID（个人编号）使用系统默认值，如图 8-20 所示。

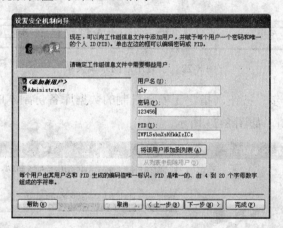

图 8-20 添加新用户

7）单击"将该用户添加到列表"按钮，新用户"gly"出现在用户列表框中，如图 8-21 所示。

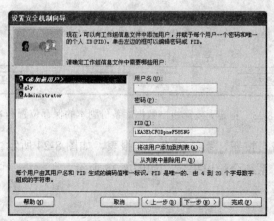

图 8-21 添加新用户后

8）单击"下一步"按钮，点选"选择组并将用户赋给该组"单选按钮，在"组或用户名称"下拉列表框中选择"完全数据用户组"，在列表框中勾选"gly"复选框，从而使"gly"用户属于"完全数据用户组"，如图 8-22 所示。

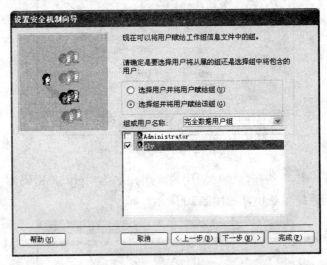

图 8-22 设置用户的隶属关系

9）单击"下一步"按钮，指定无安全机制的数据库备份副本的保存位置和名称，这里使用系统默认值，如图 8-23 所示。

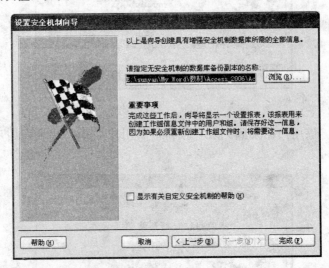

图 8-23 指定无安全机制数据库备份副本的保存位置和名称

10）单击"完成"按钮，系统创建一个报表，如图 8-24 所示。

11）关闭报表，系统会给出提示，如图 8-25 所示。

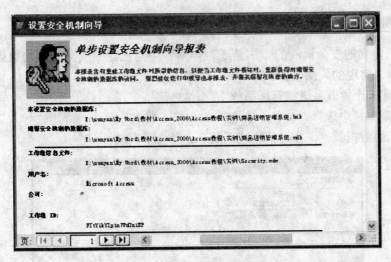

图 8-24 安全机制向导报表

图 8-25 系统提示

12）单击"是"按钮，系统又会给出提示，如图 8-26 所示。

13）单击"确定"按钮，完成数据库安全机制的设置。建立安全机制信息文件后，在 Windows 桌面上会出现一个"商品进销管理系统.mdb"快捷方式图标。

图 8-26 系统提示

8.5.2 打开已建立安全机制的数据库

数据库建立了安全机制后，如果用户没有相应的权限就不能打开该数据库。一般情况下，用户直接运行 Microsoft Office Access 系统程序是以管理员的身份登录的，如果以管理员的身份登录，则不管数据库是否建立安全机制，用户都可以打开、使用和修改数据库。因此，上述设置的安全机制是用户级的。

打开已建立安全机制的"商品进销管理系统"操作步骤如下。

1）双击 Windows 桌面上的"商品进销管理系统.mdb"快捷方式图标，弹出"登录"对话框。

2）在对话框中输入用户名"gly"和密码"123456"，如图 8-27 所示。

3）单击"确定"按钮，即可打开"商品进销管理系统"。

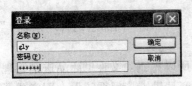

图 8-27 "登录"对话框

8.5.3 删除已建立的安全机制

删除已建立的安全机制的方法是通过导入一个与已建立安全机制的数据库完全一样的数据库来实现的。操作步骤如下。

1）创建一个"商品进销管理系统1"空数据库。

2）在菜单栏中选择"文件|获取外部数据|导入"命令，弹出"导入"对话框，选择要导入的数据源"商品进销管理系统"，如图8-28所示。

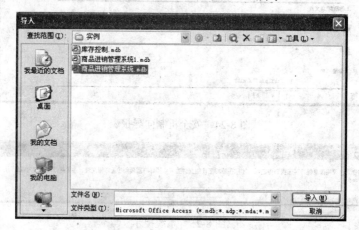

图8-28 选择"商品进销管理系统"

3）单击"导入"按钮，弹出"导入对象"对话框，依次选择"表"、"查询"、"窗体"、"报表"、"页"和"模块"选项卡，并在每个选项卡中单击"全选"按钮，如图8-29所示。

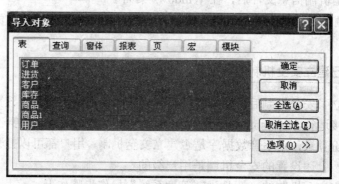

图8-29 "导入对象"对话框

4）单击"确定"按钮，系统开始从"商品进销管理系统"到"商品进销管理系统1"的复制工作。复制完毕后，这两个数据库完全相同。

5）因"商品进销管理系统1"没有建立安全机制，所以先删除文件"商品进销管理系统"，再将文件"商品进销管理系统1"重命名为"商品进销管理系统"，即完成了安全机制的删除操作。

8.6 消除 Access 的安全漏洞

为什么 Access 系统存在安全漏洞呢？这要从 Admin 用户说起。众所周知，Admin 用户是 Access 系统的缺省用户，也就是说，除非 Access 系统在安装后已经重新链接到了某个新的工作组安全系统上，否则将以默认的 Admin 用户登录 Access。而微软将其用于标记该 Admin 账户的用户 ID 号设成了一个固定值，这就意味着全世界的 Access 系统的 Admin 用户在 Access 中都是同一个用户。这样，问题就出现了，如果一个没有链入工作组安全系统的用户在网络文件系统级别上可以获得数据库系统文件的 Admin 权限，他将以 Admin 用户的身份拥有对该数据库系统的所有权利，由 Access 本身建立起来的第二级安全机制将不起任何作用，这种情况实在太容易发生了。工作组用户只要在他的计算机上重新安装一次 Access 软件，他将会轻而易举地避开设置的安全系统的防护，而作为默认的 Admin 用户登录并操作工作组中任何数据库系统。

迄今为止，没有一个比较好的解决方法。在这里提供一个解决的思路，就是屏蔽 Admin 用户对数据库的所有权限。首先，在 Admins 用户组中增加一个新的与 Admin 用户等同的新用户，如"www"，然后以这个新用户登录 Access，从 Admins 用户组将 Admin 用户撤出，并屏蔽掉 Admin 用户对数据库的所有权限。这样，Admin 用户就成为了一个普通用户，实际的数据库系统管理员则变为新用户（www），数据库安全系统就对所有的用户起安全防护作用了。

第 9 章

宏的创建与使用

前面介绍了表、查询、窗体、报表、数据访问页等五种数据库对象，这些对象都具有强大的功能，如果将这些数据库对象的功能组合在一起，就可以完成数据库的各项数据管理工作了。但这些数据库对象都是彼此独立的并且不能相互驱动，要使 Access 的众多数据库对象成为一个整体，以一个应用程序的界面展示给用户，就必须借助于代码类型的数据库对象。宏对象便是此类数据库对象中的一种。

9.1 宏 概 述

宏是一种简化用户操作的工具，是提前设定好的动作列表的集合，每个动作完成一个特定的操作。运行宏时 Access 就会按照所定义的操作顺序依次执行。对于一般的用户来说，使用宏是一种更简洁的方法：它不需要编程，也不需要记住各种语法，只要将所执行的操作、参数和条件输入到宏窗口中即可。

9.1.1 宏的基本概念

宏是由一个或一个以上的宏操作构成，并且能够依次将这些宏操作执行的数据库对象。每一个宏操作执行一个特定的数据库操作动作。宏可以独立存在，但通常是和"命令按钮"控件一起出现，通过驱动"命令按钮"而运行。例如，单击某个命令按钮，打开表、打印某份报表等。

Access 提供了 50 多个宏操作，这些宏操作几乎涉及数据库的每一个操作动作，用户在使用宏时，只需给出操作的名称、条件和参数，通过运行宏就能够自动执行一系列操作。一般情况下，使用宏操作基本上能够实现数据库的各项管理工作。之所以说 Access 是一种不用编程的关系数据库管理系统，其原因便是它拥有一套功能完善的宏操作。当然，宏的功能终究有限，数据库的复杂操作和维护还需要通过编写 VBA(Visual Basic Application）来实现。实际上，在 Access 中，宏被看作是 VBA 的辅助编程方法。关于 VBA 编程将在第 10 章中介绍。

9.1.2 常用的宏操作

Access 为用户提供了 50 多个宏操作，一些常用的宏操作及其功能描述如表 9-1 所示。

表 9-1 常用宏操作

分类	宏操作	功能描述
打开或关闭数据库对象	OpenForm	打开窗体
	OpenModule	打开 Visual Basic 模块
	OpenQuery	打开查询
	OpenReport	打开报表
	OpenTable	打开数据表
	Close	关闭打开的数据库对象
记录操作	GoToRecord	指定当前记录
	FindRecord	查找满足条件的第一条记录
	FindNext	查找满足条件的下一条记录，通常与 FindRecord 宏操作搭配使用
更新	Requery	刷新活动对象控件中的数据
设置值	SetValue	设置窗体或报表中的字段、控件的属性值
重命名	Rename	重新命名当前数据库中指定的对象名称
复制	CopyObject	将指定的某个数据库对象复制到当前数据库或另一个 Access 数据库中
删除	DeleteObject	删除指定的数据库对象
运行代码	RunApp	运行指定的外部应用程序。如 Windows 或 MS-DOS 应用程序
	RunSQL	运行指定的 SQL 语句
	RunMacro	运行指定的宏
	Quit	退出 Access
导入导出数据	TransferDatabase	在 Access 数据库与其他数据库之间导入或导出数据
	TransferText	在 Access 数据库与文本文件之间导入或导出数据
提示信息	Beep	通过个人计算机的扬声器发出嘟嘟声
	MsgBox	显示包含警告信息或其他信息的消息框
	SetWarnings	打开或关闭系统消息

9.1.3 宏和宏组

就单个宏操作而言，功能是很有限的，因为它只能完成一个特定的数据库操作动作。但是当众多的宏操作串联在一起，被依次连续地执行时，就能够执行一个较复杂的任务。

Access 中的宏可以是包含操作序列的一个宏，也可以是某个宏组，宏组由若干个宏组成。宏组有助于数据库的管理。另外，还可以使用条件表达式来决定在什么情况下运行宏，以及在运行宏时某项操作是否进行。根据以上三种情况，可以将宏分为操作序列宏、包含条件操作的宏和宏组。

如图 9-1 所示就是一个宏组，它由两个宏组成，分别是"宏 1"和"宏 2"，其中"宏 2"中的操作 Beep 是让计算机发出一种警告声音。

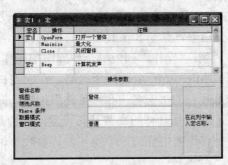

图 9-1 宏组

作为宏，运行它时将顺序执行它的每一个操作，但作为宏组，并不是顺序执行每个宏。宏组只是对宏的一种组织方式，宏组并不可执行，可执行的只是宏组中的各个宏。

9.1.4　条件宏

从前面的介绍中已经了解宏中的操作是顺序执行的，但在使用中常常会遇到分支情况或判断是否继续执行的情况，基于此，Microsoft Access 提供了操作是否执行的条件判断，只有该操作符合一定条件时，才可以执行它。

对如图 9-2 所示的宏组，要执行操作 SetValue，则需要条件列 "[计数器]=10" 表达式为真。至于该表达式是什么意思，后面章节将会做比较详细地解释。

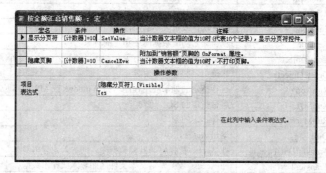

图 9-2　条件宏

9.2　宏的创建与设计

在 Microsoft Access 中创建宏是一件非常轻松的事情，通过使用 Microsoft Access 丰富的宏功能将会发现，如果只是做一个小型的数据库，程序的流程用宏就可以实现。

9.2.1　利用设计视图创建宏

宏设计视图用于宏的创建和设计，类似于窗体的设计视图。进入宏设计视图的操作步骤如下。

1）打开要创建的"数据库"窗口，选择"宏"选项卡。

2）单击"数据库"窗口工具栏中的"新建"按钮打开宏设计视图，如图 9-3 所示。

图 9-3 所示显示的是空白宏，菜单和工具栏于其他的设计视图很类似。宏窗口的上半部分用于设计宏，分成两列，"操作"列为每个步骤添加操作，"注释"列为每个操作提供一个说明，说明数据被 Microsoft Access 所忽略。在宏窗口中，还有两个隐藏列："宏名"和"条件"。单击工具栏的"宏名"和"条件"按钮，即可显示这两个列。宏窗口下半部分是操作参数区，左边是具体的参数及其设置，右边是帮助说明区。

在窗口上半部分的"操作"列中任选一个操作，其参数和说明便会显示在宏窗口的下半部分，如图 9-4 所示。

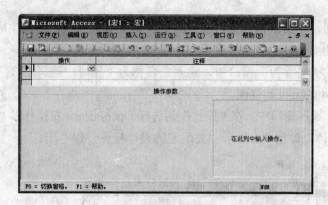

图 9-3　宏设计视图

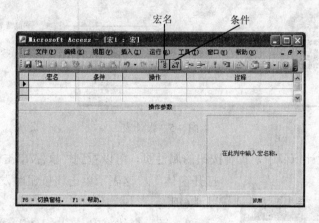

图 9-4　宏设计视图

9.2.2　创建与设计宏

可以直接在宏窗口的"操作"列中输入操作名，也可以从操作下拉列表里选择一个操作。当添加一个操作后，应当在"注释"列中加入说明性文字，以便于将来使用时更易于理解。大多数"操作"需要指定参数，可以参照说明在下拉列表里选择。

在定义了一个有多个操作的宏后，可能需要对其中的某些"操作"顺序进行改变。单击"操作"所在行的左端，该行将反色显示，此时可将它拖动到想要改变的位置；也可以删除该行，只要按 Delete 键或者单击工具栏中的"删除行"按钮即可。要插入某个操作时，先用鼠标单击要插入的位置，再按下工具栏"插入行"按钮即可。

宏会按照由上至下的顺序执行直至结束。如果从初始的宏调用了另外一个宏，那么，被调用的宏会启动，执行完毕后再把控制权返回初始的宏。

【例 9-1】创建打开窗体的宏。

因为宏大多是由控件事件触发执行的，故在此结合窗体控件来示例宏的创建和执行。

方法一：先创建按扭控件，再创建宏。

1）打开系统自带的"罗斯文示例数据库"。

2）建立一个窗体，在上面添加一个按钮，如果出现按钮向导的对话框，单击"取消"按钮。将按钮标题命名为"打开窗体"。

3）选中按钮，单击鼠标右键，在弹出的快捷菜单中选择"事件生成器"。

4）在打开的"选择生成器"窗口中，选择"宏生成器"。

5）在打开的"另存为"窗口中，输入宏名称为"宏_打开窗体"，单击"确定"按钮，打开如图 9-4 的宏设计视图。

6）在宏设计视图窗口中，在"操作"列选择 OpenForm，在操作参数的"窗体名称"中择"产品"窗体，如图 9-5 所示。关闭宏的设计视图，保存宏。

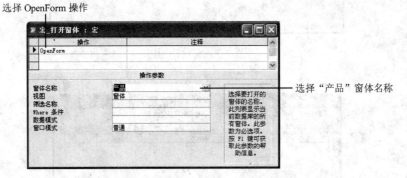

图 9-5　设计宏

7）在窗体设计窗口中，查看按钮的属性页，可以看到"事件/单击"被设置为"宏_打开窗体"，这表示单击该按钮触发该宏的执行，如图 9-6 所示。

8）运行窗体"宏_打开窗体"，单击"打开窗体"按钮，将触发宏"宏_打开窗体"的执行，该宏将打开"产品"窗体。

图 9-6　选择单击事件

方法二：先创建宏，再设置按钮事件。

1）打开系统自带的"罗斯文示例数据库"。

2）打开宏设计器，在宏设计视图窗口中，在"操作"列选择 OpenForm，在操作参数的"窗体名称"中择"产品"窗体，如图 9-5 所示。

3）关闭宏的设计视图，在打开的"另存为"窗口中，输入宏名称"宏_打开窗体"，单击"确定"按钮保存宏。

4）建立一个窗体，在上面添加一个按钮，如果弹出按钮向导的对话框，单击"取消"按钮。将按钮标题命名为"打开窗体"。

5）查看按钮的属性页，设置"事件/单击"为"宏_打开窗体"。

9.2.3　创建与设计宏组

多个宏放在一起将组成一个宏组，它的创建和设计类似于宏的创建和设计。

【例 9-2】创建一个宏组并命名为"宏组_窗体操作"。它由四个宏组成，前三个分别用于打开三个窗体,最后一个用于关闭窗体,如图 9-7 所示。在宏组中执行宏时,Microsoft Access 将执行"操作"列中的操作和"操作"列中其"宏名"列为空时立即跟随的操作。具体操作步骤如下。

1) 建立如图 9-8 所示窗体。

图 9-7 宏组

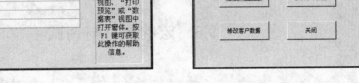

图 9-8 宏组调用窗体

2) 在"修改产品数据"按钮属性窗口的"事件/单击"下拉列表框中选择"宏组_窗体操作.打开产品窗体"。"."前面为宏组名,后面为宏名。

3) 重复2)的操作,将其余三个按钮的"单击"事件设置为相对应的宏。

运行窗体,单击各按钮后会执行宏组中相应的宏。

9.2.4 创建与设计条件宏

创建与设计条件宏的条件是逻辑表达式。条件结果为真,则 Microsoft Access 将执行此行的宏操作。条件结果为假,则跳过此行,判断执行下一行的宏操作。紧跟的下一行的条件与上一行的条件相同,则下行的条件可用"省略号"代替。"条件"列为空,相当于普通的宏操作,Microsoft Access 会直接执行该宏操作。

【例 9-3】条件宏举例。具体操作步骤如下。

1) 建立一个窗体,如图 9-9 所示。

2) 选中按钮,单击鼠标右键,在弹出的快捷菜单中选择"事件生成器",从中选择"宏生成器",然后命名为"条件宏",打开宏设计视图。单击"条件"按钮,显示出"条件"列,如图 9-10 所示。

3) 将实现根据用户在文本框中输入的不同数字显示不同的消息。其中"条件"列中"[text1]"为图 9-9 中"文本框"的名称。

当输入了一个数字"150",将弹出如图 9-11 所示的消息框。

图 9-9 条件宏调用窗体

图 9-10　条件宏设计视图

图 9-11　运行结果

9.3　宏的执行与调试

在执行宏时，Microsoft Access 将从第一行的宏启动，并执行宏中符合条件的操作，直至到宏组中的另一个宏或者到宏的结束为止。可以从其他宏或事件过程中直接执行宏，也可将执行宏作为对窗体、报表、控件中发生的事件做出的响应。如前所述，可以将某个宏附加到窗体的命令按钮上，这样在用户单击按钮时就会执行相应的宏，也可创建执行宏的自定义菜单命令或工具栏按钮而将某个宏指定到组合键中，或者在打开数据库时自动执行宏。

当创建一个宏后需要对宏所实现的功能进行检查，Microsoft Access 提供了两个工具，以帮助用户解决在使用宏时遇到的问题。

9.3.1　宏的执行

用户可以直接执行创建好的宏，通常有如下所列的几种执行方法。

1）在"数据库"窗口的宏选项卡中双击相应的宏名执行该宏。

2）在宏设计视图窗口单击工具栏的"执行"按钮执行正在设计的宏。

3）利用"工具"菜单执行宏。选择"工具 | 宏 | 执行宏"命令，弹出"宏名"对话框执行相应的宏。

4）在窗体、控件、报表和菜单中调用执行宏。

5）自动执行宏。将宏命名为"AutoExec"，则在每次启动该数据库时，将自动执行该宏。

另外，宏还可嵌套执行，也就是说在一个宏中可以调用执行另一个宏。具体方法是，在宏中加入操作 RunMacro，并将操作 RunMacro 的参数"宏名"设为想要执行的宏，如图 9-12 所示。这样在执行新创建的宏时，就可以执行已有宏中的操作，而不必再在新建的宏中逐一添加所需的操作。

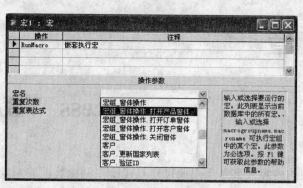

图 9-12 嵌套执行宏

9.3.2 宏的调试

在宏的执行得到异常的结果时，可以使用宏的调试工具。单击工具栏的"单步"按钮或者选择"运行 | 单步"命令后，再执行宏，则进入宏的单步执行模式。在单步执行模式下，有下列三个选项。

1）单步执行：执行在对话框列出的操作，如果没有错误，下一个操作会出现在对话框中。

2）暂停：停止该宏的执行并关闭该对话框。

3）继续：关闭单步模式并继续执行该宏的后继部分。

如果用户创建的宏中存在错误，单步执行宏时将会在窗口弹出操作失败对话框，如图 9-13 所示，Microsoft Access 将显示出错宏操作的名称、参数以及相应的条件，利用该信息可以了解宏出错的原因，然后打开宏设计视图对宏进行修改。

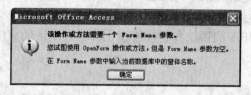

图 9-13 操作失败对话框

第 10 章

Access VBA 编程

前面各章介绍的内容大多是用户通过交互式操作创建数据库对象，并通过数据库对象的操作来管理数据库。虽然 Access 的交互操作功能强大，易于掌握，但是在实际的数据库应用系统中还是希望尽量通过自动操作达到数据库管理的目的。应用程序设计语言在开发中的应用，可大大加强对数据管理应用功能的扩展。在 Office 中包含有 VBA，VBA 具有与 Visual Basic 相同的语言功能。VBA 为 Access 提供了无模式用户窗体以及支持附加的 ActiveX 控件等功能。

10.1　VBA　概　述

VBA 和 Visual Basic 同样是用 Basic 语言来作为语法基础的可视化的高级语言，都使用了对象、属性、方法和事件等概念，只不过中间有些概念所定义的群体内容稍稍有些差别。这是由于 VBA 是应用在 Office 产品内部的编程语言，具有明显的专用性。由于 VBA 也是采用 Basic 语言来作为语法基础（只是和 Basic 有极小的差异），就使得初学者在编程的过程中感到十分容易，这也可以说是 VBA 的优点之一。

下面将逐步介绍 VBA 的语法和它在可视化编程环境下的应用。

10.1.1　VBA 简介

VB 是微软公司推出的可视化 Basic 语言，用它来编程非常简单。因为简单且功能强大，所以微软公司将它的一部分代码结合到 Office 中，形成今天所说的 VBA。它的很多语法都继承自"VB"，所以可以像编写 VB 语言那样来编写 VBA 程序。当这段程序编译通过以后，Office 将这段程序保存在 Access 中的一个模块里，并通过类似在窗体中激发宏的操作那样来启动这个"模块"，从而实现相应的功能。

VBA 提供了一个编程环境和一门语言，应用它可以自行定义应用程序以扩展 Office 的性能，将 Office 与其他软件相集成，并使 Office 成为一系列商务管理中的重要环节。通过使用 VBA 构建定制程序会使用户充分利用 Office 提供的功能和服务。

10.1.2　VBA 的编程环境

在 Office 中提供的 VBA 开发界面称为 VBE（Visual Basic Editor），在 VBE 中可编写 VBA 函数和过程。Access 的 VBE 界面与 Word、Excel 和 PowerPoint 的 VBA 开发界面基本一致。

1. VBE 界面

在 Access 中，可以有多种方式打开 VBE 窗口。

1）按 Alt+F11 组合键（按该组合键还可以在数据库窗口和 VBE 之间相互切换）。

2）先选择数据库窗口的"模块"命令，然后双击所要显示的模块名称，就会打开 VBE 窗口并显示该模块的内容。

3）单击数据库窗口工具条上的"新建"按钮，在 VBE 中创建一个空白模块。

4）通过在数据库窗口中，选择"工具|宏|Visual Basic 编辑器"命令打开 VBE。

用 VBE 打开一个已有的 Northwind 数据库中的"主切换面板"模块时，窗口如图 10-1 所示。在该 VBE 窗口中，VBE 界面由主窗口、工程资源管理器窗口、属性窗口和代码窗口组成。通过主窗口的"视图"菜单可以显示其他的窗口，这些窗口包括对象窗口、对象浏览器窗口、立即窗口、本地窗口和监视窗口，通过这些窗口可以方便用户开发 VBA 应用程序。

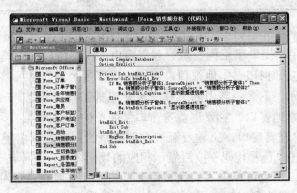

图 10-1 在 VBE 中打开模块

（1）菜单

VBE 的菜单共有文件、编辑、视图、插入、调试、运行、工具、外接程序、窗口和帮助 10 个菜单。各菜单的说明如表 10-1 所示。

表 10-1 菜单及其说明

菜单	说明
文件	文件的保存、导入、导出等基本操作
编辑	基本的编辑命令
视图	控制 VBE 的视图
插入	进行过程、模块、类或文件的插入
调试	调试程序的基本命令，包括监视、设置断点等
运行	运行程序的基本命令，如运行、中断等命令
工具	用来管理 VB 类库等的引用、宏以及 VBE 编辑器的选项
外接程序	管理外接程序
窗口	设置各个窗口的显示方式
帮助	用来获得 Visual Basic 的链接帮助以及网络帮助资源

（2）工具栏

默认情况下，VBE 窗口中显示的是标准工具栏，用户可以通过"视图"菜单的"工具"子菜单来显示"编辑"、"调试"和"用户窗体"工具栏，甚至可以自行定义工具栏的按钮。标准工具条上包括了创建模块时常用的命令按钮，关于这些命令按钮及其功能的介绍如表 10-2 所示。

表 10-2 标准工具栏常用按钮功能

按钮图标	按钮名称	功　　能
	视图 Microsoft Access 按钮	切换 Access 2003 窗口
	插入按钮	单击该按钮右侧箭头，拉出列表，含有"模块"、"类模块"和"过程"三个选项，选一项即可插入新模块
	运行了过程/用户窗体按钮	运行模块中的程序
	中断按钮	中断正在运行的程序
	重新设置按钮	结束正在运行的程序
	设置模式按钮	在设计模式和非设计模式之间切换
	工程资源管理器按钮	用于打开工程资源管理器
	属性窗口按钮	用于打开属性窗口
	对象浏览器按钮	用于打开对象浏览器

（3）窗口

在 VBE 窗口中，提供了工程资源管理器窗口、属性窗口、代码窗口、对象窗口、对象浏览器窗口、立即窗口、本地窗口、监视窗口等多个窗口，可以通过"视图"菜单控制这些窗口的显示。下面对常用的工程资源管理器窗口、属性窗口、代码窗口、立即窗口、监视窗口、本地窗口、对象浏览器窗口做简单的介绍。

1）工程资源管理器窗口。工程资源管理器窗口的列表框列出了在应用程序中用到的模块文件。可单击"查看代码"按钮显示相应的代码窗口，或单击"查看对象"按钮，显示相应的对象窗口，也可单击"切换文件夹"按钮，隐藏或显示对象文件夹。

2）属性窗口。属性窗口列出了所选对象的各种属性，可"按字母序"和"按分类序"查看属性。可以编辑这些对象的属性，这通常比在设计窗口中编辑对象的属性要方便和灵活。为了在属性窗口显示 Access 类对象，应先在设计视图中打开对象。双击工程窗口上的一个模块或类，相应的"代码窗口"就会显示相应的指令和声明，但只有类对象在设计视图中也是打开的情况下，对象才在属性窗口中被显示出来。

3）代码窗口。在代码窗口中可以输入和编辑 VBA 代码。可以打开多个代码窗口来查看各个模块的代码，而且可以方便地在代码窗口之间进行复制和粘贴。代码窗口对于代码中的关键字及普通代码通过不同颜色加以区分。

4）立即窗口。使用立即窗口可以进行以下操作。

- 输入或粘贴一行代码，然后按下 Enter 键来执行该代码。
- 从立即窗口中复制并粘贴一行代码到代码窗口中，但是立即窗口中的代码是不能存储的。

立即窗口可以拖放到屏幕中的任何地方，除非已经在"选项"对话框中的"可连接的"选项卡内，将它设定为停放窗口。可以按下关闭框来关闭一个窗口。如果关闭框不是可见的，可以先双击窗口标题行，让窗口变成可见的。

5）监视窗口。

监视窗口用于显示当前工程中定义的监视表达式的值。当工程中定义有监视表达式时，监视窗口就会自动出现。在监视窗口中可重置列的大小，往右拖移边线来使它变大，或往左拖移边线来使它变小。可以拖动一个选定的变量到立即窗口或监视窗口中。

监视窗口的窗口部件作用如下。

- "表达式"：列出监视表达式，并在最左边列出监视图标。
- "值"：列出在切换成中断模式时表达式的值。可以编辑一个值，然后按 Enter 键、向上键、向下键、Tab 键、Shift+Tab 组合键或在屏幕上单击，使编辑生效，如果这个值是无效的，则编辑字段值会以突出显示，且会出现一个消息框来描述这个错误，可以按 Esc 键来中止更改。
- "类型"：列出表达式的类型。
- "上下文"：列出监视表达式的内容。

6）本地窗口。

本地窗口内部自动显示出所有当前过程中的变量声明及变量值，从中可以观察一些数据信息。

7）对象浏览器窗口。

对象浏览器用于显示对象库以及工程过程中的可用类、属性、方法、事件及常数变量。可以用它来搜索及使用已有的对象，或是来源于其他应用程序的对象。

对象浏览器主要包括以下窗口部件。

- "工程/库"框，显示活动工程当前所引用的库。
- "搜索文本"框，包含要用来做搜索的字符串，可以输入或选择所要的字符串，搜索文本框中包含最后四次输入的搜索字符串，在输入字符串时，可以使用标准的 Visual Basic 通配符，如果要查找完全相符的字符串，可以使用快捷菜单中的"全字匹配"命令。

在该窗口中可以使用"向前"、"向后"等按钮查看类及成员列表。

2. 在代码窗口中编程

VBE 的代码窗口包含了一个成熟的开发和调试系统。在代码窗口的顶部是两个组合框，左侧是对象组合框，右侧是过程组合框。对象组合框中列出的是所有可用的对象名称，选择某一对象后，在过程组合框中将列出该对象所有的事件过程。在工程资源管理器窗口中双击任何 Access 类或模块对象都可以在代码窗口中打开相应的代码，然后就可以对它进行检查、编辑和复制。进行过 VB 编程的用户，一定很喜欢 VB 方便友好的编程界面。VBE 继承了 VB 编辑器的众多功能，如自动显示快速信息、快捷的上下文关联帮助以及快速访问子过程等功能。如图 10-2 所示，在代码窗口中输入命令时，VBE 编辑器自动显示关键字列表供用户参考和选择。

应用上述代码窗口的优秀功能，用户可以轻松地进行 VBA 应用程序的代码编写。正确地编写 VBA 应用程序的代码，首先要注意的就是程序的书写格式，下面简要介绍。

（1）注释语句

通常，一个好的程序一般都有注释语句，这对

图 10-2 自动显示快速信息

程序的维护及代码的共享都有重要的意义。在 VBA 程序中，注释可以通过使用 Rem 语句或用 " ' " 实现。例如，下面的代码中分别使用了这两种方式进行注释。

```
Rem 声明两个变量
Dim MyStr1 As String, MyStr2 As String
MyStr1 = "Hello" : Rem MyStr1 赋值为"Hello"
MyStr2 = "World" ' MyStr2 赋值为"World"
```

其中，Rem 注释在语句之后要用冒号隔开，因为注释在代码窗口中通常以绿色显示，可以避免写错。

（2）连写和换行

通常情况下，程序语句为一句一行，但对于十分短小的语句，可以在一行中写几句代码，这时只需用 ":" 分开即可。对于太长的代码可以用空格加下划线 " － " 将其截断为多行。

10.2   VBA 编程基础

在 VBA 中，程序是由过程组成的，过程由根据 VBA 规则书写的指令组成。一个程序包括语句、变量、运算符、函数、数据库对象和事件等基本要素。

10.2.1 数据类型

VBA 数据类型继承了传统的 BASIC 语言，如 Microsoft Quick Basic。在 VBA 应用程序中，也需要对变量的数据类型进行说明。VBA 提供了较为完备的数据类型，Access 数据表中的字段使用的数据类型（OLE 对象和备注字段数据类型除外）在 VBA 中都有对应的类型。VBA 类型、类型声明符、数据类型、取值范围和默认值如表 10-3 所示。

表 10-3   VBA 基本数据类型

VBA 类型	符号	数据类型	有 效 值 范 围	默认值
Byte		字节	0～255	0
Integer	%	整型	−32768～32767	0
Boolean		是/否	True 和 False	False
Long	&	长整型	−2147483648～2147483647	0
Single	!	单精度	负数：−3.402823E38～−1.401298E-45	0
			正数：1.401298E-45～3.402823E38	
Double	#	双精度	负数：−1.79769313486231E308～−4.9406564841247E-324	
			正数：4.9406564841247E-324～1.79769313486231E308	0
Currency	@	货币	−922337203685～922337203685	0
String	$	字符串	根据字符串长度而定	""
Date		日期/时间	January 1,100 到 December 31,9999	0
Object		对象		Empty
Variant		变体		

其中，字符串类型又分为变长字符串（string）和定长字符串（string*length）。

除上述系统提供的基本数据类型外，VBA 还支持用户自定义数据类型。自定义数据类型实质上是由基本数据类型构造而成的一种数据类型，可以根据需要来定义一个或多个自定义数据类型。

10.2.2 常量和变量

VBA 和其他编译程序一样，必须要声明变量，并对其中要用到的常量进行定义。

1. 常量

常量是指在程序运行的过程中，其值不能被改变的量。常量的使用可以增加代码的可读性，并且使代码更加容易维护。此外，使用固有常量即 Microsoft Access，Microsoft for Access Applications 等支持的常量，可以保证常量所代表的基础值在 Microsoft Access 版本升级换代后也能使代码正常运行。

除了直接常量（通常的数值或字符串值常量，如 123、"Lee"等，也称字面常量）外，Microsoft Access 还支持三种类型的常量。

- 符号常量：用 Const 语句创建，并且在模块中使用的常量。
- 固有常量：是 Microsoft Access 或引用库的一部分。
- 系统定义常量：True、False 和 Null。

（1）符号常量

通常，符号常量用来代表在代码中反复使用的相同的值，或者代表一些具有特定意义的数字或字符串。符号常量的使用可以增加代码的可读性与可维护性。

符号常量使用 Const 语句来创建。创建符号常量时需给出常量值，在程序运行过程中对符号常量只能作读取操作，而不允许修改或为其重新赋值，也不允许创建与固有常量同名的符号常量。

下面的例子给出了使用 Const 语句来声明数值和字符串常量的几种方法。

```
Const PI As Single=3.14159265
```

可以使用 **PI** 来代替常用的 π 值。

```
Private Const PI2 As Single=PI*2
```

PI2 被声明为一个私有常量，同时在计算它的值的表达式中使用在它前面定义的符号常量。私有常量只能在定义它的模块（子程序或函数）中使用。

```
Public Const conVersion As String="Version Access"
```

conVersion 被声明为一个公有字符串常量。公有常量可以在整个应用程序内的所有子程序（包括事件过程）和函数中使用。

（2）固有常量

除了用 Const 语句声明常量之外，Microsoft Access 还声明了许多固有常量，并且可以使用 VBA 常量和 ActiveX Data Objects（ADO）常量。还可以在其他引用对象库中使用常量。Microsoft Access 旧版本创建的数据库中的固有常量不会自动转换为新的常量格式，但旧的常量仍然可以使用而且不会产生错误。

所有的固有常量都可在宏或 VBA 代码中使用。任何时候这些常量都是可用的。在函数、方法和属性的"帮助"主题中对于其中的具体内置常量都有描述。

固有常量有两个字母前缀，指明了定义该常量的对象库。来自 Microsoft Access 库的常量以"ac"开头，来自 ADO 库的常量以"ad"开头，而来自 Visual Basic 库的常量则以"vb"开头，例如：

　　　acForm, adAddNew, vbCurrency

因为固有常量所代表的值在 Microsoft Access 的以后版本中可能改变，所以应该尽可能使用常量而不用常量的实际值。可以通过在"对象浏览器"中选择常量或在"立即"窗口中输入"？固有常量名"来显示常量的实际值。

可以在任何允许使用符号常量或用户定义常量的地方（包括表达式中）使用固有常量。如果需要，用户还可以用"对象浏览器"来查看所有可用对象库中的固有常量列表，如图 10-3 所示。

图 10-3　固有常量查找

（3）系统定义常量

系统定义的常量有三个：True、False 和 Null。系统定义常量可以在计算机上的所有应用程序中使用。

2．变量

变量实际上是一个符号地址，它代表了变量的存储位置，包含在程序执行阶段修改的数据。每个变量都有变量名，在其作用域范围内可唯一识别。使用前可以指定数据类型（采用显式声明），也可以不指定（采用隐式声明）。

（1）变量的声明

变量名必须以字母字符开头，在同一范围内必须是唯一的，不能超过 255 个字符，而且中间不能包含句点或类型说明符号。

虽然，在代码中允许使用未经声明的变量，但一个良好的编程习惯应该是在程序开始几行声明将用于本程序的所有变量。这样做的目的是为了避免数据输入的错误，提高应用程序的可维护性。

对变量进行声明可以使用类型说明符号、Dim 语句和 DefType 语句。

1）使用类型说明符号声明变量。在传统的 BASIC 语言中，允许使用类型说明符号来声明常量和变量的数据类型，如 x%是一个整型变量，100%则是一个整型常数。类型说明符号在使用时始终放在变量或常量的末尾。

VBA 中的类型说明符号有%（Integer）、&（Long）、!（Single）、#（Double）、$（String）和@（Currency）。类型说明符号使用时作为变量名的一部分，放在变量名的最后一个字符。

例如，intX%是一个整型变量；douY#是一个双精度变量；strZ$是个字符串变量。在使用时不能将类型说明符号省略，如

```
intX%=1243
douY#=45665.456
strZ$="Access"
```

2）使用 Dim 语句声明变量。Dim 语句使用格式如下。

```
Dim 变量名 As 数据类型
```

例如：

```
Dim strX As String
```

声明了一个字符串类型变量 strX。可以使用 Dim 语句在一行声明多个变量。例如，

```
Dim intX, douY, strZ As String
```

表示声明了三个变量 intX、douY 和 strZ，其中只有最后一个 strZ 声明为字符串类型变量，intX 和 douY 都没有声明其数据类型，即遵循类型说明符号规则认定为变体（Variant）类型。在一行中声明多个变量时，每一个变量的数据类型应使用 As 声明。正确的声明方法如下。

```
Dim intX As Integer, douY As Double, strZ As String
```

使用 Dim 声明了一个变量后，在代码中使用变量名，其末尾带与不带相应的类型说明符号都代表同一个变量。

3）使用 DefType 语句声明变量。DefType 语句只能用于模块级，即模块的通用声明部分，用来为变量和传送给过程的参数设置默认数据类型，以及为其名称以指定字符开头的 Function 和 Property Get 过程设置返回值类型。

DefType 语句使用格式如下。

```
DefType 字母[,字母范围]
```

例如：

```
Defint a,b,e-h
```

说明了在模块中使用的以字母 a、b、e 到 h 开头的变量（不区分大小写）的默认数据类型为整型。

VBA 中所有可能的 DefType 语句和对应的数据类型如表 10-4 所示。

表 10-4　DefType 语句和相应的数据类型

语　句	数据类型	说　明
DefBool	Boolean	布尔型
DefByte	Byte	字节
DefInt	Integer	整型
DefLng	Long	长整型
DefCur	Currency	货币型
DefSng	Single	单精度
DefDbl	Double	双精度
DefDate	Date	日期/时间
DefStr	String	字符串
DefObj	Object	对象
DefVar	Variant	变体型

4）使用变体类型。声明变量数据类型可以使用上述三种方法，VBA 在判断一个变量的数据类型时，按以下先后顺序进行：①是否使用 Dim 语句；②是否使用数据类型说明符；③是否使用 DefType 语句。

没用上述三种方法声明数据类型的变量默认为变体类型。

5）用户自定义类型的声明与使用。用户自定义类型可以是任何用 Type 语句定义的数据类型。用户自定义类型可包含一个或多个基本数据类型的数据元素、数据或一个先前定义的用户自定义类型。例如：

```
Type MyType
    Name As String*10          '定义字符串变量存储一个姓名
    BirthDate As Date          '定义日期变量存储一个生日
    Sex As Integer             '定义整型变量存储性别（0 为女,1 为男）
End Type
```

上例定义了一个名称为"MyType"的数据类型。MyType 类型的数据具有三个域——Name、BirthDate 和 Sex。

在自定义数据类型时应注意：Type 语句只能在模块级使用。可以在 Type 前面加上 Public 或 Private 来声明自定义数据类型的作用域，这与其他 VBA 基本数据类型相同。声明自定义数据类型的域时，如果使用字符串类型，最好是定长字符串，如 Name As String*10。

使用 Type 语句声明了一个用户自定义类型后，就可以在该声明范围内的任何位置声明该类型的变量。可以使用 Dim、Private、Public、ReDim 或 Static 来声明用户自定义类型的变量。

例如，在前面定义了自定义数据类型 MyType 后，以下语句定义并使用了该类型的变量。

```
Dim x as MyType
x.Name="张三"
x.Birthday=80/10/2
x.Sex=1
```

（2）变量的作用域和生命周期

前面介绍了变量的三种声明方法，对于变量的作用域，还需做明确地声明才能确定。在声明变量作用域时可以将变量声明为 Locate（本地或局部）、Private（私有，Module 模块级）或 Public（公共或全局）。

- 本地变量仅在声明变量的过程中有效。在过程和函数内部所声明的变量，不管是否使用 Dim 语句，都是本地变量。本地变量具有在本地使用的最高优先级，即当存在与本地变量同名的模块级的私有或公共变量时，模块级的变量被屏蔽。
- 私有变量在所声明的模块中的所有函数和过程都有效。私有变量必须在模块的通用声明部分使用"Private 变量名 As 数据类型"进行声明。
- 公共变量在所有模块的所有过程和函数都可以使用。在模块通用声明中使用 "Public 变量名 As 数据类型"声明公共变量。图 10-4 对私有变量和公共变量的声明进行了示例，并说明了作用范围。

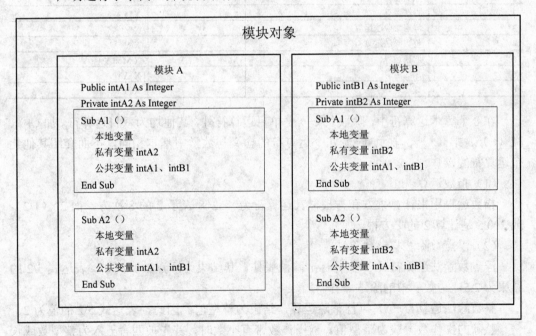

图 10-4　变量的作用域

变量的生命周期与作用域是两个不同的概念，生命周期是指变量从首次出现（执行变量声明，为其分配存储空间）到消失的代码执行时间。

本地变量的生命周期是过程或函数被开始调用到运行结束的时间（静态变量除外）。公共变量的生命周期是从声明到整个 Access 应用程序结束。

对于本地变量的生命周期的一个例外是静态变量。静态变量的声明使用"Static 变量名 As 数据类型"。静态变量在 Access 程序执行期间一直存在,其作用范围是声明它的子程序或函数。静态变量可以用来计算事件发生的次数或者是函数与过程被调用的次数。

10.2.3　运算符与表达式

运算是对数据的加工,最基本的运算形式常常可以用一些简洁的符号来描述,这些符号称为运算符。VBA 提供了丰富的运算符,可以构成多种表达式。表达式是许多 Access 操作的基本组成部分,是运算符、常量、文字值、函数和字段名、控件和属性的任意组合,可以使用表达式作为很多属性和操作参数的设置;在窗体、报表和数据访问页中定义计算控件;在查询中设置条件或定义计算字段以及在宏中设置条件,等等。

1. 算术运算符与算术表达式

算术运算符是常用的运算符,用来执行简单的算术运算。VBA 提供了 8 个算术运算符,如表 10-5 所示。

表 10-5　算术运算符

优先级	运　算	运算符	表达式示例
1	指数运算	^	X^Y
2	取负运算	-	-X
3	乘法运算	*	X*Y
3	浮点数除法运算	/	X/Y
4	整数除法运算	\	X\Y
5	取模运算	Mod	X Mod Y
6	加法运算	+	X+Y
6	减法运算	-	X-Y

在 8 个算术运算符中,除取负(-)是单目运算符外,其他均为双目运算符。加(+)、减(-)、乘(*)、取负(-)几个运算符的含义与数学中基本相同,下面介绍其他几个运算符的操作。

(1)指数运算

指数运算用来计算乘方和方根,其运算符为^,2^8 表示 2 的 8 次方,而 2^(1/2)或 2^0.5 是计算 2 的平方根。

(2)浮点数除法与整数除法

浮点数除法运算符(/)执行标准除法操作,其结果为浮点数。例如,表达式 5/2 的结果为 2.5,与数学中的除法一样。

整数除法运算符(\)执行整除运算,结果为整型值。因此,表达式 5\2 的值为 2。

整除的操作数一般为整型值。当操作数带有小数时,首先被四舍五入为整型数或长整型数,然后进行整除运算。操作数必须在-2147483648.5~2147483647.5 范围内,其运算结果被截断为整型数(Integer)或长整数(Long),不再进行舍入处理。

(3)取模运算

取模运算符(Mod)用来求余数,其结果为第 1 个操作数整除第 2 个操作数所得的余数。

表 10-5 中列出了算术运算符的优先级别。在 8 个算术运算符中，指数运算符（^）优先级最高，其次是取负（-）运算符、乘（*）、浮点除（/）、整除（\）、加（+）、减（-）。其中乘与浮点除是同级运算符，加与减是同级运算符。当一个表达式中含有多种算术运算符时，必须严格按上述顺序求值。此外，如果表达式中含有括号，则先计算括号内表达式的值；有多层括号时，先计算内层括号中的表达式。

2. 字符串连接符与字符串表达式

字符串连接符（&）用来连接多个字符串（字符串相加）。例如：

```
A$="Good"
B$="Bye"
C$=A$ & " " & B$
```

运算结果为变量 C$的值为"Good Bye"。

在 VBA 中，"+"既可用作加法运算符，还可以用作字符串连接符，但"&"专门用作字符串连接，其作用与"+"相同。在有些情况下，用"&"比用"+"可能更安全。

3. 关系与逻辑运算符、关系表达式

（1）关系运算符与关系表达式

关系运算符也称比较运算符，用来对两个表达式的值进行比较，比较的结果是一个逻辑值，即真（True）或假（False）。用关系运算符连接两个算术表达式所组成的表达式叫做关系表达式。VBA 提供了六个关系运算符，如表 10-6 所示。

表 10-6　关系运算符列表

优先级	运算符	测试关系	表达式示例
1	<	小于	X<Y
1	>	大于	X>Y
1	<=	小于等于	X<=Y
1	>=	大于等于	X>=Y
2	=	相等	X=Y
2	<>或><	不等于	X<>Y

在 VBA 中，允许部分不同数据类型的量进行比较，但要注意其运算方法。

关系运算符的优先次序如下。

- =、<>或><的优先级别相同，<、>、>=、<=的优先级别也相同，前两种关系运算符的优先级别低于后四种关系运算符（最好不要出现连续的关系运算，可以考虑将其转化成多个关系表达式）。
- 关系运算符的优先级低于算术运算符。
- 关系运算符的优先级高于赋值运算符（=）。

（2）逻辑运算符

逻辑运算也称布尔运算，由逻辑运算符连接两个或多个关系式，组成一个布尔表达式。VBA 的逻辑运算符有六种，如表 10-7 所示。

表 10-7　逻辑运算符列表

运算符	含　　义
Not	非，由真变假或由假变真
And	与，两个表达式同时为真则值为真，否则为假
Or	或，两个表达式中有一表达式为真则为真，否则为假
Xor	异或，两个表达式同时为真或同时为假，则值为假，否则为真
Eqv	等价，两个表达式同时为真或同时为假，则值为真，否则为假
Imp	蕴涵，当第 1 个表达式为真，且第 2 个表达式为假，则值为假，否则为真

4. 对象运算符与对象运算表达式

（1）对象运算符

对象运算表达式中使用"!"和"."两种运算符，使用对象运算符指出随后将出现的项目类型。

1）"!"运算符。"!"运算符的作用是指出随后为用户定义的内容。

使用"!"运算符可以引用一个开启的窗体、报表或开启窗体或报表上的控件。"!"的引用示例如表 10-8 所示。

表 10-8　"!"的引用示例

标示符	引　　用
Forms![订单]	开启的"订单"窗体
Reports![发货单]	开启的"发货单"报表
Forms![订单]![订单 ID]	开启的"订单"窗体上的"订单 ID"控件

2）"."运算符。"."运算符通常指出随后为 Access 定义的内容。例如，使用"."运算符可引用窗体、报表或控件等对象的属性。

（2）在表达式中引用对象

在表达式中可以使用标识符来引用一个对象或对象的属性。例如，可以引用一个开启的报表 Visible 属性。

```
Reports![发货单]![单位].Visible
```

[发货单]引用"发货单"报表，[单位]引用"发货单"报表上的"单位"控件。

10.2.4　常用函数

函数实际上是系统事先定义好的内部程序，用来完成特定的功能。VBA 提供了大量的内部函数，供用户在编程时使用。函数的一般形式是"函数名(参数表)"。

其中参数表中的参数个数根据不同函数而不同。在使用函数时，只要给出函数名和参数，就会产生一个返回值。仅列出最常用的内部函数，如表 10-9 所示，如需要请查看有关书籍。

表 10-9　常用内部函数

类别	函数名	作用	举例	结果值
数学	Abs(x)	求 x 的绝对值	Abs(-5)	5
	Sin(x)	求正弦函数	Sin(90*3.14159/180	1
	Cos(x)	求余弦函数	Cos(60*3.14159/180)	0.5
	Sqr(x)	求 x 的平方根	Sqr(16.0)	4
	Int(x)	求不超过 x 的最大整数	Int(4.8)	4
			Int(-4.8)	-5
	Fix(x)	求 x 的整数部分	Fix(4.8)	4
			Fix(-4.8)	-4
	Round(x，n)	四舍五入	Round(456.98,0)	457
			Round(456.78,1)	456.8
	Exp(x)	求 e 的 x 次幂，即 e^x	Exp(5)	148.413159102577
	Log(x)	返回以 e 为底的 x 的对数值	Log(5)	1.6094370124341
	Sgn(x)	返回 x 的符号，当 x<0、x>0、x=0 时，函数返回值分别为-1、1、0	Sgn(-123.45)	-1
			Sgn(123.45)	1
			Sgn(0)	0
随机数	Rnd	产生一个大于等于 0 小于 1 的单精度随机数	Rnd	产生[0,1]之间的随机数
	Randomize	产生随机数种子		
转换	Str$(x)	将数值型数据转换成字符型数据	Str$(12.34)	"12.34"
			Str$(-12)	"-12"
	Val(x)	将数字字符串转换成数值型数据	Val("12AB")	12
	Hex$(x)	将十进制转换成十六进制	Hex$(80)	50
	Oct$(x)	将十进制转换成八进制	Oct$(80)	120
	Asc(x)	将 x 中第一个字符转换成 ASCII 码值	Asc("a")	97
			Asc("ABC")	65
	Chr$(x)	将 x 转换成 ASCII 码值对应的字符	Chr$(97)	"a"
字符	Left$(x，n)	从字符串 x 中左起截取 n 个字符	Left$("abcde",4)	"abcd"
	Right$(x，n)	从字符串 x 中右起截取 n 个字符	Right$("abcde",4)	"bcde"
	Mid$(x，n，m)	从字符串 x 的第 n 个位置开始截取 m 个字符	Mid$("abcde",3,2)	"cd"
			Mid$("abcde",3)	"cde"
	Len(x)	求字符串 x 的长度	Len("VB 教程")	4
	Lcase$(x)	将大写字母转换成小写字母	Lcase$("ABCd*")	"abcd*"
	Ucase$(x)	将小写字母转换成大写字母	Ucase$("abc_D")	"ABC_D"
	LTrim$(x)	删除字符串左边的空格	LTrim$("abc")	"abc"
	RTrim$(x)	删除字符串右边的空格	RTrim$("abc")	"abc"
	Trim$(x)	删除字符串左右两边的空格	Trim$("abc")	"abc"
	Space$(n)	产生 n 个空格	Space$(5)	" "
日期时间	Date	返回系统当前的日期	Date()	2007-7-8
	Month(x)	返回一年中的某月	Month(Now)	7
	Day(x)	返回当前的日期号	Day(Now)	8
	Year(x)	返回年份	Year(Now)	2007
	Time	返回系统时间	Time()	9:30:00

- 三角函数的自变量 x 是一个数值型表达式，其中 Sin（x）、Cos（x）中的 x 是以弧度为单位的角度。一般情况下，自变量 x 以角度给出，可以用下面公式转换为弧度：

$$1° =\pi/180=3.14159/180（弧度）$$

例如：求正弦函数 Sin（30°）的值，必须写成 Sin（30*3.14/180）的形式。

- 注意取整函数 Int（x）和 Fix（x）的区别，虽然它们都返回一个整数，但当 x 是负数时，返回值不同。
- Str\$（x）函数中，当 x 是正数时，在转换后的字符型数据前有一个空格。
- Val（x）函数中，当 x 出现数值型规定的字符之外的字符时，则返回值为 0，如 Val（"a122"）的结果为 0。

10.2.5 数组

数组是由一组具有相同数据类型的变量（称为数组元素）构成的集合。

1. 数组的声明

在 VBA 中不允许隐式说明数组，用户可用 Dim 语句来声明数组，声明方式为

```
Dim 数组名(数组下标上界)As 数据类型
```

例如：

```
Dim intArray(10) As Integer
```

这条语句声明了一个有 11 个元素的数组，每个数组元素为一个整型变量。这是只指定数组元素下标上界来定义数组。

在使用数组时，可以使用 Option Base 来指定数组的默认下标下界是 0 或 1。默认情况下，数组下标下界为 0。所以用户只需使用它来指定默认下标下界为 1。Option Base 能用在模块的通用声明部分。

VBA 允许在指定数组下标范围时使用 To。例如：

```
Dim intArray(-3 to 3) as Integer
```

该语句定义一个有 7 个元素的数组，数组元素下标从-3 到 3。

如果要定义多维数组，声明方式如下。

```
Dim 数组名(数组第 1 维下标上界，数组第 2 维下标上界,…) As 数据类型
```

例如，

```
Dim intArray(2,3)As Integer
```

该语句定义了一个二维数组。第一维有 3 个元素，第二维有 4 个元素。

在 VBA 中，还允许用户定义动态数组。动态数组的定义方法是，先使用 Dim 来声明数组，但不指定数组元素的个数。而在以后使用时再用 ReDim 来指定数组元素个数，称为数组重定义。在对数组重定义时，可以使用 ReDim 后加保留字 Preserve 来保留以前的值，否则使用 ReDim 后，数组元素的值会被重新初始化为默认值，如以下例子说明了动态数组的定义方法。

```
Dim intAarray() As Integer            ' 声明部分
```

```
ReDim Preserve intArray(10)        ' 在过程中重定义，保留以前的值
ReDim intArray(10)                 ' 在过程中重新初始化
```

2. 数组的使用

数组声明后，数组中的每个元素都可以当作单个的变量来使用，其使用方法同相同类型的普通变量。其元素引用格式为"数组名（下标值表）"。

其中，如果该数组为一维数组，则下标值表为一个范围为[数组下标下界，数组下标上界]的整数；如果该数组为多维数组，则下标值表为一个由多个（不大于数组维数）用逗号分开的整数序列，每个整数（范围为[该维数组下标下界，该维数组下标上界]）表示对应的下标值。

例如，可以如下引用前面定义的数组。

```
intAma(2)              ' 引用一维数组 intAma 的第 3 个元素
intArray(0,0)          ' 引用二维数组 intArray 的第 1 行第 1 个元素
```

例如，若要存储一年中每天的支出，可以声明一个具有 365 个元素的数组变量，而不是 365 个变量。数组中的每一个元素都包含一个值。下列的语句声明数组 A 具有 365 个元素。按照默认规定，数组的索引是从零开始，所以此数组的上标界是 364 而不是 365。

```
Dim A(364) As Currency
```

若要设置某个元素的值，必须指定该元素的索引（下标值表）。下面的示例对数组中的每个元素都赋予一个初始值 20。

```
Sub FillArray()
    Dim A(364) As Currency
    Dim intI As Integer
    For intI=0 to 364
        A(intI)=20
    Next
EndSub
```

10.3 程序的流程控制

要使计算机按确定的步骤进行处理，需要通过程序的控制结构来实现。无论是结构化程序设计还是面向对象的程序设计，计算机语言程序的流程一般分为三种：顺序结构、分支结构和循环结构。使用三种基本结构编写出来的程序清晰、可读性好，还可以解决任何复杂问题，VBA 就是这样一种结构化程序设计语言。

10.3.1 顺序结构

顺序结构的特点是，程序是按照语句在各过程中出现的顺序自上而下地逐条执行，

称这种程序结构为顺序结构。顺序结构是程序设计中最简单的一种结构,顺序结构中的每一条语句被执行一次,而且只能被执行一次。

10.3.2 分支结构

分支结构的特点是,程序是按照条件表达式的值执行相应语句。分支结构又称选择结构,在 VBA 中,通常用 If 语句、Select Case 语句或条件函数解决分支结构问题。

(1)单行 If 语句

```
If 表达式 Then 语句1 [Else 语句2]
```

其中语句 1 和语句 2 可以是任何一条 VBA 可执行语句。也就是说,语句 1 和语句 2 也可以是一条单行 If 语句。

单行 If 语句在执行时首先判断条件是否为真,如果为真,则执行语句 1;否则执行 Else 后面的语句 2。如果条件为假,又没有 Else,则跳过该行语句。

下面的例子说明了单行 If 语句的用法。

```
If a>0 Then Msgbox "这个数是正数"
If a>0 Then Msgbox "这个数是正数" Else Msgbox "这个数是负数"
If a>0 Then Msgbox "这个数是正数" Else If a=0 Then Msgbox "这个数是 0" Else "这个数是负数"
```

(2)多行 If 语句

```
If 表达式 Then
    语句组1
[Else
    语句组2]
End if
```

这是最简单的块 If 语句。其中,语句组 1 和语句组 2 可以是多条 VBA 的可执行语句。在执行时也是首先判断条件是否为真,如果为真,则执行语句组 1;否则执行 Else 块中的语句组 2。如果条件为假,又没有 Else 块,则跳过该 If 语句。

下面的例子说明了这种用法。

```
If a>0 Then
    Msgbox "这个数是正数"
Else
    If a=0 then
        Msgbox "这个数是 0"
    Else
        Msgbox "这个数是负数"
    End If
End If
```

（3）If...Then...ElseIf 语句

```
If 表达式 1 Then
    语句组 1
ElseIf 表达式 2 Then
    语句组 2
[ElseIf 表达式 3 Then
    语句组 3
……
ElseIf 表达式 n Then
    语句组 n]
[Else
    语句组 n+1]
End If
```

用法与多行 If 语句类似，下面的例子说明了这种 If 语句的使用。

例如，将学生成绩（百分制）转换为相应等级。

```
If score>=90 Then
    Bank="A"
    Debug.Print "成绩为优"
ElseIf score>=80 Then
    Bank="B"
    Debug.Print "成绩为良"
ElseIf score>=70 Then
    Bank="C"
    Debug.Print "成绩为中"
ElseIf score>=60 Then
    Bank="D"
    Debug.Print "成绩为合格"
Else
    Bank="E"
    Debug.Print "成绩为差"
End If
```

上面的 If 语句执行步骤如下。

1）判断 score>=90 条件是否成立。如果成立，则执行 bank="A"和 Debug.Print "成绩为优"。然后执行块 if 语句后面的程序。

2）如果 score>=90 条件不成立，判断 score>=80 条件是否成立。如果成立，则执行 bank="B"和 Debug.Print "成绩为良"。然后执行块 if 语句后面的程序。

3）如果 score>=90 和 score>=80 都不成立，判断 score>=70 条件是否成立。如果成立，则执行 bank="C"和 Debug.Print "成绩为中"。然后执行块 if 语句后面的程序。

4）如果 score>=90、score>=80 和 score>=70 都不成立，判断 score>=60 条件是否成立。如果成立，则执行 bank="D"和 Debug.Print "成绩为合格"。然后执行块 If 语句后面的程序。

5）如果 score>=90、score>=80、score>=70 和 score>=60 都不成立，执行 bank="E" 和 Debug.Print "成绩为差"，结束块 if 语句。

（4）iif 函数

```
iif(条件,表达式1,表达式2)
```

iif 函数是单行 if 语句的一种特殊格式，它的使用语法如下。

```
varX= iif（条件,表达式1,表达式2）
```

iif 函数的作用是，先判断条件，如果条件为真，返回表达式 1 的值；否则返回表达式 2 的值。例如：

```
c=iif（a>b,a,b）
```

语句执行后，c 为 a 和 b 中的最大值。

（5）Select Case 语句

```
Select Case 变量或表达式
    Case 表达式1
        语句组1
    Case 表达式2
        语句组2
    ......
    Case 表达式n
        语句组n
    [Case Else
        语句组n+1]
End Select
```

If 语句只能根据一个条件的是或非两种情况进行选择。如果要处理有多种选择的情况则必须使用 If 语句进行多重嵌套，这使得句子结构变得十分复杂，可读性降低。处理多种选择最有效的方法是使用 Select Case 语句。

下面的例子说明了 Select Case 语句的使用。

```
Select Case IntX
    Case 0
        Msgbox "不合格产品"
    Case 1,2,3
        Msgbox "特种产品"
    Case 5 to 10
        Msgbox "内部消费品"
    Case is <=25
        Msgbox "国内市场产品"
    Case 30,40,45 to 50,is>100
        Msgbox "出口优质产品"
    Case Else
```

```
        Msgbox "特殊情况"
    End Select
```

上例以 Case 语句的各种使用情况进行了列举。在一个 Case 语句中使用多个条件时，要特别注意不要出现条件包含的情况。多个条件只要满足其中一个条件，就会执行该 Case 语句后面的代码。

Select Case 先对其后的字符串、数值变量或表达式求值，然后按顺序与每个 Case 表达式进行比较。Case 表达式可以有多种形式。

- 单个值或一列值，相邻两个值之间用逗号隔开。
- 用关键字 To 指定值的范围，其中第 1 个值不应大于第 2 个值，对字符串将比较它的第一个字符的 ASCII 码大小。
- 使用关键字 Is 指定条件。Is 后紧接关系运算符（如<>、<、<=、=、>=和>等）和一个变量或值。
- 前面的 3 种条件形式混用，多个条件之间用逗号隔开。

Case 语句按先后顺序进行比较，执行与第 1 个 Case 条件相匹配的代码。若不存在匹配的条件，则执行 Case Else 语句。然后程序将从 End Select 语句后的代码行继续执行。

如果 Select Case 所求得的值是数值类型，则 Case 条件中的表达式都必须是数值类型。

10.3.3 循环结构

循环结构的特点是根据判断项的值有条件地反复执行程序中的某些语句。

（1）While 循环

```
While 条件
    循环体
Wend
```

While 循环是当型循环，当条件满足时执行循环体。例如：

```
S=0
I=1
While I<=100
    S=S+1
    I=I+1
Wend
```

（2）Do ... Loop 语句

形式 1：

```
Do [While|Until 条件]
    循环体
Loop
```

形式 2：

```
Do
    循环体
Loop [While|Until 条件]
```

其中，形式 1 为先判断后执行，有可能一次也不执行；形式 2 为先执行后判断，至少执行一次。关键字 While 用于指明条件为真时执行循环体中的语句，Until 正好相反。

Do … Loop 循环体中可以使用 Exit Do 跳出循环。

（3）For 循环

```
For 循环控制变量=初值 To 终值 [Step 步长]
    循环体
Next
```

For 循环常用于实现指定次数地重复执行一组操作。其中，"Step 步长"省略时步长值为 1。循环控制变量可以是整型、长整型、实数（单精度和双精度）以及字符串。但最常用的还是整型和长整型变量。循环控制变量的初值和终值的设置受步长的约束。当步长为负数时，初值不小于终值才可能执行循环体；当步长为正数时，初值不大于终值才可能执行循环体。

For 循环执行步骤如下。

1）将初值赋给循环控制变量。

2）判断循环控制变量是否在初值与终值之间。

3）如果循环控制变量超出范围，则跳出循环；否则继续执行循环体。

4）在执行完循环体后，将循环变量加上步长赋给循环变量，再返回第 2 步继续执行。

For 循环的循环次数可以按如下公式计算。

$$循环次数=（终值-初值）/步长+1$$

在循环体中，如果需要，可以使用 Exit For 跳出循环体。

下面的例子说明了 For 循环的使用。

```
S=0
For i=1 to 100
    S=S+1
Next
```

（4）For Each … Next 语句

```
For each 变量 in 集合
    循环体
Next
```

For Each 语句用于对一个数组或集合中的每个元素重复执行一组语句。例如：

```
For Each b In a()
    If b mod 2=0 Then
        Debug.Print b
    End If
```

```
Next
```

　　上例利用 For each … next 来依次验证数组 a 中的元素是否能被 2 整除，如果能整除，则在立即窗口中输出。

10.4　模块、函数与子过程

　　模块是由过程组成的，过程是将 VBA 的声明、语句集合在一起，作为一个命名单位的程序段。模块中的每一个过程都可以由一个函数过程或一个子程序组成，实现某个特定的功能。

10.4.1　模块

　　按模块的不同使用情况，可以将 Access 中的模块分成四种：Access 模块、窗体模块、报表模块和类模块。

　　（1）Access 模块

　　Access 模块也称标准模块，可在"数据库"窗口的对象栏中单击"模块"来查看数据库拥有的标准模块。用户可以像创建新的数据库对象一样创建包含 VBA 代码的 Access 模块。在"数据库"窗口的对象栏中单击"模块"，然后单击工具栏上的"新建"按钮打开 VBE 窗口，为数据库创建新的模块对象。也可在 Access 菜单中选择"插入 | 模块"命令来创建标准模块。如果是在已打开的 VBE 窗口中，则可以在工具栏中单击"插入模块"右侧的下拉按钮，并在下拉菜单中选择"模块"命令或者在 VBE 菜单中选择"插入 | 模块"命令来创建新的标准模块。

　　（2）窗体模块

　　它是由处理窗体和窗体控件所触发的事件过程组成的。当用户向窗体中添加一个控件时，也同时将控件对应的事件过程代码添加到了窗体模块中。

　　（3）报表模块

　　它包含了用于处理报表、报表段或页眉/页脚所触发的事件的处理程序的代码。虽然可以在报表中加入控件，但通常不这样做，因为报表中的控件对象不触发事件。报表中的模块操作与窗体模块的操作完全相同。

　　（4）类模块

　　它不与窗体和报表相关联，允许用户定义自己的对象、属性和方法。

　　无论是哪一种模块，都是由一个模块通用声明部分以及一个或多个过程（也称子程序）或函数组成。

　　模块的通用声明部分用来对要在模块中或模块之间使用的变量、常量、自定义数据类型以及模块级 Option 语句进行声明。

　　模块中可以使用的 Option 语句包括 Option Base 语句、Option Compare 语句、Option Explicit 语句和 Option Private 语句。

这四种 Option 语句的常用格式如下。

- Option Base 1：声明模块中数组下标的默认下界为 1，不声明则为 0。
- Option Compare Database：声明模块中需要字符串比较时，将根据数据库的区域 ID 确定的排序级别进行比较；不声明则按字符 ASCII 码进行比较。Option Compare Database 只能在 Access 中使用。
- Option Explicit：强制模块中用到的变量必须先进行声明。这是值得所有开发人员遵循的一种用法。
- Option Private Module：在允许引用跨越多个工程的主机应用程序中使用，可以防止在模块所属的工程外引用该模块的内容。在不允许这种引用的主机应用程序中，Option Private 不起作用。

在通用声明部分的所有 Option 语句之后，才可以声明模块级的自定义数据类型和变量，然后才是过程和函数的定义。

10.4.2　函数与子过程

使用 VBA 设计应用程序时，除了定义常量、变量外，其他的工作就是编写过程代码。VBA 中的过程分为事件过程和通用过程。事件过程是针对某一对象的工程，并与该对象的一个事件相联系，它附加在窗体和控件上。事件过程的一般格式为

```
[Private|Public][Static] Sub 对象名_事件名([形参列表])
    语句组 1
    [Exit Sub]
    [语句组 2]
End Sub
```

其中，对象名为窗体或控件的实际名称（Name 属性），事件名不能由用户任意定义，而是由系统指定的。

通用过程分为 Sub 过程（也称子程序过程）和 Function 过程（也称函数过程）两大类，其特点是可以独立建立，供事件过程或其他通用过程调用。

1. 函数与子过程的定义

可以在一个不包含过程和函数的模块中声明公共（Public）变量和常量，公共变量和常量可以在任何模块的任何函数和过程中使用。

子程序定义的语法结构如下。

```
Sub 子程序名( )
    子程序代码
End Sub
```

函数定义的语法结构如下。

```
Function 函数名([参数]) As 数据类型
    函数代码
End Function
```

与定义符号常量、变量和自定义数据类型相似，可以在函数和子过程定义时使用 Public、Private 或 Static 前缀来声明子程序和函数的作用范围。

使用 Static 定义的子程序和函数都是静态的，这是指子程序和函数被调用完成后，子程序和函数中的所有变量的值仍被保留。当下一次被调用时，这些变量的值仍然可以使用。而不用 Static 声明的子程序和函数中的变量的值在调用完成后不保留，下一次再被调用时，过程中的变量重新进行初始化。

自定义函数的使用和内部函数的使用完全相同，采用函数名直接进行调用，并只能用于表达式中参与运算或给变量赋值。

在 Access 模块中的子程序和函数如果不使用 Private 进行声明，则都是公共（Public）的。公共的子程序和函数可以被任何其他模块调用。由于所有不使用 Private 进行声明的过程都是公共过程，这容易使人误会是否不允许使用同名的公共过程。在 Access 2000 以后的版本中，允许在不同的模块中出现同名的公共过程。子程序和函数等过程保存在模块、窗体和报表中，所以在调用同名过程时，只需用点号"."指明需要调用的公共过程的所有者就行了。

例如，定义两个模块 Module1 和 Module2，并在两个模块中都定义了一个名为 Public Sub1 的子程序。当需要在其他模块中使用模块 Module1 和 Module2 中的 PublicSub1 子程序时，可按如下格式分别调用：

```
Module1.PublicSub1
Module2.PublicSub1
```

被 Private 声明为私有的子程序和函数，只能在其定义的模块中使用。如果希望模块中的子程序和函数不被其他模块使用，便可使用 Private 将其声明为私有。模块内的私有子程序和函数比同名的公共子程序和函数具有更高的优先级。也就是说，如果在一个模块中调用的子程序或函数有同名的私有和公共子程序或函数，则使用的将是模块自己的私有子程序或函数。

2. 创建子程序和函数

在 VBA 中常提到的子程序和函数是指那些不与特定的对象或事件绑定的过程。与对象或事件绑定的过程，称为事件过程。根据其声明的位置和方式的不同，过程的作用范围和生存周期也就不同。

（1）在代码模块中创建子程序和函数

在代码模块中创建自定义的子程序或函数可按以下步骤进行。

1）在"数据库"窗口的对象栏中单击"模块"按钮。

2）单击工具栏中的"新建"按钮创建新的模块，或者选择一个现有的模块并单击"设计"按钮，打开 VBE 窗口。

3）在菜单栏中选择"插入 | 过程"命令，或单击工具栏上的"插入模块"按钮的下拉箭头，在弹出的下拉菜单中选择"过程"命令，弹出"添加过程"对话框，如图 10-5 所示。

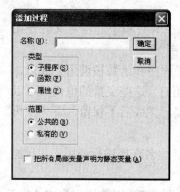

图 10-5 "添加过程"对话框

4）输入过程名。

5）选择过程的类型。可以选择新建过程类型为"子程序"、"函数"或者"属性"。

6）选择过程作用范围。要使新建过程适用于整个应用程序，应将范围选为"公共的"；如果要限定过程于当前模块，应该将范围选为"私有的"。

上述步骤仅是建立了新过程的结构，过程的代码还需手工加入。例如，在对话框中选择创建一个静态的公共子程序，单击"确定"按钮后，VBE 自动在代码中加入如下语句。

```
Public Static Sub NewSub()
End Sub
```

光标停留在两条语句的中间，等待用户编辑过程代码。

（2）在窗体类模块或报表类模块中创建子程序和函数

在窗体类模块或报表类模块中创建子程序和函数的步骤如下。

1）打开窗体或报表的"设计视图"，在菜单栏中选择"视图 | 代码"命令或单击工具栏中的"代码"按钮，打开 VBE 编辑器。

2）单击工具栏的"新建"按钮创建新的模块，或者选择一个现有的模块并单击"设计"按钮，打开 VBE 代码窗口。

3）在菜单栏中选择"插入 | 过程"命令，或单击工具栏上的"插入模块"按钮的下拉箭头，在弹出的下拉菜单中选择"过程"命令，弹出"添加过程"对话框，如图 10-5 所示。

后面的操作与在代码模块中创建子程序和函数相同，这里不再赘述。

3. 事件过程与函数的调用

（1）事件过程的调用方法

事件过程的调用可以称为是事件触发。当一个对象的事件发生的时候，对应的事件过程会被自动调用。例如，在前面为窗体命令创建了一个"单击"事件过程。那么，这个"单击"事件过程会在对应的命令按钮被用户单击之后，被自动调用执行。

子程序可以使用如下方式来进行调用："Call 子程序名"。

使用 Call 的关键是显式地调用过程，Call 可以在使用时省略不用。使用 Call 显式地调用过程是值得提倡的设计程序的良好习惯，因为 Call 关键字标明了其后是过程名而不是变量名。

（2）过程的参数传递和返回值

在 VBA 中允许子程序和函数在调用时接收参数，下面例子中的 SA 子程序在定义时，声明了两个参数 strOne 和 strTwo。所以在调用时必须指定调用参数。FA 函数也定义了两个参数 intOne 和 intTwo。

```
Sub A()                                                    'A 子过程
```

```
    Dim intA As Integer
    Call SA("SA 子程序接收了","两个字符串参数")'调用子程序 SA
    intA=FA(10,20)                                '调用函数 FA
    Debug.Print "FA 函数返回值:", intA
End Sub
Private sub SA(strOne As String,strTWO As String)
    Debug.Print strOne+StrTwo
End Sub
Private Function FA(intOne As Integer,intTwo As Integer)
    FA=intOne*intTwo
End Function
```

其中，SA 子程序在立即窗口中输出它接收的两个字符串的值。FA 函数返回了它接收的两个整型参数的积。

VBA 中还允许设计带可选参数的子程序和函数。下面的例子说明了如何定义和使用可选参数的子程序。

```
Sub CallProc()
    Call SB("使用第 1 个参数")
    Call SB(,"使用第 2 个参数")
    Call SB(,,"使用第 3 个参数")
    Call SB("参数 1","参数 2")
    Call SB("参数 1",,"参数 3")
    Call SB("参数 1","参数 2","参数 3")
End Sub
Sub SB(optional strl As String,optional str2 As String,Optional str3
As String)
    If strl="" and str2="" and str3="" Then
        Debug.Print "不带参数调用子程序"
    Else
        Debug.Print strl+str2+str3
    End If
End Sub
```

上述例子中定义的 SB 子程序声明了三个可选参数。当过程声明既有必选参数，又有可选参数，则所有可选参数的声明必须放在所有必选参数声明之后。在过程 CallProc() 中对 SB 子程序按多种形式进行了调用。在调用可选参数的过程时，如果指定了后面的参数而没有指定前面的参数，则应该使用逗号分隔留出参数位置。

10.5 面向对象的程序设计

Access 除了支持过程编程之外，还支持面向对象的程序设计机制。本节介绍 Access 的面向对象的程序设计方法。

10.5.1　面向对象程序设计的基本概念

Access 支持面向对象的程序设计。所谓面向对象的编程，就是我们在编程的过程中是看着表、查询、窗体、报表等这些对象来编程的，主要考虑如何创建它们，而不需要用一系列的程序代码来编写出这些对象。因此，面向对象的编程非常直观。另外，由于不需要用语句来构造这些对象，如在数据库窗口中单击"窗体"对象，在设计视图中通过选择工具栏中的按钮，像画图一样将窗体上所需要的对象画出来，其大小和位置也不需用精确的数字来表示（可以在属性窗口中查到精确值），这样使得编程变得非常简单。

1.　集合和对象

Access 采用面向对象程序开发环境，其数据库窗口可以方便地访问和处理表、查询、窗体、报表、页、宏和模块对象。VBA 中可以使用这些对象以及范围更广泛的一些可编程对象。

对象是面向对象程序设计的基本单元，是一种将数据和操作过程结合在一起的数据结构，每个对象都有自己的属性和事件。对象的属性按其类别会有所不同，而且同一对象的不同实例属性构成也可能有差异。对象除了属性以外还有方法。对象的方法就是对象可以执行的行为。

Access 应用程序由表、查询、窗体、报表、页、宏和模块对象列表构成，形成不同的类。Access 数据库窗体左侧显示的就是数据库的对象类，单击其中的任一对象类，就可以打开相应对象窗口。而且，其中有些对象内部，如窗体、报表等，还可以包含其他对象控件。Access 中，控件外观和行为可以设置定义。

集合表达的是某类对象所包含的实例构成。

2.　属性和方法

属性和方法描述了对象的性质和行为。其引用方式为："对象.属性或对象.行为"。

Access 中"对象"可以是单一对象，也可以是对象的集合。例如，Caption 属性表示"标签"控件对象的标题属性，Reports.Item（0）表示报表集合中的第一个报表对象。数据库对象的属性均可以在各自的"设计"视图中通过"属性窗体"进行浏览和设置。

Access 应用程序的各个对象都有一些方法可供调用。了解并掌握这些方法的使用可以极大地增强程序功能，从而写出优秀的 Access 程序。

Access 中除数据库的七个对象外，还提供一个重要的对象：DoCmd 对象。它的主要功能是通过调用包含在内部的方法来实现 VBA 编程中对 Access 的操作。

例如，利用 DoCmd 对象的 OpenForm 方法打开窗体"商品信息窗体"的语句格式如下。

```
DoCmd.OpenForm "商品信息窗体"
```

DoCmd 对象的方法大都需要参数。有些是必给的，有些是可选的，被忽略的参数取默认值。例如，上述 OpenForm 方法有四个参数，其调用格式如下。

```
DoCmd.OpenForm formname[,view][,filtername][,wherecondition]
```

其中各参数的含义如下。

- formname：打开窗体的名称。在"宏"窗口的"操作参数"节中的"窗体名称"框中显示了当前数据库中的全部窗体。这是必选的参数。
- view：打开窗体的视图。可在"视图"框中选择"窗体"、"设计"、"打印预览"或"数据表"。默认值为"窗体"。
- filtername：用于限制或排序窗体中记录的筛选。可以输入一个已有的查询的名称或保存为查询的筛选名称。不过，这个查询必须包含打开窗体的所有字段。
- wherecondition：Access 用来从窗体的基础表或基础查询中选择记录的 SQL WHERE 子句（不包含 WHERE 关键字）或表达式。如果用 filtername 参数选择筛选，那么 Access 将把这个 WHERE 子句应用于筛选的结果。

例如，利用 DoCmd 对象的 OpenReport 方法打开报表"商品信息表"的语句格式如下。

```
DoCmd.OpenReport "商品信息表"
```

OpenReport 方法有四个参数，其调用格式如下：

```
DoCmd.OpenReport reportname[,view][,filtername][,wherecondition]
```

各参数的含义与 OpenForm 方法类似。

3. 事件和事件过程

事件是 Access 窗体或报表及其上的控件等对象可以"辨识"的动作。例如，单击鼠标、窗体或报表打开等。在 Access 数据库系统里，可以通过两种方式来处理窗体、报表或控件的事件响应：一是使用宏对象来设置事件属性，二是为某个事件编写 VBA 代码过程，完成指定动作，这样的代码过程称为事件过程或事件响应代码。

实际上，Access 窗体、报表和控件的事件有很多，一些主要对象事件如表 10-10 所示。

表 10-10　Access 的主要对象事件

对象名称	事件动作	动作说明
窗体	OnLoad	窗体加载时发生事件
	OnUnLoad	窗体卸载时发生事件
	OnOpen	窗体打开时发生事件
	OnClose	窗体关闭时发生事件
	OnClick	窗体单击时发生事件
	OnDblClick	窗体双击时发生事件
	OnMouseDown	窗体鼠标按下时发生事件
	OnKeyPress	窗体上键盘按键时发生事件
	OnKeyDown	窗体上键盘按下键时发生事件
报表	OnOpen	报表打开时发生事件
	OnClose	报表关闭时发生事件
命令按钮控件	OnClick	按钮单击时发生事件
	OnDblClick	按钮双击时发生事件
	OnEnter	按钮获得输入焦点之前发生事件
	OnGetFoucs	按钮获得输入焦点时发生事件
	OnMouseDown	按钮上鼠标按下时发生事件
	OnKeyPress	按钮上键盘按键时发生事件
	OnKeyDown	按钮上键盘按下键时发生事件

续表

对象名称	事件动作	动作说明
标签控件	OnClick	标签单击时发生事件
	OnDblClick	标签双击时发生事件
	OnMouseDown	标签上鼠标按下时发生事件
文本框控件	BeforeUpdate	文本框内容更新前发生事件
	AfterUpdate	文本框内容更新后发生事件
	OnEnter	文本框输入焦点之前发生事件
	OnGetFocus	文本框获得输入焦点时发生事件
	OnLostFocus	文本框失去输入焦点时发生事件
	OnChange	文本框内容更新时发生事件
	OnKeyPress	文本框内键盘按键时发生事件
	OnMouseDown	文本框内鼠标按下键时发生事件
组合框控件	BeforeUpdate	组合框内容更新前发生事件
	AfterUpdate	组合框内容更新后发生事件
	OnEnter	组合框获得输入焦点之前发生事件
	OnGetFocus	组合框获得输入焦点时发生事件
	OnLostFocus	组合框失去输入焦点时发生事件
	OnClick	组合框单击时发生事件
	OnDblClick	组合框双击时发生事件
	OnKeyPress	组合框内键盘按键时发生事件
选项组控件	BeforeUpdate	选项组内容更新前发生事件
	AfterUpdate	选项组内容更新后发生事件
	OnEnter	选项组获得输入焦点之前发生事件
	OnClick	选项组单击时发生事件
	OnDblClick	选项组双击时发生事件
单选按钮控件	OnKeyPress	单选按钮内键盘按键时发生事件
	OnGetFocus	单选按钮获得输入焦点时发生事件
	OnLostFocus	单选按钮失去输入焦点时发生事件
复选框控件	BeforeUpdate	复选框更新前发生事件
	AfterUpdate	复选框更新后发生事件
	OnEnter	复选框获得输入焦点之前发生事件
	OnClick	复选框单击时发生事件
	OnDblClick	复选框双击时发生事件
	OnGetFocus	复选框获得输入焦点时发生事件

10.5.2 面向对象程序设计示例

【例 10-1】设计一个用户登录窗体，实现用户登录功能。

在"商品进销管理系统"里设计一个数据表"Password"，其中包含如下字段: uname（文本型，长度为 10，存放"用户名"）、upass（文本型，长度为 20，存放"口令"）。存放用户名和口令记录的格式为"用户名/口令"，如"张三/1234567"。

设计一个"用户登录窗体"，其"设计"视图如图 10-6 所示。

有一个组合框，名称为"用户名"。另有一个"口令"文本框，它的输入掩码属性设为"密码"，这样在输入时用星号"*"替代。另

图 10-6 "用户登录"窗体的"设计"视图

有两个命令按钮，名称分别为"command1"和"command2"，"command1"的标题为"确定"，设计如下事件过程。

```
Private Sub command1_Click()
    Dim Cond As String
    Dim ps
    If IsNull(Forms![用户登录窗体]![用户名]) Or IsNull(Forms![用户登录窗
体]![口令]) Then
        MsgBox "必须输入用户名/口令",vbOKOnly,"信息提示"
        Exit Sub
    End If
    Cond="uname='"+Forms![用户登录窗体]![用户名]+"'"
    ps=DLookup("upass","Password",Cond)
    if (ps <> "") then
        If (ps <> Forms![用户登录窗体]![口令]) Then
            MsgBox "口令错误",vbOKOnly, "信息提示"
        Else
            MsgBox "欢迎使用本系统",vbOKOnly, "信息提示"
        End If
    Else
        MsgBox "不存在该用户", vbOKOnly, "信息提示"
    End If
End Sub
```

"command2"命令按钮的标题为"取消"，设计如下事件过程。

```
Private Sub command2_Click()
    DoCmd.Close
End Sub
```

在运行本窗体，在"用户名"组合框中输入一个合法的用户名，在"口令"文本框中输入对应的口令，如图 10-7 所示，单击"确定"按钮，若输入的口令正确，则弹出一个"欢迎使用本系统"的提示框，否则弹出一个"口令错误"的提示框，如果输入一个非法的用户名，则弹出一个"不存在该用户"的提示框。

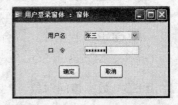

图 10-7 用户登录窗体运行界面

10.6 VBA 的数据库编程

前面已经介绍了使用各种类型的 Access 数据库对象来处理数据的方法和形式。实际上，要想快速、有效地管理好数据，开发出更具实用价值的 Access 数据库应用程序，还应当了解和掌握 VBA 的数据库编程方法。

10.6.1 数据库引擎及其接口

VBA 是通过 Microsoft Jet 数据库引擎工具来支持对数据库的访问。所谓数据库引擎实际上是一组动态链接库（dynamic link library，DLL），当程序运行时被链接到 VBA 程序而实现对数据库的数据访问功能。数据库引擎是应用程序与物理数据库之间的桥梁，它以一种通用接口的方式，使各种类型物理数据库对用户而言都具有统一的形式和相同的数据访问与处理方法。

在 VBA 中主要提供了三种数据库访问接口。

1）开放数据库互连应用编程接口（open database connectivity API，ODBC API）。目前 Windows 提供的 32 位 ODBC 驱动程序对每一种客户/服务器数据库、最流行的索引顺序访问方法（indexed sequential access method，ISAM）、数据库（Jet、dBase、Foxbase 和 FoxPro）、扩展表（Excel）和定界文本文件都可以操作。在 Access 应用中，直接使用 ODBC API 需要大量 VBA 函数原型声明（Declare）和一些繁琐、低级的编程。因此，实际编程很少直接进行 ODBC API 的访问。

2）数据访问对象（Data Access Objects，DAO）。DAO 提供一个访问数据库的对象模型。利用其中定义的一系列数据访问对象。例如，Database、QueryDef，RecordSet 等对象，实现对数据库的各种操作。

3）Activex 数据对象（ActiveX Data Objects，ADO）。ADO 是基于组件的数据库编程接口，是一个和编程语言无关的 COM 组件系统。使用它可以方便地连接任何符合 ODBC 标准的数据库。

10.6.2 VBA 访问数据库的类型

VBA 通过数据库引擎可以访问的数据库有以下三种类型。

1）本地数据库：Access 数据库。

2）外部数据库：指所有的索引顺序访问方法（ISAM）数据库。

3）ODBC 数据库：符合开放数据库连接（ODBC）标准的客户/服务器数据库，例如 Oracle、Microsoft SQL Server 等。

10.6.3 数据访问对象

数据访问对象（data access objects，DAO）包含了很多对象和集合，通过 Jet 引擎来连接 Access 数据库和其他的 ODBC 数据库。

DAO 模型为进行数据库编程提供了需要的属性和方法。利用 DAO 可以完成对数据库的创建，如创建表、字段和索引，完成对记录的定位和查询以及对数据库的修改和删除等。

数据访问对象完全在代码中运行，使用代码操纵 Jet 引擎访问数据库数据，能够开发出更强大更高效的数据库应用程序。使用数据访问对象开发应用程序，使数据访问更有效，同时对数据的控制更灵活更全面，给程序员提供了广阔的发挥空间。

DAO 对象模型是一个分层的树型结构。这个树型结构包括对象、集合、属性和方法。Microsoft Jet 工作区的对象模型如图 10-8 所示，图中深底色的方框表示的是对象，浅底色的方框表示的是集合。

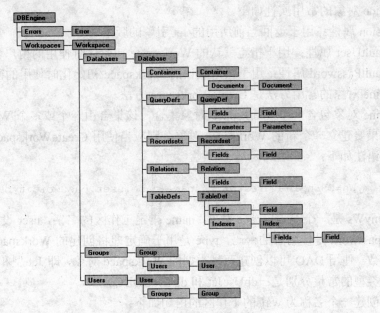

图 10-8　DAO 的树型结构

需要指出的是，在 Access 模块设计时要想使用 DAO 的各个访问对象，首先应该增加一个对 DAO 库的引用。Access 2003 的 DAO 引用库为 DAO 3.6，其引用设置方式为先进入 VBA 编程环境，在菜单栏中选择"工具 | 引用"命令，弹出"引用-商品进销管理系统"对话框，如图 10-9 所示，从"可使用的引用"列表框中勾选"Microsoft DAO 3.6 0bject Library"复选框并单击"确定"按钮即可。

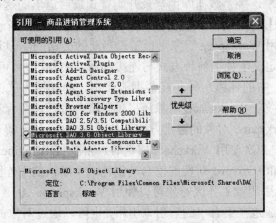

图 10-9　"引用-商品进销管理系统"对话框

下面分别介绍主要的对象。

1. DBEngine 对象

在 DAO 的分层结构中可以看到，DBEngine 对象是顶层对象，它包含了其他所有的

数据访问对象和集合,是唯一不被其他对象所包含的数据库访问对象,实际上,DBEngine
对象就是 Jet 数据库引擎本身。

DBEngine 对象的常用属性如下。

- Version 属性:用于返回当前所用的 Jet 引擎的版本。
- DefaultUser 属性:用于指定默认的 Workspace 初始化时使用的用户名。
- DefaultPassword 属性:用于指定默认的 Workspace 初始化时使用的密码

DBEngine 对象的常用方法是 CreateWorkspace 方法。

DBEngine 对象包含一个 Workspace 对象集合,该集合由一个或多个 Workspace 对
象组成。如果要建立一个新的 Workspace 对象,则应当使用 CreateWorkspace 方法。该
方法的使用语法如下:

```
Set myWs=DBEngine.CreateWorkspace(name,user,password,type)
```

其中,myWs 是一个 Workspace 对象,name 指定工作区的名字,user 设置该工作区
的用户名,password 是使用者的密码,type 是用于确定即将创建的 Workspace 对象的类
型的可选参数。使用 DAO 可以创建两种类型的 Workspace 对象,即 Jet 型和 ODBC 型,
对应这两种类型的常量分别是:dbUseJet 和 dbUseODBC。

例如,创建一个名称为 ws1 的工作区的语句如下:

```
Dim ws1 As Workspace
Set ws1 = DBEngine.CreateWorkspace("ws1","lichun","")
```

2. Workspace 对象

在 DBEngine 对象中有一个 Workspace 对象集合,该集合包含了当前可使用的
Workspace 对象。Workspace 为用户定义了一个有名字的会话区。所谓会话,是当用户
使用 Microsoft Jet 引擎连接了数据库由登录开始直到最后退出的这样一段时间。每个人
会话期间所能使用的权限,随个人的名称和密码有所不同。在一个会话中,可以打开多
个数据库或连接。使用 Workspace 对象可以管理当前的会话,也可以开始一个新的会话。

Workspace 对象定义了使用何种方式与连接数据。在 DAO 中,可以使用 Microsoft Jet
引擎或 ODBCDirect 中的任意一种,视数据源而定,而连接方式的实现,则可以通过
Workspace 对象来定义。Workspace 对象还提供了事务处理,为保证数据库的完整性提
供了支持。引用 Workspace 对象的通常方法是使用 Workspaces 集合,对象在集合中的
索引从 0 开始。当用户初次使用 Workspace 属性时,将使用 DBEngine 对象的 DefaultType、
DefaultUser 和 DefaultPassword 属性的值自动创建一个默认的工作区对象,并将其自动
添加到工作区集中,引用该工作区对象可以使用 Workspaces(0)。在 Workspaces 集合
中引用对象,既可以通过在集合中的索引来引用,也可以通过对象的名字来引用。例如,
在 Workspaces 集合中要引用索引为 1 的名为 "myWs" 的 Workspace 对象,可以使用以
下两种方法。

```
DBEngine.Workspaces(1)
DBEngine.Workspaces("myWs")
```

📝**注意**：通过工作区集合来引用对象前，必须将新创建的工作区对象添加到集合中，否则，只能使用 Workspace 对象变量来引用。

Workspace 对象的常用属性如下。
- Name 属性：指定 Workspace 对象的名字，该属性用来唯一标示一个 Workspace 对象。
- UserName 属性：该属性是一个只读属性，标示了使用者的名称。

Workspace 对象的常用方法如下。
- CreateDatabase 方法：Workspace 对象的 CreateDatabase 方法用来创建数据库文件。其语法格式如下：

```
Set db = Workspace.CreateDatabase(Name,Local,Options)
```

其中，db 是之前定义的数据库类型变量，代表新建立的数据库对象。Workspace 是之前定义的 Workspace 类型变量，它表示所使用的工作环境，将包含新的数据库对象。Name 是将要新建的数据库文件路径和名称。Local 用来指定字符串比较的规则，一般按英文字母顺序比较，可以指定为 dbLangGeneral。Options 是一个可选项，用来指定数据格式的版本及数据库是否加密，一般情况下，可以不指定此项。

例如，在 C 盘的 VB 目录下建立一个名为 sample 的数据库文件的语句如下：

```
Set NewDB = NewWS.CreateDatabase("c:\VB\sample",dbLangGeneral)
```

- OpenDatabase 方法：Workspace 对象的 OpenDatabase 方法用来打开一个已有的数据库，返回一个数据库对象，并自动将该数据库对象加入到 Workspace 的数据库对象集中。其语法格式如下：

```
Set db = Workspace.OpenDatabase(databasename,options,read-only,connect)
```

其中，databasename 是一个有效的 Jet 数据库文件或 ODBC 数据源。options 是对不同的数据源有不同的设置，对于 Jet 数据库文件该参数为布尔型，True 表示以独占方式打开数据库，而 False 表示以共享方式打开数据库；对于 ODBC 数据源，该参数设定建立连接的方式，即是否提示用户和何时提示用户。read-only 用以说明是否以只读方式打开数据库，为布尔型。connect 说明了不同的连接方式以及密码。

例如，打开 C 盘的 DB 目录下的名为 sample 的数据库文件的语句如下：

```
Set db = NewWS.OpenDatabase("C:\DB\sample",True,False)
```

📝**注意**：在打开一个已有的数据库时，必须保证提供的数据库路径是有效的。如果 databasename 参数指定的数据库不存在，将产生一个错误。

- Close 方法：该方法用于关闭一个 Workspace 对象。使用该方法后，这个 Workspace 对象自动从集合中移去。如果一个 Workspace 对象中有打开的数据库对象或连接对象，则对该 Workspace 对象使用 Close 方法，都将导致其中的数据库对象或连接对象自动关闭。其使用语法如下：

```
Workspace.Close
```

例如，以下代码创建一个 Works.mdb 数据库文件：

```
Dim ws As Workspace
Dim db As Database
Set ws = DBEngine.Workspaces(0)
Set db = db.CreateDatabase("c:\db\works.mdb",dbLangGerneral)
```

3．Database 对象

使用 DAO 编程，Database 对象及其包含的对象集是最常用的。Database 对象代表了一个打开的数据库，所有对数据库的操作都必须先打开数据库。Workspace 对象包含一个 Database 对象集合，该对象集合包含了若干个 Database 对象。

Database 对象包含 TableDef、QueryDef、Container、Recordset 和 Relation 5 个对象集合。

使用 Database 对象，可以定义一个 Database 变量，也可以通过 Workspace 对象中的 Database 对象集来引用。使用 CreateDatabase 方法和 OpenDatabase 方法将返回一个数据库对象，同时该数据库对象自动添加到 Database 对象集合中。

注意：在使用 Database 变量时，应当使用 Set 关键字为该变量赋值。

Database 对象的常用属性如下。

- Name 属性：用于标示一个数据库对象。
- Version 属性：返回使用的 Jet 版本（对应于 Jet 数据库）或 ODBC 驱动程序版本（对应于 ODBC 数据源）。
- Updatable 属性：指明该数据库对象是否可以被更新或更改。

Database 对象的常用方法如下。

- CreateQueryDef 方法：该方法可创建一个新的查询对象。其使用语法如下：

```
Set querydef = database.CreateQueryDef(name,sqltext)
```

如果 name 参数不为空，表明建立一个永久的查询对象；若 name 参数为空，则会创建一个临时的查询对象。Sqltext 参数是一个 SQL 查询命令。

- CreateTableDef 方法：该方法用于创建一个 TableDef 对象。其语法格式如下：

```
Set table = database.CreateTableDef(name,attribute,source,connect)
```

其中，table 是之前已经定义的表类型的变量，database 是数据库类型的变量，它将包含新建的表，name 是设定新建表的名字，attribute 用来指定新创建表的特征，source 用来指定外部数据库表的名字，connect 字符串变量包含一些数据库源信息，最后 3 个参数在访问部分数据库表时才会用到，一般可以默认这几项。

- Execute 方法：该方法执行一个动作查询。
- OpenRecordset 方法：该方法创建一个新的 Recordset 对象，并自动将该对象添加到 Database 对象的 Recordset 记录集合中去。其使用语法如下：

```
Set recordset = database.OpenRecordset(source,type,options,lockedits)
```

其中，source 是记录集的数据源，可以是该数据库对象对应数据库的表名，也可以是 SQL 查询语句。如果 SQL 查询返回若干个记录集，使用 Recordset 对象的 NextRecordset 方法来访问各个返回的记录集。type 指定新建的 Recordset 对象的类型，共有以下几种类型。

- dbOpenTable：表类型。
- dbOpenDynaset：动态集类型。
- dbOpenSnapshot：快照类型。
- dbOpenForwardOnly：仅向前类型。
- dbOpenDynamic：动态类型。

一般如果 source 是本地表，则 type 的默认值为表类型。options 指定新建的 Recordset 对象的一些特性，常用的有以下几种。

- dbAppendOnly：只允许对打开表中的记录进行添加，不允许删除或修改记录。这个特性只能在动态集类型中使用。
- dbReadOnly：只读特性，赋予此特性后，用户不能对记录进行修改或删除。
- DbSeeChanges：如果一个用户要修改另一个正在编辑的数据，则产生错误。
- dbDenyWrite：禁止其他用户修改或添加表中的记录。
- dbDenyRead：禁止其他用户读表中记录。

lockedits 控制对记录的锁定，一般可以忽略。

- Close 方法：该方法将数据库对象从数据库集合中移去。如果在数据库对象中，有打开的记录集对象，使用该方法会自动关闭记录集对象。

关闭数据库对象，也可以使用以下代码：

```
Set database = Nothing
```

4. TableDef 对象

关系数据库由二维表组成，TableDef 对象正是代表了数据库结构中的表结构。在创建数据库的时候，对要生成的表，必须创建一个 TableDef 对象来完成对表的字段的创建。TableDef 对象的常用属性如下。

- SourceTableName 属性：该属性指出链接表或基本表的名称。
- Updatable 属性：该属性指出表是否可以更新。
- Recordcount 属性：该属性指出表中所有记录的个数。
- Attributes 属性：该属性指出表对象对应表的状态，可有六种状态。
- ValidationRule 属性：该属性指出表的有效性规则。
- ValidationText 属性：该属性指出表内容不符合有效性规则时显示的警告信息。

TableDef 对象的常用方法如下。

- **CreateField 方法**：该方法用于创建字段对象。其语法格式如下：

```
Set field = table. CreateField(name,type,size)
```

其中，field 是之前新定义的 Field 对象变量；table 为表类型变量，它将包含新建的 Field 字段；name 为新定义的字段名称；type 为定义新字段的类型；size 指定字段的最大长度。

- **CreateIndex 方法**：该方法用于创建表的索引。其语法格式如下：

```
Set index = table.CreateIndex("name")
```

其中，index 是之前新定义的 index 对象变量；table 为表类型变量，它将包含新建的 index 索引；name 为新建的索引名称。

仅创建索引还不够，还要为新索引指定索引字段，这样 Index 就可以按照这个字段对记录进行索引了。

- **OpenRecordset 方法**：在 Database 对象中 OpenRecordset 方法用来建立新的记录集，TableDef 对象也有这样一个方法。所不同的是，Database 对象中的 OpenRecordset 方法允许指定数据源，数据源可以是数据库中的表名，也可以是 SQL 查询语句，但在 TableDef 对象中的 OpenRecordset 方法，其数据源只能是该对象所对应的表。该方法的语法格式如下：

```
Set recordset = tabledef.OpenRecordset(type,options,lockedits)
```

其中，recordset 是之前定义的 Recordset 对象变量；type 指定新建的 Recordset 对象的类型,共有五种类型(参见 Database 对象的 OpenRecordset 方法)；source 指定 Recordset 对应记录的来源，只能是一个表的名字；options 指定新建的 Recordset 对象的一些特性。

5. Recordset 对象

Recordset 对象是记录集对象，它可以表示表中的记录，或表示一组查询的结果，要对表中的记录进行添加、删除等操作，都要通过对 Recordset 对象进行操作来实现。Recordsets 是包含多种类型的 Recordset 对象的集合。

Recordset 对象有五种类型：表、动态集、快照、动态和仅向前。最常用的是前三种。

- **表类型**：这种类型的 Recordset 对象直接表示数据库中的一个表，当对 Recordset 对象进行添加、删除、修改等操作时，数据库引擎就会打开实际的表进行相应操作，相应的表中的记录就会改变。但是表类型的 Recordset 对象不能对 ODBC 数据库或链接表进行操作，也不能对联合查询进行操作。表类型是 Recordset 对象类型中最常用的一种。

- **动态集类型**（dbOpenDynaset）：这种类型的 Recordset 对象可以表示本地或链接的表，也可以作为返回的查询结果。动态集对象和它所表示的表同样可以动态地互相更新，就是说当一方改变时，另一方会随之改变。但是，这种类型的 Recordset 对象的最大缺点就是速度较慢。

- 快照类型（dbOpenSnapshot）：这种类型的 Recordset 对象所包含的数据、记录是固定的，它所表示的是数据库某一时刻的状况，就像照一张照片一样，一般情况下快照类型的 Recordset 对象中的数据是不能更新的。快照类型的 Recordset 对象可以对应多表中的数据。

Recordset 对象的常用属性如下。

- RecordCount 属性：该属性用于返回 Recordset 对象中的记录个数。

✎**注意**：在 Recordset 对象刚打开时，该属性不能正确返回记录集中的记录个数，要得到正确的结果，应当在打开记录集后，使用 MoveLast 方法，才能得到准确的结果。

- AbsolutePosition 属性：在表中移动指针，最直接的方法就是使用 AbsolutePosition 属性，利用它可以直接将记录指针移动到某一条记录处。语法格式如下：

```
Recordset.AbsolutePosition = n
```

其中，Recordset 为 Recordset 对象变量，表示一个打开的表；n 表示记录指针要指向的记录号，范围是 0～记录总个数。

- Sort 属性：如果使用动态集类型或快照型记录集，都可以使用该属性来排序，使用的方法和效果和 SQL-SELECT 命令里的 ORDER BY 子句是相同的。其使用方式是先将该属性设置为需要排序的字段名，然后把该 Recordset 对象重新打开一次就可以了。
- Filter 属性：该属性提供了记录过滤功能。使用该属性设置过滤功能，则再次打开记录集将只返回符合条件的记录。该属性的功能同 SQL-SELECT 命令里的 WHERE 子句是相同的。该属性用于动态集类型、快照类型或仅向前类型的记录集。

Recordset 对象的常用方法如下。

- AddNew 方法：增加记录首先要打开一个数据库和一个表，然后用 AddNew 方法创建一条新记录。AddNew 语法格式如下：

```
Recordset.AddNew
```

其中，Recordset 是一个表类型或动态集类型的 Recordset 对象，表示一个已经打开的表。

- Update 方法：该方法用于记录更新。在给记录赋值后，需要使用 Update 方法将新记录加入数据库，也就是刷新表。这样，新的记录才真正加入了数据库。Update 方法的语法格式如下：

```
Recordset.Update
```

其中，Recordset 是一个表类型或动态集类型的 Recordset 对象，表示一个已经打开的表。

- Edit 方法：该方法是对已有的记录进行修改或编辑。Edit 方法的语法格式如下：

```
Recordset.Edit
```

其中，Recordset 是一个表类型或动态集类型的 Recordset 对象，表示一个已经打开的表。

- Delete 方法：该方法用于删除一条记录。其语法格式如下：

```
Recordset.Delete
```

其中，Recordset 是一个表类型或动态集类型的 Recordset 对象，表示一个已经打开的表。

- Move 及其系列方法：当 Recordset 对象建立后，系统就会自动生成一个指示器，指向表中的第一条记录，称为记录指针。当要对表中的某一条记录进行修改或删除时，必须先将记录指针指向该记录，告诉系统将对哪条记录进行操作，然后才能修改或删除。所以记录指针在数据库中是非常重要的，下面先介绍几种指针移动和定位的方法。

在 VB 中使用 Move 及其系列方法可以使指针相对于某一条记录移动，也就是做相对移动，这些方法非常直观，容易控制，是很常用的方法。Move 方法的语法格式如下：

```
Recordset.Move rows,start
```

其中，Recordset 是 Recordset 对象变量，表示一个已打开的表；rows 表示要相对移动的行数，如果为正值，表示向后移动，如果为负值，表示向前移动；start 是一条记录的 Bookmark 值，指示从哪条记录开始相对移动，如果这项不给出，则从当前记录开始移动指针，一般情况下这项可以省略。

除了直接使用 Move 方法，还有一些 Move 系列方法，可以很方便地控制指针的移动。其语法格式如下：

```
Recordset.MoveFirst
Recordset.MoveLast
Recordset.MoveNext
Recordset.MovePrevious
```

其中，Recordset 为 Recordset 对象变量，表示一个已打开的表；MoveFirst 为移动指针到表中第一条记录；MoveLast 为移动指针到表中最后一条记录；MoveNext 将指针移动到当前记录的下一条记录上，等价于 Recordset.Move +1；MovePrevious 将指针移动到当前记录的上一条记录上，等于 Recordset.Move-1。

- Find 方法：Seek 方法可以定位符合条件的第一条记录，当需要用特殊方法定位记录时，如定位符合条件的下一条记录、上一条记录等，可以使用 Find 方法。其语法格式如下：

```
Recordset.FindFirst 条件表达式
Recordset.FindLast 条件表达式
Recordset.FindNext 条件表达式
Recordset.FindPrevious 条件表达式
```

其中，Recordset 为 Recordset 对象变量，表示一个已打开的表；FindFirst 为查找满足条件的第一条记录，与 Seek 类似；FindLast 为查找表中满足条件的最后一条记录；FindNext 为从当前记录开始查找表中满足条件的下一条记录；FindPrevious 为从当前记录开始查找表中满足条件的前一条记录。

- Seek 方法：在使用 Seek 方法之前需要先建立索引，并且要确定索引字段，然后通过与 Seek 方法给出的关键字比较，将指针指向第一条符合条件的记录。其语法格式如下：

```
Recordset.Seek = 比较运算符,关键字 1,关键字 2,…
```

其中，Recordset 为 Recordset 对象变量，表示一个已打开的表；比较运算符用于比较运算符，如 ">"、"<"、"=" 等；关键字为当前主索引的关键字段，如果有多个索引，则关键字段可以给出多个。

✍注意：在 Seek 后面给出关键字时要与索引字段的类型一致，否则将找不到需要的记录。

- Close 方法：当 Recordset 对象使用完毕后，就应该将它删除，也就是关闭已经打开的表，删除 Recordset 对象也是用 Close 方法。其语法格式如下：

```
Recordset.Close
```

其中，Recordset 为已经创建的 Recordset 对象的名称。

6. QueryDef 对象

QueryDef 对象表示一个查询，永久的查询存储在数据库中。通常查询结果总是返回一个表，所以可以把 QueryDef 对象当作一个表来使用，如把该对象作为一个数据源等。

如果需要在运行时重复进行某些查询，而又无需将这个查询存入磁盘，那么可以创建临时的查询对象。临时对象并不加入 Database 对象的 QueryDef 对象集合中。

QueryDef 对象有两个对象集合，即 parameter 对象集和 Field 对象集，前者包含所有变量对象的集合，后者是字段对象集合。

使用 SQL 查询可以提高访问和操作数据库的效率，而 QueryDef 对象是在 DAO 中使用 SQL 查询的最好的选择。

SQL 属性是 QueryDef 对象的常用属性，简介如下。

SQL 属性定义了一个 QueryDef 对象的查询内容，该属性包含了 SQL 语句，决定了执行时记录集的选择条件、分类和排序等内容。可以使用查询为动态集类型、快照型或向前型记录集选择记录，或对记录集进行修改。其使用语法如下：

```
Querydef.SQL=sqlstatement
```

其中，sqlstatement 是一个字符串参数，包含了 SQL 语句。

QueryDef 对象的常用方法如下。

- Execute 方法：该方法用来对数据库执行一个查询，该查询必须是一个动作查询。所谓动作查询，是指复制或改变数据的查询，如添加、删除和创建表等，其特点是不返回记录。如果使用 Execute 方法执行一个其他类型的查询，则会产生一个错误。该方法的使用语法如下：

```
Querydef.Execute options
```

其中，options 是一个可选参数，可以使用一个选择或多个选择，多个是单个选择相加。

- OpenRecordset 方法：该方法用来返回一个记录集，该记录集中的记录是由查询对象的内容决定的。该方法的使用语法与 TableDef 的 OpenRecordset 方法是一样的。

7. Field 对象

数据库包含的每个表都有多个字段，每个字段是一个 Field 对象。因此，在 TableDef 对象中有一个 Field 对象集合，即 Fields，可以使用 Field 对象对当前记录的某一字段进行读取和修改。

为了在 Fields 集合中标识某个 Field 对象，通常使用以下两种格式：

```
Fields("fieldname")
Fields("no")
```

其中，fieldname 指明字段的名字；no 指明该字段在 Fields 集合中的索引号，其索引号从 0 开始编号的。

Field 对象的常用属性如下：

- Size 属性：该属性指定字段的最大字节数。一个字段的 Size 属性是由它的 Type 属性决定的。
- Value 属性：该属性是 Field 对象的默认属性，用以返回或设置字段的值。由于该属性是 Field 对象的默认属性，所以在使用该属性时可以不必显式表示。例如，以下两行代码的作用是相同的：

```
rst.Fields("学号")="102"
rst.Fields.Value("学号")="102"
```

- SourceField 和 SourceTable 属性：这两个属性分别表示字段中的数据来源的字段或表的名称。该属性是只读的。如果一个记录集是建立在几个表上的查询结果，根据查询语句的不同，字段可以与数据来源的标记具有相同的名称，也可以有不同的名称。如果希望知道该字段是哪个字段，则可以使用这两个属性。

Field 对象的常用方法如下。

- AppendChunk 方法：该方法向 Memo 或 Long Binary 类型的字段添加数据。该方法允许把不大于 64KB 的数据段添加到字段中去。其使用语法如下：

```
Field.AppendChunk source
```

其中，source 参数是需要添加到字段中的数据的字符串表达式。

- GetChunk 方法：该方法用以对大型字段的数据进行分段读取。其使用语法如下：

```
Field.GetChunk offset,num
```

其中，offset 参数是偏移量，其值小于 64KB，表示从此位置开始复制；num 指明了需要读取的字节数，最大不超过 64KB。通过多次使用该方法，可以提取大型字段中的数据。

8. Index 对象

可以为新的数据库创建索引，所谓索引就是指定数据库的记录按照一定的顺序排序，这样可以提高访问和存储效率，当然，索引不是必须创建的。

创建的每一个索引都是一个 Index 对象，每个 Index 对象中包含若干个 Field 对象，这些 Field 是用来指定数据库将按照哪个字段进行索引。

Index 对象的常用属性如下。

- Primary 属性：该属性确定一个索引是否是唯一的，即是否是主索引。对于主索引而言，它必须是唯一的，而且不能为 NULL 值。
- Unique 属性：该属性用以决定一个索引是否允许有相同的关键字段值的记录存在。如果 Index 对象的 Unique 属性为 True，表示没有两个记录的关键字段的数据值是相同的。

Index 对象的常用方法如下。

- CreateField 方法：该方法的使用与 TableDef 对象的 CreateField 方法相似，所不同的是，在 Index 对象中，创建的字段只是为了说明索引的字段，因此该方法中的类型参数和大小参数被忽略。其使用语法如下：

```
Set field = index.CreateField("name")
```

其中，field 为之前新定义的 Field 对象变量。index 为上一步新建的索引对象变量。name 为数据表中原有的字段名称，指示索引将按此字段排序。

- Append 方法：该方法用于向一个表的 Index 集合（Indexes）中添加一个新的索引。其语法格式如下：

```
Table1.Indexes.Append "indexname"
```

其中，Table1 是包含索引的表的名称。indexname 是要添加的索引的名称。

- Delete 方法：该方法用于从 Index 集合（Indexes）中删除一个表中的索引。其语法格式如下：

```
Table1.Indexes.Delete "indexname"
```

其中，Table1 是包含该索引的表的名称。indexname 是要删除的索引的名称。

【例 10-2】设计一个窗体，向"商品进销管理系统"数据库的客户表中添加一个记录。设计一个窗体，其"设计"视图如图 10-10 所示。

其中包含一个名为"command0"的命令按钮，在其上设计如下事件过程。

图 10-10 窗体"设计"视图

```
Private Sub command0_Click()
    '定义 Recordset 对象变量
    Dim ws As Workspace
    Dim rst As DAO.Recordset
    Dim db As Database
    '打开一个工作区
    Set ws = DBEngine.Workspaces(0)
    '打开一个数据库
    Set db = ws.OpenDatabase("f:\商品进销管理系统.mdb")
    '创建一个表类型的 Recordset 对象
    Set rst = db.OpenRecordset("客户")
    '创建一条空的记录
    rst.AddNew
    '为新的记录赋值
    rst.Fields("khh") = "0005"
    rst.Fields("khxm") = "李萍"
    rst.Fields ("xb") = "女"
    rst.Fields ("nl") = 35
    rst.Fields ("dz") = "长春市工农大路 155 号"
    '刷新表，将记录加入表中
    rst.Update
    rst.Close
    db.Close
End Sub
```

运行本窗体，单击其中的"添加记录"命令按钮，即向"客户"表中添加一条记录。

10.6.4 ActiveX 数据对象

ActiveX 数据对象是基于组件的数据库编程接口，它是一个和编程语言无关的 COM 组件系统，可以对来自多种数据提供者的数据进行读取和写入操作。

ADO 使用了与 DAO 相似的约定和特性，但 ADO 当前并不支持 DAO 的所有功能。

ADO 具有非常简单的对象模型，包括以下七个对象：Connection、Command、Parameter、Recordset、Field、Property 和 Error。还包含以下四个集合：Fields、Properties、Parameters 和 Errors。ADO 的核心是 Connection、Recordset 和 Command 对象。

需要指出的是，在 Access 模块设计时要想使用 ADO 的各个访问对象，首先应该增加一个对 ADO 库的引用。Access 2003 的 ADO 引用库为 ADO 2.5，其引用设置方式为先进入 VBA 编程环境，在菜单栏中选择"工具 | 引用"命令，弹出"引用"对话框，从"可使用的引用"列表框中选中"Microsoft ActiveX Data Objects Recordset 2.5 Library"选项，并单击"确定"按钮即可。

下面介绍 ADO 的主要对象。

1. Connection 对象

Connection 对象用于建立与数据源的连接。在客户/服务器结构中,该对象实际上是表示了同服务器的实际的网络连接。

建立和数据库的连接是访问数据库的必要一步,ADO 打开连接的主要方法是通过 Connection 对象来连接数据库,即使用 Connection.Open 方法。另外,也可在同一操作中调用快捷方法 Recordset.Open 打开连接并在该连接上发出命令。

Connection 对象的常用属性如下。

- ConnectionString 属性:该属性为连接字符串,用于建立和数据库的连接,它包含了连接数据源所需的各种信息,在打开之前必须设置该属性。
- ConnectionTimeout 属性:该属性用于设置连接的最长时间。如果在建立连接时,等待时间超过了这个属性所设定的时间,则会自动中止连接操作的尝试,并产生一个错误。默认值是 15s。
- DefaultDatabase 属性:该属性为 Connection 对象指明一个默认的数据库。

Connection 对象的常用方法如下。

- Open 方法:该方法可建立同数据源的连接。该方法完成后,就建立了同数据源的物理连接。其使用语法如下:

```
Connection.Open ConnectionString,UserID,Password,Options
```

其中,ConnectionString 是前面指出的连接字符串;UserID 是建立连接的用户代号;Password 是建立连接的用户的口令;Options 参数提供了连接选择,是一个 ConnectOptionEnum 值,可以在对象浏览器中查看各个枚举值的含义。

- Close 方法:该方法用于关闭一个数据库连接。

注意:关闭一个数据连接对象,并不是说将其从内存中移去了,该连接对象仍然驻留在内存中,可以对其属性更改后再重新建立连接。如果要将该对象从内存中移去,可使用以下代码:

```
Set Connection = Nothing
```

- Execute 方法:该方法用于执行一个 SQL 查询等。该方法既可以执行动作查询,也可以执行选择查询。

2. Recordset 对象

ADO Recordset 对象包含某个查询返回的记录以及那些记录中的游标。可以不用显式地打开 Connection 对象的情况下,打开一个 Recordset(如执行一个查询)。不过,如果选择创建一个 Connection 对象,就可以在同一个连接上打开多个 Recordset 对象。任何时候,Recordset 对象所指的当前记录均为集合内的单个记录。

Recordset 对象的常用属性如下。

- AbsolutePage 属性:指定当前记录所在的页。
- AbsolutePosition 属性:指定 Recordset 对象当前记录的序号位置。

- ActiveConnection 属性：指示指定的 Command 或 Recordset 对象当前所属的 Connection 对象。
- BOF 属性：指示当前记录位置位于 Recordset 对象的第一个记录之前。
- EOF 属性：指示当前记录位置位于 Recordset 对象的最后一个记录之后。
- Filter 属性：为 Recordset 对象中的数据指示筛选条件。
- MaxRecords 属性：指示通过查询返回 Recordset 对象的记录的最大个数。
- RecordCount 属性：指示 Recordset 对象中记录的当前记录数。
- Sort 属性：指定一个或多个 Recordset 对象以之排序的字段名，并指定按升序还是降序对字段进行排序。
- Source 属性：指示 Recordset 对象中数据的来源（Command 对象、SQL 语句、表的名称或存储过程）。

Recordset 对象的常用方法如下。

- AddNew 方法：为可更新的 Recordset 对象创建新记录。
- Cancel 方法：取消执行挂起的异步 Execute 或 Open 方法的调用。
- CancelUpdate 方法：取消在调用 Update 方法前对当前记录或新记录所做的任何更改。
- Delete 方法：删除当前记录或记录组。
- Move 方法：移动 Recordset 对象中当前记录的位置。
- MoveFirst、MoveLast、MoveNext 和 Moveprevious 方法：移动到指定 Recordset 对象中的第一个、最后一个、下一个或上一个记录，并使该记录成为当前记录。
- NextRecordset 方法：清除当前 Recordset 对象并通过执行命令序列返回下一个记录集。
- Open 方法：打开游标。其使用语法如下：

```
Recordset.Open source,activeconnection,cursortype,locktype,options
```

其中，source 参数可以是一个有效的 command 对象的变量名，或是一个查询、存储过程或表名等；activeconnection 参数指明该记录集是基于哪个 Connection 对象连接的，必须注意这个对象应是已建立的连接；cursortype 指明使用的游标类型；locktype 指明记录锁定方式；options 是指 source 参数中内容的类型，如表、存储过程等。

- Requery 方法：通过重新执行对象所基于的查询，来更新 Recordset 对象中的数据。
- Save 方法：将 Recordset 对象保存（持久）在文件中。该方法不会导致记录集的关闭，其使用语法格式如下：

```
Recordset.Savefilename
```

其中，filename 是要存储记录集的文件完整的路径和文件名。

✎注意：该方法只有在记录集建立以后才可以使用。在第一次使用该方法存储记录集后，如果需要往同一文件存储同样的记录集，则应省略该文件名。

- Update 方法：保存对 Recordset 对象的当前记录所做的所有更改。

【例 10-3】 采用 ADO 实现【例 10-2】的功能。

将例 10-2 的窗体中添加记录命令按钮（名称为"command0"）对应的事件过程修改如下：

```
Private Sub command0_click()
    Dim sql As String
    Dim connstr As String
    Dim Conn As ADODB.Connection
    Dim rst As ADODB.Recordset
    '打开连接
    Connstr = "Provider=Microsoft.Jet.OLEDB.4.0;Persist  Security
        Info=False;_Data Source=e:\商品进销管理系统.mdb"
    Set Conn=New ADODB.Connection
    Conn.Open connstr
    Set rst = New Recordset
    Sql = "SELECT * FROM 用户"
    '打开一个记录集
    rst.Open sql,Conn,adOpenDynamic,adLockOptimistic
    '创建一条空的记录
    rst.AddNew
    '为新的记录赋值
    rst.Fields("khh")="0005"
    rst.Fields("khxm")="李萍"
    rst.Fields("xb")="女"
    rst.Fields("nl")=35
    rst.Fields("dz")="长春工农大路 155 号"
    '刷新表，将记录加入表中
    rst.Update
    rst.Close
    Set rst = Nothing
    Set Conn = Nothing
End Sub
```

其他部分不作改变，其功能与【例 10-2】的功能相同。

10.7 调 试 过 程

在 VBA 中经常需要对函数或过程进行调试。VBA 提供了若干种调试的工具，主要有 Debug.Print 和设置断点。

10.7.1 使用 Debug.Print

使用立即窗口的方法是在程序代码中加入 Debug.Print 命令，其作用是在屏幕上显示变量的当前值。

例如，以下命令在立即窗口中输入 n 的值：

```
Debug.Print n
```

使用 Debug.Print 对程序没有任何影响，而且所有对象都保持原状，所以 Debug.Print 在调试程序时非常有用。

10.7.2 设置断点

另一个测试工具是断点调试法。一般来说，设置断点是为了观察程序运行时的状态。

在程序中指定的、希望暂停的地方设置断点。在程序暂停后，可以在立即窗口中显示变量信息。

设置断点的方法如下。

- 将光标定位在希望运行停止的命令行。
- 在菜单栏中选择"调试 | 切换断点"命令，或者单击工具栏上的"断点"按钮，或者按 F9 键。

在运行程序时，如果遇到设置断点的行，VBA 将暂停程序运行，等待输入命令。

清除断点方法如下。

- 停止程序运行，将光标定位在包括断点的行上。
- 在菜单栏中选择"调试 | 切换断点"命令，或单击工具栏上"断点"按钮。

主要参考文献

桂思强. 2006. Access 数据库设计基础[M]. 北京：中国铁道出版社.

李春葆，曾平. 2005. 数据库原理与应用：基于 Access[M]. 北京：清华大学出版社.

李杰，郭江. 2007. Access 2003 实用教程[M]. 北京：人民邮电出版社.

李雁翎，王连平，李允俊. 2003. Access 数据库应用技术[M]. 北京：中国铁道出版社.

卢湘鸿. 2007. 数据库 Access 2003 应用教程[M]. 北京：人民邮电出版社.

潘晓南. 2006. Access 数据库应用技术[M]. 北京：中国铁道出版社.

启明工作室. 2006. Access 数据库应用实例完全解析[M]. 北京：人民邮电出版社.

宋绍成，孙艳. 2007. Access 数据库程序设计[M]. 北京：中国铁道出版社.

夏玮. 2005. Access 数据库应用教程与实训[M]. 北京：科学出版社.

张强. 2005. 中文 Access 2003 入门与实例教程[M]. 北京：电子工业出版社.

仲巍，许小荣. 2006. Access 2002 数据库基础与应用[M]. 北京：海洋出版社.

訾秀玲. 2006. Access 数据库应用技术[M]. 北京：中国铁道出版社.